Toyota Carina II ab Baujahr 1988
Mit 1,6 und 2,0 Liter-16V-Motor
und 2,0 Liter-Dieselmotor

1 Allgemeines

1.1 Einleitung in die Modelle

Diese Reparaturanleitung befasst sich mit den neuen Toyota Carina II-Varianten ab Baujahr 1988, welche mit den neuen 16V-Motoren mit einem Zylinderinhalt von 1,6 Liter oder 2,0 Liter oder einem 2,0 Liter-Dieselmotor ausgerüstet sind.

Die Fahrzeuge werden mit Frontantrieb als viertürige Limousine, 5-türiger Liftback oder auch als Kombiwagen gebaut. Im allgemeinen haben sie die Bezeichnung "XL", "XLi" oder "GLi".

Einen Überblick der behandelten Varianten kann der folgenden Beschreibung entnommen werden.

Baujahr 1988

Bei den Fahrzeugen handelt es sich in der Hauptsache um den Carina 1,6 XL, den Carina 2,0 GLi-Liftback oder den Carina 1,6 Liter XL-Kombiwagen. Der 1,6 Liter-Motor wurde zu diesem Zeitpunkt mit einem Vergaser ausgerüstet und trägt die Bezeichnung "4A-F", mit einer Leistung von 90 PS (66 kW) bei einer Drehzahl von 6000/min. Limousinen- und Kombiausführungen wurden mit diesem Motor verkauft.

Der in das fünftürige Coupé Liftback eingebaute 2,0 Liter-Motor ist mit einer unter Bosch-Lizenz gebauten, elektronischen Kraftstoffeinspritzanlage ausgerüstet. Er trägt die Bezeichnung "3S-FE", mit einer Leistung von 121 PS (89 kW) bei einer Drehzahl von 5600/min und wird nur in das Coupé eingebaut.

Baujahre 1989 und 1990

Die oben genannten Modelle wurden während dieser Baujahre beibehalten, jedoch ist ein fünftüriges Coupé mit dem 1,6 Liter-Motor hinzugekommen. Motoren und Leistungswerte sind die gleichen wie für Baujahr 1988.

Baujahr 1991

Die mit 1,6 Liter-Motor gebauten Modelle erhielten einen Einspritzmotor (Bezeichnung "4A-FE") mit einer Leistung von 105 PS (77 kW) bei einer Drehzahl von 6000/min. Der 2,0 Liter-Motor wurde weiterhin in unveränderter Form eingebaut.

Baujahr 1992 ✗ *Magermix Motor*

Modelle mit dem 1,6 Liter-Motor haben jetzt eine Leistung von 107 PS (79 kW) bei einer Drehzahl von 6000/min. Beim Motor handelt es sich um einen sogenannten "Lean-burn"-Motor, d.h. nach dem Magerkonzept gebauten Motor. Die Bezeichnung des Motors wurde beibehalten. Auch die Leistung des 2,0 Liter-Motors wurde erhöht. Dieser entwickelt jetzt eine Leistung von 133 PS (98 kW) bei einer Drehzahl von 5800/min.

Hinweis: Mit dem 2,0 Liter-Diesel-Motor ausgerüstete Carina II-Modelle, mit einer Leistung von 73 PS (54 kW) bei einer Drehzahl von 4700/min und der Bezeichnung "2C", wurden fast unverändert während der obigen Baujahre, jedoch nicht in allen europäischen Ländern verkauft. Zwecks besserer Übersicht wird der Dieselmotor am Ende des Buches in einem getrennten Abschnitt behandelt.

Die Zylinder des Motors bilden einen Bestandteil des Motorblocks und lassen sich aus diesem Grund nicht auswechseln. Der Ölkreislauf besteht aus der Ölpumpe, dem Ölfilter, dem Öldruckschalter, dem Umleitventil und dem Ölüberdruckventil. Das Umleitventil öffnet sich, wenn der Ölfilter durch Wartungsvernachlässigung oder aufgrund anderer Ursachen verstopft ist. Sollte der Öldruck übermässig hoch ansteigen, so öffnet sich das Überdruckventil, um den Druck wieder auf den Betriebswert zu bringen.

Der Zylinderkopf der Benzinmotoren ist mit zwei obenliegenden Nockenwellen versehen und besteht aus Leichtmetall. Die Nockenwellen werden durch eine Kombination aus Zahnriemen und Kette angetrieben, d.h. eine Welle wird durch den Zahnriemen getrieben, während die zweite Welle von der ersten Welle mit einer Kette angetrieben wird. Beide Ausführungen der Benzinmotoren sind mit vier Ventilen pro Zylinder versehen.

Das Fahrgestell setzt sich aus einer selbsttragenden Karosserie mit Einzelradaufhängung der Vorder- und Hinterräder zusammen. Die Vorderradaufhängung aller Modelle besteht aus Federbeinen mit Schraubenfedern, unteren Dreiecks- Querlenkern und einem Kurvenstabilisator.

Die Hinterradaufhängung der Limousinen- und Liftback (Coupé)-Modelle besteht aus parallelen Querlenkern, Schubstreben und Federbeinen mit Schraubenfedern, sowie einem Kurvenstabilisator. Die hydraulischen Stossdämpfer befinden sich innerhalb der Federbeine. Beim Kombiwagen wird eine starre Hinterachse mit einer Federblattaufhängung eingebaut.

Scheibenbremsen an den Vorderrädern und Trommelbremsen an den Hinterrädern (Scheibenbremsen bei den leistungsstärkeren Modellen) bilden die Bremsanlage, welche als Zweikreisanlage mit einem Bremskraftverstärker gebaut ist. Eine Zahnstangenlenkung dient zum Lenken des Fahrzeuges, welche bei einigen Modellen mit Servounterstützung versehen ist.

Ein vollsynchronisiertes Fünfganggetriebe oder eine Getriebeautomatik kann eingebaut sein. Das Fünfganggetriebe ist vom Typ C50 oder S50.

1.2 Fahrzeugerkennung

Die Fahrzeug-Kennummer ist in die Stirnwand des Motors, unterhalb der Windschutzscheibe eingeschlagen und enthält die Serienbuchstaben des Fahrzeuges. Ist ein 1,6 Liter-Motor eingebaut, wird man die Bezeichnung AT171 finden. Bei eingebautem 2,0 Liter-Motor lautet sie ST171, bei eingebautem Dieselmotor CT171. Dieser Bezeichnung folgt die eigentliche Seriennummer.

Die Motornummer ist, von hinten gesehen, in die linke Seite des Zylinderblocks in der Nähe des Schwungradgehäuses eingeschlagen, unmittelbar unterhalb der Verbindung zwischen Zylinderkopf und Zylinderblock, und besteht aus dem Motortyp und der Motorseriennummer.

Diese Nummern sind beim Bestellen von Ersatzteilen oder Austauschteilen unbedingt anzugeben. Der Fahrzeughersteller versucht jederzeit die Fahrzeugmodelle zu verbessern, und nur durch Angabe der besagten Nummern ist Ihr Ersatzteillieferant in der Lage, Ihnen die vorgeschriebenen Teile für die betreffende Ausführung Ihres Carinas zu verkaufen. Ihr Toyota-Händler trägt die Nummern für alle Ersatzteile auf Mikrofilmen und irgendwelche Änderungen von bestimmten Teilen können nur anhand der Fahrgestell- oder Motornummer festgestellt werden.

1.3 Allgemeine Anweisungen bei Reparaturen

Die Beschreibungen in dieser Reparaturanleitung sind in einfacher Weise und allgemein verständlich gehalten. Wenn dem Text und den Abbildungen bei der Arbeit Schritt für Schritt gefolgt wird, dürften keine Schwierigkeiten auftreten.

Die Mass- und Einstelltabelle am Ende des Buches ist hierbei ein wichtiger Teil und muss bei allen Reparaturarbeiten am Fahrzeug hinzugezogen werden. Innerhalb der einzelnen Anleitungen werden die notwendigen Massangaben oder Einstellwerte nicht immer angeführt, weshalb in der genannten Tabelle nachzuschlagen ist. Es sei besonders darauf hingewiesen, dass man unter dem in Frage kommenden Modell nachlesen muss, falls Unterschiede zwischen Limousine, Liftback (Coupé) und Kombiwagen vorhanden sind, um jegliche Fehler zu vermeiden.

Einfache Handgriffe, wie z.B. "Motorhaube öffnen" vor Arbeiten im Motorraum, oder "Radmuttern lösen" vor Abnehmen der Räder werden nicht immer erwähnt, da diese als selbstverständlich vorausgesetzt werden.

Dagegen befasst sich der Text ausführlich mit schwierigen Arbeiten, die in allen Einzelheiten beschrieben sind. Eine Reihe wichtiger Hinweise, die bei jeder Reparaturarbeit beachtet werden sollten:

- Schrauben und Muttern sind in sauberem Zustand und leicht eingeölt zu verwenden. Mutternflächen und Gewindegänge immer auf Beschädigung untersuchen und vorhandene Grate entfernen. Im Zweifelsfall neue Schrauben oder Muttern verwenden. Einmal gelöste, selbstsichernde Muttern sollten immer erneuert werden.

Auf keinen Fall dürfen Muttern und Schrauben entfettet werden.

- Die im Fahrzeug verwendeten Schrauben

haben eine bestimmte Qualität und dürfen unter keinen Umständen durch andere Schrauben ersetzt werden. Die Schraubenköpfe sind mit Zahlen versehen, die die Festigkeit angeben. Nummer 7 ist die zugfesteste Schraube, Nummer 4 die schwächste. Eine Schraube mit einer niedrigeren Zahl darf ebenfalls nicht als Ersatz verwendet werden.

● Stets die in der Anzugsdrehmoment-Tabelle angeführten Anzugsdrehmomente beachten. Diese Werte sind nahezu in den gleichen Gruppen zusammengefasst, die auch die Kapitel dieser Reparaturanleitung bilden und lassen sich somit leicht auffinden.

● Alle Dichtscheiben, Dichtungen, Sicherungsbleche, Sicherungsscheiben, Splinte und 'O' - Dichtringe (Rundschnurringe) sind beim Zusammenbau zu erneuern. Öldichtringe (Radialdichtringe, Simmerringe) sollten ebenfalls erneuert werden, sofern die Welle aus dem Dichtring genommen wurde. Die Lippe eines Dichtringes ist vor dem Zusammenbau mit Fett einzuschmieren. Man muss darauf achten, dass sie beim Einbau in die Richtung weist, aus welcher Öl oder Fett austreten kann.

● Bei Hinweisen auf die linke oder rechte Seite des Fahrzeuges wird angenommen, dass man aus der Fahrtrichtung bei Vorwärtsfahrt die Seitenbezeichnung ableiten kann, analog der Begriffe ''vorn'' und ''hinten''. Im Zweifelsfall wird im Text nochmals eine Erläuterung gegeben.

● Ganz besonders ist darauf zu achten, dass zu Arbeiten an den Bremsen, an der Radaufhängung oder allgemein an der Unterseite des Fahrzeuges für eine sichere Abstützung des hochgebockten Wagens gesorgt ist. Der Bordwagenheber ist nur zum Radwechsel für unterwegs vorgesehen. Falls er dennoch bei Reparaturen zur Hilfe genommen wird, ist lediglich der Wagen damit anzuheben und dann auf geeignete Montageböcke abzulassen. Derartige, dreibeinige Unterstellböcke sollen zur Sicherheit auch unter dem Fahrzeug plaziert werden, wenn ein Garagenwagenheber zur Verfügung steht. Ziegelsteine sollten zum Unterbauen nicht verwendet werden, allenfalls Hohlblocksteine wegen ihren grösseren Auflageflächen, doch sind dann zwischen Fahrzeug und Steine noch genügend starke Holzbretter zu legen. Kapitel 1.5 muss vor Anheben des Fahrzeuges mit einem Werkstattwagenheber durchgelesen werden.

● Fette, Öle, Unterbodenschutz und alle mineralischen Substanzen wirken auf die Gummiteile des Fahrwerks und der Bremsanlage aggressiv. Besonders von Teilen der hydraulischen Anlage sind solche Mittel, zu denen auch Kraftstoff gehört, fernzuhalten. Für Reinigungsarbeiten an der Bremsanlage soll nur Bremsflüssigkeit oder Spiritus verwendet werden. Hierbei sei aber darauf verwiesen, dass Bremsflüssigkeit giftig ist und z.B. auf lackierte Flächen ätzend wirkt.

● Zur Erzielung der besten Reparaturergebnisse ist die Verwendung von Original-Toyota-Ersatzteilen Voraussetzung. Um späteren Schwierigkeiten aus dem Wege zu gehen, muss der Einbau irgendwelcher Fremdprodukte unterbleiben. Ausnahmen sind nur bei Teilen der elektrischen Anlage gegeben oder falls das Herstellerwerk dementsprechende Freigaben macht.

● Bei Bestellungen von Ersatz- und Austauschteilen müssen die genaue Modellbezeichnung mit Fahrgestellnummer, gegebenenfalls die Motornummer und das Baujahr angegeben werden. Damit beschleunigt man die Bestellung und das Beziehen von falschen Teilen wird verhindert.

● Alle Arbeiten am Auto, besonders solche an der Bremsanlage und an der Lenkung, sind mit Sorgfalt und Umsicht durchzuführen. Die Verkehrssicherheit des Fahrzeuges muss nach jeder Reparatur gewährleistet sein.

Die folgenden Vorsichtsmassnahmen sind bei diesen Fahrzeugen besonders zu beachten:

● Beim Abschliessen von Unterdruckschläuchen nur an den Enden ziehen, nicht in der Mitte des Schlauches.

● Beim Auseinanderziehen von elektrischen Steckverbindern nur an den Steckern ziehen, nicht an den Kabeln.

● Darauf achten, dass keine der elektrischen Komponenten, wie z.B. Sensoren oder Relais herunterfallen können. Falls diese auf eine harte Fläche (z.B. den Boden) aufschlagen, müssen sie immer erneuert werden. Auf keinen Fall derartige Teile wieder verwenden.

● Beim Reinigen eines Motors den Zündverteiler, die Zündspule, den Luftfilter und die Unterdruckschaltventile gegen Wasser schützen.

● Bei Verwendung eines Unterdruckmessers niemals den Schlauch auf einen Anschluss zwingen, welcher zu gross ist.

1.4 Arbeitsbedingungen und Werkzeuge

Um Reparaturarbeiten durchzuführen, benötigt man einen sauberen, gut beleuchteten Arbeitsplatz, der mit einer Werkbank und Schraubstock versehen ist. Es soll auch genügend Raum vorhanden sein, um die verschiedenen Teile auszulegen und zu ordnen, ohne dass man sie immer wieder wegräumen muss. In einer gut ausgerüsteten Werkstatt lässt sich gemütlich und ohne Hast arbeiten, die Maschine kann in einer sauberen Umgebung zerlegt und wieder zusammengebaut werden. Leider verfügt aber nicht jeder über einen solchen idealen Arbeitsplatz und dementsprechend muss auch da und dort improvisiert werden. Um diesen Nachteil auszugleichen, muss besonders viel Zeit und Sorgfalt aufgewendet werden.

Als weiteres benötigt man unbedingt einen möglichst vollständigen Satz Qualitätswerkzeuge. Qualität ist hier oberstes Gebot, da billiges Werkzeug auf lange Sicht eher teuer werden kann, falls man damit abrutscht oder es zerbricht und dabei teuren Schrott baut. Ein gutes Qualitätswerkzeug wird sich lange verwenden lassen und rechtfertigt in jedem Falle die Anschaffungskosten. Die Grundlage des Werkzeugsatzes ist ein Satz Gabelschlüssel, die sich an jedem gut zugänglichen Teil des Fahrzeuges ansetzen lassen. Ein Satz Ringgabelschlüssel stellt einen wünschenswerten Zusatz dar, der sich besonders bei festsitzenden Schrauben und Muttern verwenden lassen, oder wo die Platzverhältnisse ungünstig sind.

Um die Kosten tief zu halten, kann man sich auch mit einem Satz kombinierter Ringgabelschlüssel behelfen, diese tragen an einem Ende eine Gabelöffnung und am anderen einen Ring von der gleichen Weite. Stecknüsse (-einsätze) stellen ebenfalls eine lobenswerte Investition dar. Vorausgesetzt, dass der Aussendurchmesser der Nüsse nicht allzugross ist, können auch sehr versteckt oder in Vertiefungen sitzende Muttern und Schrauben gelöst werden.

Weitere benötigte Werkzeuge sind ein Satz Kreuzschlitzschraubenzieher, Zangen und Hammer.

Zusätzlich zur Grundausrüstung kann man sich noch ein paar speziellere Werkzeuge beschaffen, die sich meistens als unschätzbare Hilfe erweisen, besonders, wenn man gewisse Reparaturen immer wieder durchführen muss. Damit lässt sich also recht viel Zeit ersparen. Als Beispiel sei hier einmal der Schlagschraubenzieher erwähnt, ohne den sich maschinell angezogene Kreuzschlitzschrauben kaum lösen lassen, ohne dass man sie dabei beschädigt. Selbstverständlich kann er auch zum Anziehen verwendet werden, um einen öl- und gasdichten Sitz zu gewährleisten. Ebenfalls oft benötigt werden Seegerringzangen, da Getrieberäder, Wellen und ähnliche Teile meist durch Sicherungsringe gehalten werden, die sich mit einem Schraubenzieher nur schwer entfernen lassen. Es sind zwei Typen von Seegerringzangen erhältlich, einer für die Aussensicherungsringe und einer für Innensicherungsringe. Sie sind mit geraden oder abgewinkelten Klauen erhältlich. Eines der nützlichsten Werkzeuge ist der Drehmomentschlüssel, eigentlich eine Art Schraubenschlüssel, der so eingestellt werden kann, dass er durchrutscht, wenn ein gewisses Anzugsdrehmoment einer Schraube oder Mutter erreicht ist. Derartige Schlüssel sind ebenfalls mit einem Zeiger erhältlich, welcher das erreichte Drehmoment anzeigt. Anzugsdrehmomente werden in jedem modernen Werkstatthandbuch oder jeder Reparaturanleitung aufgeführt, so dass auch besonders komplexe Baugruppen oder Komponenten, wie z.B. ein Zylinderkopf angezogen werden können, ohne dass man Beschädigungen oder Lecks infolge Verzugs befürchten muss.

Je höher entwickelt ein Automodell ist, desto mehr Werkzeuge benötigt man, um es im Do-it-yourself-Verfahren immer im bestmöglichen Zustand zu halten. Leider lassen sich aber einige ganz spezielle Arbeiten nicht ohne die richtige Ausrüstung durchführen, für die man meist tief in die Tasche greifen muss, wenn man diese Arbeiten nicht einem Spezialisten gegen ein gewisses Entgelt übergeben will. Hier ist auch eine gewisse Vorsicht am Platze, es gibt nun einfach verschiedene Arbeiten, die man am besten einem Fachmann überlässt. Obwohl ein Vielfachmessgerät zum Aufspüren von elektrischen Schäden eine grosse Hilfe darstellt, kann es in ungeübten Händen grossen Schaden anrichten.

Obschon in dieser Reparaturanleitung gezeigt wird, wie sich verschiedene Komponenten auch ohne Spezialwerkzeuge aus- und wieder einbauen lassen (falls nicht unbedingt nötig) empfiehlt es sich die Anschaffung der gebräuchlichsten Spezialwerkzeuge in Betracht zu ziehen. Dies wird sich besonders dann lohnen, wenn man das Auto über längere Zeit behalten will.

Auch mit den vorgeschlagenen, improvisierten Methoden und Werkzeugen lassen sich verschiedene Teile ohne Gefahr von Beschädigung aus- und einbauen. In jedem Fall lässt sich mit den Spezialwerkzeugen, die vom Hersteller produziert und verkauft werden, eine Menge Zeit (und Ärger) sparen.

1.5 Fahrzeug richtig aufbocken

Aufgrund der Konstruktion des Vorder- und Hinterwagens darf ein Wagenheber, einschliesslich eines Rollwagenhebers nur an den in Bild 1 gezeigten Stellen untergesetzt werden.

Zum Aufbocken der Vorderseite die Handbremse anziehen und zur Sicherheit einen Ziegelstein unter die Hinterräder unterlegen. Bei allen Modellen den Rollwagenheber unter die Mitte des vorderen Motorquerträgers untersetzen.

Zum Aufbocken der Rückseite einen Gang einschalten und Ziegelsteine vor den Vorderrädern unterlegen. Beim Aufbocken der Personenwagen den Rollwagenheber unter den Nebenrahmen untersetzen, wie es in der oberen Ansicht von Bild 4 gezeigt ist. Beim Aufbocken eines Kombiwagens den Wagenheber unter die Mitte der Hinterachse untersetzen.

Sichere Unterstellböcke unter die Seiten der

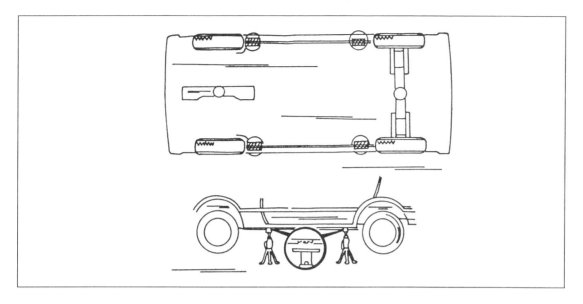

Bild 1
Ansicht der Unterseite des Fahrzeuges (Limousine und Coupé). Die Kreise zeigen wo Unterstellböcke unter die Karosserie untergesetzt werden können.

Karosserie nur an den gezeigten Stellen unterstellen. Falls man zuerst eine Seite und danach die andere Seite wie oben beschrieben aufbockt, muss unbedingt auf die Sicherheit der Unterstellböcke geachtet werden.
Den Wagenheber nur auf festem Boden ansetzen. Das gleiche gilt für die Unterstellböcke.

1.6 Wartungs- und Pflegearbeiten

Die meisten der Wartungsarbeiten können selbst durchgeführt werden. Manchmal ist es jedoch zweckmässiger die Wartung in einer Werkstatt durchführen zu lassen, d.h. es fehlen die notwendigen Einrichtungen oder Erfahrungen, Messgeräte sind erforderlich oder die Werkstatt kann die Arbeit einfach schneller durchführen. Vor allem wichtig sind die regelmässigen Inspektionen und Kontrollen, welche untenstehend angeführt sind. Nach einer bestimmten Motorleistung oder nach Ablauf einer gewissen Zeit durchzuführende Wartungsarbeiten werden meistens in der Betriebsanleitung angegeben.

1.6.1 Motorölstand kontrollieren

Der Stand des Motoröls sollte etwa alle 600 km kontrolliert werden. Dazu den Ölmessstab herausziehen und mit einem sauberen Lappen abwischen. Messstab nochmals hineinschieben und ihn wieder herausziehen. Das Öl muss bei waagerecht stehendem Fahrzeug innerhalb der geriffelten Einteilung am Ölmessstab liegen, die man in Bild 2 sehen kann. Liegt der Ölstand an der unteren Markierung "L", muss Öl nachgefüllt werden. Man muss ebenfalls bestrebt sein, dass der Ölstand nicht über die obere Markierung "F" hinaussteht, nachdem man Motoröl nachgefüllt hat. Die Ölmenge zwischen den beiden Markierungen beträgt ca. 1,0 Liter, so dass Sie daraus schliessen können, wie viel Öl fehlt.

1.6.2 Bremsflüssigkeitsstand kontrollieren

Der Behälter für die Bremsflüssigkeit sitzt im Motorraum auf der linken Seite auf dem Hauptbremszylinder. Der Behälter ist durchsichtig, so dass die Bremsflüssigkeit von der Aussenseite gesehen werden kann. Den Flüssigkeitsstand immer soeben an der "Max"-Markierung halten. Falls erforderlich die Verschraubung abdrehen und frische Bremsflüssigkeit nachfüllen.

1.6.3 Bremsleuchten überprüfen

Die Arbeitsweise der Bremsleuchten kann mit Hilfe einer zweiten Person oder auch allein kontrolliert werden. Bei der ersten Methode auf die Bremse treten, während die zweite Person das Aufleuchten der Lampen kontrolliert. Sind Sie allein, rückwärts vor die Garagentür fahren und auf die Bremse treten. Die Lampen scheinen rot gegen die Garagentür. Falls eine Lampe nicht aufleuchtet, die Glühbirne ersetzen; leuchten beide

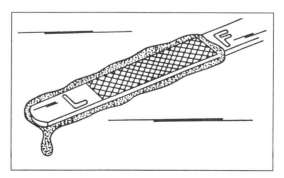

Bild 2
Ansicht des Ölmessstabs. Das Öl muss innerhalb der Markierungen "F" und "L" stehen.

Lampen nicht auf, könnte der Bremslichtschalter defekt sein.

1.6.4 Beleuchtung kontrollieren

Alle Beleuchtungskörper (einschliesslich der Hupe und Warnblinkanlage) der Reihe nach durchschalten und deren Funktion kontrollieren. Rücklichter und Rückfahrscheinwerfer können am besten im Dunkeln vor der Garagentür kontrolliert werden, ohne dass man aus dem Fahrzeug aussteigt.

1.6.5 Reifendruck kontrollieren

Den Reifendruck an einer Tankstelle kontrollieren. Falls Sie den Druck nicht auswendig wissen, muss man sich anhand des Reifendruck-Aufklebers am Fahrzeug vergewissern, wie hoch die Reifendrücke der Vorder- und Hinterräder liegen, oder man erkundigt sich an einer Tankstelle, welche meistens Tabellen mit Reifendrücken zur Verfügung haben. Drücke können je nach aufmontierten Reifen unterschiedlich sein. Die Betriebsanleitung des Fahrzeuges führt ebenfalls die Reifendrücke auf.

1.6.6 Kühlmittelstand kontrollieren

Das kalte Kühlmittel muss zwischen den "Low"- und "Full"-Markierungen am Ausgleichsbehälter stehen. Falls der Motor heiss ist, abwarten, bis das Kühlmittel abgekühlt ist und zusätzliches Frostschutzmittel einfüllen. Dann den Verschlussdeckel des Kühlers bis zur ersten Raste lösen und abwarten bis der Druck abgefallen ist. Danach den Deckel vollkommen abschrauben.

1.6.7 Ölstand im automatischen Getriebe kontrollieren

Da ein automatisches Getriebe bei fehlender Flüssigkeit nicht einwandfrei durchschalten kann, sollte der Stand der Flüssigkeit häufig kontrolliert werden. Bei der Kontrolle folgendermassen vorgehen (der Flüssigkeitswechsel wird in Kapitel 10.2 behandelt):
● Fahrzeug auf einer ebenen Fläche abstellen und die Handbremse anziehen.
● Motor anlassen und den Schalthebel einige Male durch die Gangbereiche schalten. Abschliessend den Hebel in Stellung "P" (Parken) lassen.
● Motor weiterhin laufen lassen und den Flüssigkeitsstand bei im Leerlauf laufendem Motor kontrollieren.

● Den Messstab herausziehen.
● Bei betriebswarmem Getriebe muss sich der Flüssigkeitsstand zwischen der "Cold"- und "Hot"-Markierung befinden. Ist das Getriebe kalt, darf das Öl nur ca. 10 mm unter der "Cold"-Marke stehen, jedoch nicht unterhalb der Kerbe im "Cold"-Bereich des Messstabes.
● Falls erforderlich, Flüssigkeit durch die Messstaböffnung nachfüllen. Dazu ist ein Trichter erforderlich. Auf keinen Fall das Getriebe überfüllen. Dexron-Flüssigkeit wird für das Getriebe vorgeschrieben.

1.6.8 Ölstand im Schaltgetriebe prüfen

Der Motor muss abgestellt sein, wenn der Ölstand in einem Schaltgetriebe kontrolliert wird. Ein Öleinfüllstopfen ist in die Seite des Getriebes eingesetzt. Nach Herausschrauben des Stopfens (das Fahrzeug dazu vorn auf Böcke setzen) den Zeigefinger in die Gewindebohrung für den Stopfen einsetzen. Falls man das Öl mit dem Finger fühlen kann, stimmt der Ölstand. Andernfalls Getriebeöl nachfüllen und den Stopfen wieder einschrauben.

1.6.9 Spannung der Keilriemen (Antriebsriemen) kontrollieren

Je nach eingebauten Aggregaten und Motor ist die Anordnung der einzelnen Keilriemen nicht bei allen Ausführungen gleich. Die Einstellung des Antriebsriemens für die Wasserpumpe und die Drehstromlichtmaschine eines 1,6 Liter-Motors und des Dieselmotors oder die Einstellung des Antriebsriemens für die Drehstromlichtmaschine eines 2,0 Liter-Motors (die Wasserpumpe wird vom Zahnriemen der Steuerung aus angetrieben) werden im Zusammenhang mit der Drehstromlichtmaschine im Abschnitt "Elektrische Anlage" behandelt. Ebenfalls zu kontrollieren ist die Einstellung des Antriebsriemens der Pumpe für die Servolenkung, falls das Fahrzeug damit ausgestattet ist.

Die Spannung eines Riemens nur bei kaltem Motor überprüfen. Ist der Motor heiss, muss man ihn mindestens 30 Minuten lang stehen lassen, ehe man die Riemenspannung kontrolliert.

Da sich neue Riemen nach kurzer Zeit bereits etwas strecken, sollte man die Spannung nach ca. 500 km nachprüfen. Falls die Einstellung dabei innerhalb der unten angegebenen Werte liegt, braucht keine Nachstellung durchgeführt werden:

1.6.10 Handbremse einstellen

Durch die Abnutzung der Bremsbeläge wird der

zum Anziehen der Handbremse benutzte Weg des Handbremshebels nach einer gewissen Zeit länger. Falls die Hinterräder nicht feststehen, nachdem man den Handbremshebel 4 bis 7 Zähne bei eingebauten Trommelbremsen oder 5 bis 8 Zähnen bei eingebauten Scheibenbremsen, angezogen hat (die Hinterräder müssen angehoben sein), ist eine Nachstellung durchzuführen. Die Einstellung ist im Abschnitt "Bremsanlage" beschrieben. Neben dem Handbremshebel befindet sich eine Einstellmutter zum Nachstellen (siehe Bild 3).

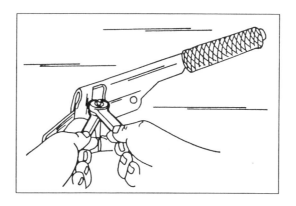

Bild 3
Die Handbremsseile werden an der Seite des Handbremshebels eingestellt.

2 Die Benzin-Motoren

2.1 Ausbau und Einbau

Der Motor wird mit dem Getriebe nach oben aus dem Fahrzeug gehoben und danach vom Getriebe abgeflanscht. Ein kräftiges Hebezeug ist eine Voraussetzung für diese Arbeit, jedoch kann der Motor durchaus mit Hilfe von zwei kräftigen Personen ohne weiteres herausgehoben werden. Die folgende Beschreibung gibt in kurzen Umrissen eine generelle Beschreibung des Ausbaus, da es nicht möglich ist die Arbeiten für jedes einzelne Modell zu beschreiben. Je nach Modell sind die Arbeiten entsprechend abzuleiten. Folgendermassen vorgehen:

2.1.1 Fahrzeug mit Schaltgetriebe

● Massekabel der Batterie abklemmen. Um zu verhindern, dass Metallteile, wie z.B. Werkzeuge auf die Batterie fallen und dabei Funkenbildung hervorrufen, kann man die Batterie auch vollkommen ausbauen.
● Die Motorhaube abschrauben. Die Aussenumrisse der Scharniere am Motorhaubenblech mit einem Bleistift anzeichnen, damit die Haube bei der Montage wieder in die ursprüngliche Lage kommen kann.
● Luftfilter ausbauen. Bei eingebautem Vergaser einen sauberen Lappen in die Vergaseröffnung stopfen, damit keine Fremdkörper hineinfallen können. Bei eingebautem Einspritzmotor die Luftfilterinstallation und die dazugehörigen Luftansaugschläuche wie erforderlich ausbauen, um an andere Teile heranzukommen.
● Um eine Beschädigung der Manschetten der Antriebswellen zu vermeiden, sind diese mit Putzlappen zu umwickeln.
● Vorderseite des Fahrzeuges auf Böcke setzen.

Niemals das Fahrzeug unter der Ölwanne oder unter dem Getriebe aufbocken. Das Fahrzeug wie in Kapitel 1.5 beschrieben aufbocken

● Kühlanlage ablassen (Kapitel 4.1).
● Die folgenden elektrischen Stecker auseinanderziehen:
— Steckverbinder für Vergaser-Zugmagnetschalter (1,6 Liter-Motor mit Vergaser).
— Steckverbinder für Wassertemperaturschalter.
— Steckverbinder für elektrischen Ventilatormotor.
— Alle Anschlüsse der Kraftstoffeinspritzung zwischen Motor und Karosserie.
— Alle anderen Leitungen und Kabel zwischen dem Motor und der Karosserie. Als Vorsichtsmassnahme die einzelnen Kabelverbindungen in geeigneter Weise kennzeichnen, damit man sie wieder in der ursprünglichen Weise anschliessen kann.
● Auspuffrohr vom Krümmer abschrauben.
Die folgenden Arbeiten werden im Motorraum durchgeführt:
● Kühler ausbauen (Kapitel 4.2).
● Gaszug vom Vergaser oder dem Drosselklappengehäuse abschliessen.
● Die Schlauchschelle am Anschluss der Kraftstoffpumpe lösen und Schlauch von der Pumpe abziehen. Den Schlauch nach oben weisend festbinden (Vergasermotor). Bei den Einspritzmotoren den Kraftstoffeinlassschlauch und den Rücklaufschlauch von den entsprechenden Anschlüssen abschliessen.
● Starterzug vom Vergaser befreien und von der Befestigung in der Mitte der Zylinderkopfhaube lösen (falls eingebaut).
● Masseband zwischen Motor und Getriebe abschliessen.
● Starken, an der Stirnwand befestigten, Schlauch verfolgen und vom Anschluss am Ansaugkrümmer abziehen. Dies ist der Unterdruckschlauch für den Bremskraftverstärker.
● Hochspannungskabel zwischen Zündverteiler und Zündspule abziehen.
● Kabelstrang von der Rückseite der Drehstromlichtmaschine abklemmen.
● Das dünne Massekabel abklemmen. Dieses wird durch die Leitungsschelle zusammen mit dem starken Kabelstrang von der Batterie gehalten.
● Dünnes und starkes Kabel vom Anlasser abklemmen.
● An der Stirnseite des Motors (oben) den Stecker vom Wärmefühler für das Fernthermometer abziehen.
Die folgenden Arbeiten von der Unterseite des Fahrzeuges durchführen:
● Die Motoraufhängung ausbauen.

- Den Kupplungsnehmerzylinder vom Getriebe abschrauben ohne die hydraulische Verbindungsleitung abzuschliessen.
- Schaltseile von der Seite des Getriebes abschliessen.
- Alle in Kapitel "Getriebe" beschriebenen Arbeiten durchführen um das Getriebe vom Fahrgestell zu lösen.
- Einen Wagenheber unter das Differential untersetzen und dieses leicht anheben.
- Eine Seilschlinge durch die Hebeösen des Motors führen und das Seil an einem Hebezeug befestigen.
- Motor und Getriebe vorsichtig anheben und vom Eingriff mit dem Getriebe befreien. Antriebsaggregat nach oben herausheben. Darauf achten, dass keine Anschlüsse, Kabel, usw. vergessen wurden. Falls der Motor hängt, sofort die Ursache dafür herausfinden.

Der Einbau des Motors geschieht in umgekehrter Reihenfolge wie der Ausbau, jedoch müssen die folgenden Punkte beachtet werden:
- Motor mit der vorgeschriebenen Ölmenge füllen.
- Kühlanlage bis zum richtigen Stand durch das Dehngefäss mit Frostschutzmittel füllen.
- Motor anlassen und auf Wasser-, Kraftstoff- oder Ölleckstellen kontrollieren.
- Ventilspiel, Zündung, Leerlauf einstellen, falls Arbeiten am Motor durchgeführt wurden, welche diese Einstellungen beeinflussen.

2.1.2 Fahrzeug mit automatischem Getriebe

Der Ausbau des Motors bei einem Fahrzeug mit automatischem Getriebe unterscheidet sich in vielen Hinsichten von Ausführungen mit Schaltgetriebe.
- Massekabel der Batterie abklemmen. Um zu verhindern, dass Metallteile, wie z.B. Werkzeuge auf die Batterie fallen und dabei Funkenbildung hervorrufen, kann man die Batterie auch vollkommen ausbauen.
- Die Motorhaube abschrauben. Die Aussenumrisse der Scharniere am Motorhaubenblech mit einem Bleistift anzeichnen, damit die Haube bei der Montage wieder in die ursprüngliche Lage kommen kann.
- Luftfilter ausbauen und alle mit dem Luftfilterverbundenen Luftansaugschläuche und andere Schläuche abschliessen.
- Kühlergitter abschrauben und herausnehmen.
- Um eine Beschädigung der Manschetten der Antriebswellen zu vermeiden, sind diese mit Putzlappen zu umwickeln.
- Vorderseite des Fahrzeuges auf Böcke setzen.

Niemals das Fahrzeug unter der Ölwanne oder unter dem Getriebe aufbocken. Das Fahrzeug nur wie in Kapitel 1.5 beschrieben aufbocken.

- Kühlanlage ablassen (Kapitel 4.1).

Die folgenden Arbeiten werden, je nach eingebautem Motor, im Motorraum durchgeführt:
- Oberen Wasserschlauch vom Motor abschliessen (Schlauchschelle lösen).
- Auf der linken Seite zwischen Vergaser und Kotflügelseitenteil den Verbindungsstecker des Kabels für das Leerlaufabsperrventil des Vergasers trennen.
- Auf der linken Seite den kleinen Schlauch vom Vergaser abziehen (zwischen Vergaser und Stirnwand).
- Links hinten im Motorraum die Schlauchschellen am Anschluss der Kraftstoffpumpe lösen und beide Schläuche von der Pumpe abziehen. Die Schläuche nach oben weisend festbinden.
- Gasseilzug vom Vergaser befreien und von der Befestigung in der Mitte der Zylinderkopfhaube lösen.
- Bei einem Einspritzmotor alle zur Einspritzanlage gehörenden Leitungen, Schläuche und anderen Verbindungen zwischen Motor und Karosserie abschliessen. Anschlüsse in geeigneter Weise kennzeichnen, falls man im Zweifel ist, wie sie angeschlossen werden.
- Starken, an der Stirnwand befestigten, Schlauch verfolgen und vom Anschluss am Ansaugkrümmer lösen und abziehen. Dies ist der Unterdruckschlauch für den Bremskraftverstärker.
- Die beiden Heizungsschläuche lösen (Schlauchschellen) und abziehen.
- Hochspannungskabel zwischen Zündverteiler und Zündspule abziehen.
- Kabelstrang von der Rückseite der Drehstromlichtmaschine abklemmen.
- Das dünne Massekabel abklemmen.
- Dünnes und starkes Kabel vom Anlasser abklemmen, sowie den Steckverbinder für den Anlasssperrschalter in der Nähe des Anlassers trennen.
- Anlasser abschrauben und herausheben.
- In der Gegend unter dem oberen Wasserschlauch den Steckverbinder des Kabels für den Wärmefühler des Fernthermometers trennen, Massekabel abschliessen und die Schläuche des Ölkühlers abschliessen. Auslaufendes Getriebeöl auffangen. Die Schläuche nach oben weisend anbinden.
- Unteren Wasserschlauch zwischen Motor und Kühler ausbauen.
- Ventilatorverkleidung abschrauben und vom Kühler abdrücken.
- Kühler abschrauben und vorsichtig nach oben herausheben.

- Drosselklappengestänge vom Vergaserhebel oder vom Hebel am Drosselklappengehäuse abschliessen. Dazu das Betätigungssegment bewegen, bis die Seilrolle aus dem Eingriff gehoben werden kann.
- Auspuffrohr vom Krümmerflansch abschrauben.
- Überwurfmutter der Ölkühlerleitung abschrauben.
- Befestigungschelle des Auspuffrohres abschrauben.

Die folgenden Arbeiten von der Unterseite aus durchführen:
- Ölkühlerleitung vom Getriebe abschliessen.
- Motoraufhängung abschrauben.
- Getriebe mit einem Wagenheber anheben. Dabei einen Holzklotz zwischen Wagenheberteller und Getriebe einlegen.
- Automatisches Getriebe vom Fahrgestell lösen, wie es in Kapitel 10.1 beschrieben ist.
- Motor an eine Seilschlinge oder Kette hängen und herausheben. Falls der Motor hängen bleibt, sofort die Ursache dafür feststellen.

Der Einbau des Motors geschieht in umgekehrter Reihenfolge wie der Ausbau.

2.2 Zerlegung des Motors

Ehe die Zerlegung des Motors beschrieben wird, sollen die wichtigsten Eigenschaften der in dieser Ausgabe behandelten Motoren erwähnt werden.

Bei den beiden 1,6 Liter-Motoren (Vergasermotor und Einspritzer) sowie dem 2,0 Liter-Einspritzmotor handelt es sich um Reihenmotoren, deren Zylinder, von vorn gesehen, mit den Zahlen 1, 2, 3 und 4 numeriert sind. Die Kurbelwelle ist in fünf, aus Aluminiumlegierung hergestellten, Lagern gelagert. Die Kurbelwelle selbst hat 8 Gegengewichte, die jedoch zusammen mit der Welle gegossen sind. Ölbohrungen durch die Mitte der Welle beliefern die Pleuelstangen, die Lager, Kolben und anderen Teile des Kurbeltriebs mit Schmieröl.

Der Zylinderkopf ist aus Leichtmetallegierung hergestellt und arbeitet mit Querstromspülung, d.h. Einlass- und Auslassventile liegen auf gegenüberliegenden Seiten. Die Zündkerzen sind in die Mitte der Verbrennungskammern eingeschraubt. Der Ansaugkrümmer des Einspritzmotors ist mit 8 langen Ansaugrohren versehen; der Ansaugkrümmer des Vergasermotors wird durch die Kühlanlage des Motors vorgewärmt, um den Warmlauf des Motors zu verbessern.

Beim 1,6 Liter-Motor wird die Nockenwelle der Auslassseite durch einen Steuerriemen angetrieben. Ein Zahnrad an der Auslassnockenwelle steht in Eingriff mit einem Zahnrad an der Einlassnockenwelle, um diese anzutreiben. Die Nockenwellen sind in fünf Lagern gelagert. Die Schmierung der Lager erfolgt durch eine Bohrung in der Mitte der Nockenwelle. Beim 2,0 Liter-Motor geschieht der Antrieb der beiden Nockenwellen in ähnlicher Weise, jedoch befinden sich die Antriebszahnräder zum Antrieb der zweiten Nockenwelle weiter in der Mitte der beiden Nockenwellen. Beim 1,6 Liter-Motor befinden sich die beiden Nockenwellenräder an der Stirnseite des Zylinderkopfes.

Die Ventileinstellung beider Motoren erfolgt durch Ausgleichsscheiben zwischen Ventilen und Ventilstössel, die bei eingebauten Nockenwellen ausgetauscht werden können.

Der Steuerriemendeckel besteht aus drei Teilen (1,6 Liter-Motor) oder zwei Teilen (2,0 Liter-Motor). Eine Inspektionsöffnung im unteren Deckel beim 1,6 Liter-Motor oder im oberen Deckel beim 2,0 Liter-Motor ermöglicht ein Einstellen der Zahnriemenspannung.

Die Kolben sind aus temperaturbeständigem Leichtmetall hergestellt und haben eine Mulde, um ein Anschlagen der Ventile zu vermeiden. Die Lagerung der Kolbenbolzen ist bei allen Motoren gleich, d.h. die Bolzen sind in die Pleuelaugen eingepresst und die Kolben können auf den Bolzen "schwimmen". Zwei Verdichtungsringe und ein Ölabstreifring sind an den Kolben montiert.

Vor Beginn der Arbeiten sind alle Aussenflächen des Motors gründlich zu reinigen. Alle Öffnungen des Motors vorher mit einem sauberen Putzlappen abdecken, damit keine Fremdkörper in die Innenseite des Motors gelangen können.

Das Zerlegen des Motors wird in Einzelheiten weiter hinten beschrieben und wird unter der Überschrift "Reparatur und Überholung" zusammengefasst. Auf diese Weise können wir Arbeiten beschreiben, die entweder bei eingebautem Motor oder ausgebautem Motor durchgeführt werden können, ohne dass bestimmte Zerlegungsarbeiten zweimal beschrieben werden. Falls eine komplette Zerlegung durchgeführt werden soll, braucht man nur die einzelnen Arbeitsgänge miteinander zu kombinieren, und zwar in der angeführten Reihenfolge.

Im allgemeinen sollte man beim Zerlegen daran denken, dass alle sich bewegenden oder gleitenden Teile vor dem Ausbau zu zeichnen sind, um sie wieder in der ursprünglichen Lage einzubauen, falls sie wieder verwendet werden. Dies ist besonders bei Kolben, Ventilen, Lagerdeckeln und Lagerschalen wichtig. Teile so ablegen, dass man sie nicht durcheinander bringen kann.

Lager- und Dichtflächen auf keinen Fall mit einer Reissnadel oder gar Schlagzahlen zeichnen. Farbe eignet sich am besten zur Kennzeichnung. Wenn Lagerschalen des Kurbeltriebs herausgenommen werden, muss man auch kennzeichnen, wo die Schale gesessen hat, d.h. entweder auf der Seite des Kurbelgehäuses oder auf der Seite der Lagerdeckel. Die Nummer des betreffenden Hauptlagers oder Pleuellagers ist auf den Rücken der jeweiligen Lagerschale aufzuzeichnen.

Ventile lassen sich am besten durch den Boden einer umgekehrten Pappschachtel stossen, so dass man die Ventilnummer daneben schreiben kann. Bild 4 zeigt die Anordnung der ausgebauten Ventile in der Nummernreihenfolge. Auch die beiden Ventile eines Zylinders darf man nicht durcheinnanderbringen. Am besten ist es, wenn man die Ventile auf der Auslassseite und der Einlasseite zusammenhält, d.h. wenn man sich zwei Pappschachteln zurechtmacht, kann man die Ventile in der gezeigten Weise durch den Boden stossen.

Viele der Teile sind aus Aluminium hergestellt und sind dementsprechend zu behandeln. Falls Hammerschläge zum Trennen bestimmter Teile erforderlich sind, nur einen Gummi-, Plastik- oder Hauthammer verwenden.

Falls ein vorschriftsmässiger Montagestand nicht zur Verfügung steht, ist es am besten, wenn man sich geeignete Holzblöcke zurechtschneidet, auf welchen der Motor so aufgesetzt werden kann, dass man Zugang zur Ober- und Unterseite des Motors erhält. Der Zylinderkopf kann nach dem Ausbau mit einem Metallbügel, an den Stiftschrauben des Ansaugkrümmers angeschraubt, in einen Schraubstock eingespannt werden.

Die normale Zerlegungsreihenfolge des Motors wird nachstehend angeführt und bestimmte Einzelheiten über den Ausbau werden ausführlich unter den betreffenden Überschriften weiter hinten beschrieben. Der Zylinderkopf kann bei eingebautem Motor ausgebaut werden. Ebenfalls kann man den Steuerriemen bei eingebautem Motor nachspannen oder erneuern.

Beim Zerlegen des Motors in folgender Reihenfolge vorgehen:

4A-F-Motor und 4A-FE-Motor (1,6 Liter)

● Muttern der Riemenscheibe der Wasserpumpe lösen, die Einstellschraube des Keilriemens lockern und den Keilriemen abnehmen (Bild 5). Die Riemenscheibe vollkommen von der Wasserpumpe abschrauben.
● Die vier Zündkerzen ausschrauben. Ein langer Kerzenschlüssel ist dazu erforderlich, welcher wie in Bild 6 gezeigt in die einzelnen Bohrungen einzusetzen ist. Die Kerzenkabel müssen natürlich vorher herausgezogen werden.
● Den Schlauch der Kurbelgehäusebelüftung vom Belüftungsventil abschliessen.
● Die drei Hutmuttern der Zylinderkopfhaube abschrauben und die Haube mit den Dichtringen der Muttern und der Dichtung abnehmen. Die Dichtringe beim Zusammenbau erneuern.

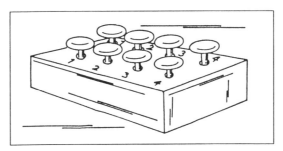

Bild 4
Ventile können in der gezeigten Weise entsprechend der Einlass- oder Auslasseite durch den Boden einer umgekehrten Pappschachtel gestossen werden.

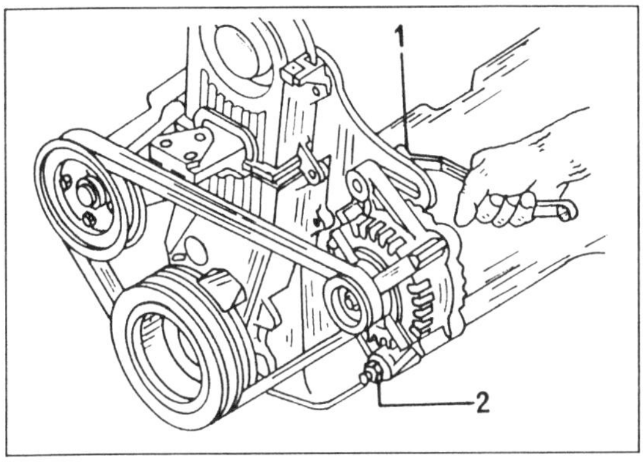

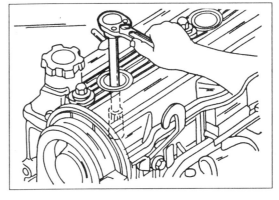

Bild 5
Die beiden Schrauben und Muttern (1) und (2) zum Abnehmen des Keilriemens lockern.

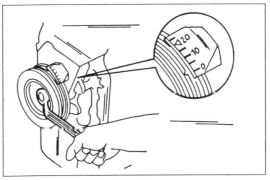

Bild 6
Zum Ausschrauben der Zündkerzen ist ein langer Kerzenschlüssel erforderlich.

Bild 7
Die Kurbelwelle mit einem Ringschlüssel durchdrehen, bis die "0"-Marke gegenüber der Kerbe in der Riemenscheibe steht.

● Die Kurbelwellenriemenscheibe durchdrehen, bis die Kerbe in einer Linie mit der "0"-Marke am Steuerriemendeckel steht. Kontrollieren, ob die Ventilstössel des ersten Zylinders Spiel haben. Falls dies nicht der Fall ist, den Motor um eine weitere Umdrehung durchdrehen. Bild 7 zeigt wie die Kurbelwellenriemenscheibe stehen muss, um den Motor auf den oberen Totpunkt zu bringen.

● Kurbelwellenriemenscheibe von der Kurbelwelle abschrauben und mit einem Abzieher her-

Bild 8
Abziehen der Kurbelwellenriemenscheibe mit dem Spezialabzieher.

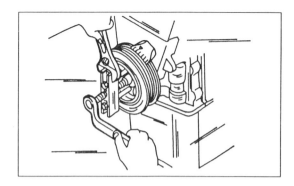

Bild 9
Abnehmen der Zahnriemenführung von der Vorderseite der Kurbelwelle. Aufpassen wie die Scheibe aufgesteckt ist.

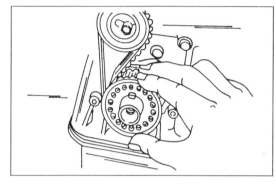

Bild 10
Die Laufrichtung des Zahnriemens wie links gezeigt einzeichnen. Das rechte Bild zeigt die Ausrichtung der Steuerräder.

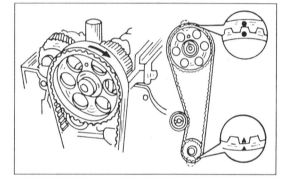

Bild 11
Riemenspanner mit einem Schraubenzieher zur Seite drücken und die Schraube wieder festziehen.

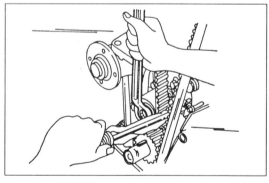

Bild 12
Gegenhalten der Nockenwelle beim Lösen der Schraube des Steuerrades.

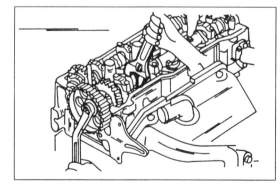

unterziehen. Die Riemenscheibe ist mit zwei Gewindelöchern versehen, um einen Abzieher einzuschrauben, wie es in Bild 8 gezeigt ist.
● Oberen, mittleren und unteren Steuerdeckel abschrauben und die Dichtungen abnehmen. Insgesamt müssen 9 Schrauben gelöst werden.
● Die Führungsscheibe für den Steuerriemen ausbauen. Diese ist auf die Vorderseite der Kurbelwelle aufgesteckt und wird einfach wie in Bild 9 gezeigt heruntergezogen.
● Falls der Zahnriemen wieder verwendet werden soll, einen Pfeil in der Laufrichtung des Riemens einzeichnen und ebenfalls den Riemen im Verhältnis zum Nockenwellenrad und zum Kurbelwellenrad kennzeichnen, wie es in Bild 10 zu sehen ist.
● An der Stirnseite des Motors die Schraube des Zahnriemenspanners lockern, den Spanner mit einem eingesetzten Schraubenzieher nach links drücken, wie es in Bild 11 gezeigt ist und in der neuen Stellung wieder festziehen. Der Zahnriemen ist jetzt locker und kann abgenommen werden. Falls erwünscht, die Spannrolle für den Riemen ausbauen.
● Das Steuerrad von der Kurbelwelle herunterziehen. Eventuell mit einem kräftigen Schraubenzieher oder einem Reifenhebel nachhelfen.
● Die Schraube des Nockenwellenrades lösen. Da sich die Welle dabei mitdrehen wird, muss man sie gegenhalten. An der in Bild 12 gezeigten Stelle ist ein Sechskant in die Welle eingearbeitet, an welcher man einen verstellbaren Schlüssel ansetzen kann. Darauf achten, dass man den Zylinderkopf nicht beschädigt, wenn man den Schlüssel gegen die Seite des Kopfes anliegen lässt.
● Befestigungsschrauben des Zündverteilers lösen, den Unterdruckschlauch abziehen und den Verteiler mit den daran angebrachten Kabeln aus dem Motor ziehen.
● Wasserauslassrohr abschrauben (2 Schrauben).
● Zwei Schrauben lösen und die Stütze des Auspuffkrümmers abnehmen.
● Vier Schrauben lösen und das obere Wärmeschutzblech des Auspuffkrümmers abnehmen.
● Drei Schrauben und zwei Muttern des Auspuffkrümmers lösen und den Auspuffkrümmer mit den Dichtungen abnehmen. Drei weitere Schrauben lösen und das untere Wärmeschutzblech abschrauben.
● Das Wassereinlassgehäuse ausbauen. Dazu die beiden Wasserschläuche abschliessen, zwei Muttern und eine Schraube entfernen (Bild 13) und das Gehäuse abnehmen.
● Bei einem Vergasermotor die Kraftstoffpumpe ausbauen.
● Den Schlauch der Kurbelgehäusebelüftung abschliessen, den Wasserschlauch vom Ansaugkrümmer entfernen und die beiden Schrauben der

Stütze für den Ansaugkrümmer abnehmen.
- Sechs Schrauben und zwei Muttern lösen, die Schelle des Kabels abnehmen und den Ansaugkrümmer zusammen mit der Dichtung abnehmen.
- Das Axialspiel der beiden Nockenwellen ausmessen. Dazu eine Messuhr in der in Bild 14 gezeigten Weise gegen das Ende der Nockenwelle ansetzen und mit Hilfe von zwei Schraubenziehern die Nockenwelle hin- und herbewegen. Die Anzeige an der Messuhr ablesen. Bei der Einlassnockenwelle muss das Spiel zwischen 0,030 - 0,085 mm liegen; bei der Auslassnockenwelle zwischen 0,035 - 0,090 mm.
- Da das Axialspiel der Nockenwellen sehr klein ist, muss die Nockenwelle während dem Ausbau gerade gehalten werden. Falls dies nicht beachtet wird, kann die Druckaufnahme des Zylinderkopfes beschädigt oder gar abgebrochen werden. Aus diesem Grund ist den folgenden Anweisungen genau zu folgen:
— Die Einlassnockenwelle durchdrehen, bis das Loch im Steuerrad in der in Bild 15 gezeigten Lage steht.
— Die Schrauben der Lagerdeckel Nr. 1 der Einlass- und Auslassnockenwelle abwechselnd lockern, bis sie spannungsfrei sind und beide Deckel abnehmen.
— Die beiden geteilten Räder der Einlassnockenwelle, d.h. des Hauptantriebsrades und Nebenantriebsrades, miteinander sperren, indem man eine M6-Schraube von 16 - 20 mm Länge entsprechend Bild 16 in die Steuerräder einschraubt. Dadurch wird die Torsionsfederkraft des Nebenantriebsrades entlastet.
— Die Schrauben der vier verbleibenden Lagerdeckel gleichmässig lösen, wobei jedoch in der in Bild 17 gezeigten Reihenfolge vorzugehen ist. Die Lagerdeckel der Reihe nach abnehmen und die Einlassnockenwelle herausheben. Unter keinen Umständen einen Schraubenzieher oder dergleichen zum Herausdrücken der Nockenwelle benutzen. Falls die Welle nicht ohne Schwierigkeiten und waagerecht herausgehoben werden kann, den Lagerdeckel Nr. 3 (untere Ansicht in Bild 17) wieder anbringen und gleichmässig aufschrauben und danach wieder gleichmässig lockern, während das Steuerrad der Nockenwelle nach oben gezogen wird. Die Nockenwelle kann zerlegt werden. Die diesbezüglichen Arbeiten sind in Kapitel 2.8 beschrieben.
- Zum Ausbau der Auslassnockenwelle die Welle durchdrehen, bis der Passstift die in Bild 18 gezeigte Lage eingenommen hat.
- Die Nockenwellenlagerdeckel in gleicher Weise abschrauben wie es bei der Einlassnockenwelle beschrieben wurde und die Welle herausheben.

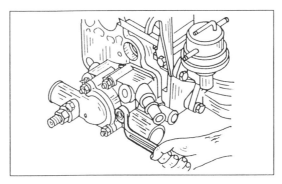

Bild 13
Abschrauben des Wassereinlassgehäuses.

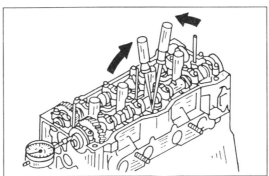

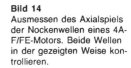

Bild 14
Ausmessen des Axialspiels der Nockenwellen eines 4A-F/FE-Motors. Beide Wellen in der gezeigten Weise kontrollieren.

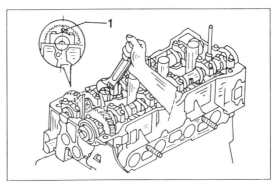

Bild 15
Einlassnockenwelle durchdrehen, bis das Loch (1) im Steuerrad in der gezeigten Stellung steht.

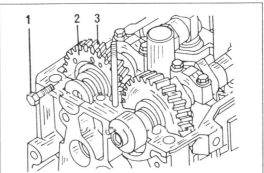

Bild 16
Vor Ausbau der Einlassnockenwelle eine Schraube durch die beiden Steuerräderteile der Einlassnockenwelle schieben.
1 M6-Schraube
2 Nebenantriebsrad
3 Hauptantriebsrad

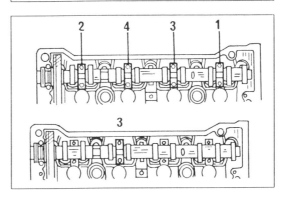

Bild 17
Reihenfolge zum Lösen der Nockenwellenlagerdeckel. Das untere Bild zeigt die Lage des Lagerdeckels Nr. 3.

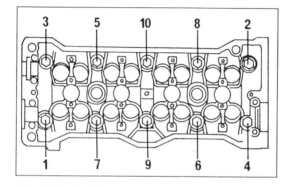

Bild 18
Auslassnockenwelle durchdrehen, bis der Passstift (1) in der gezeigten Lage steht. Erst dann die Nockenwelle ausbauen.

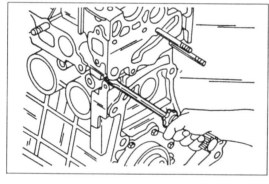

Bild 19
Reihenfolge zum Lösen der Zylinderkopfschrauben.

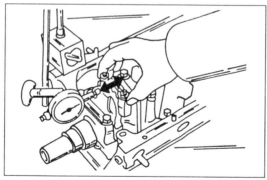

Bild 20
Einen festsitzenden Zylinderkopf kann man vorsichtig in der gezeigten Weise abdrücken.

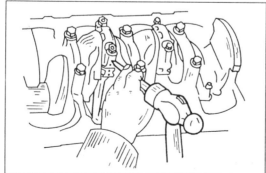

Bild 21
Das Axialspiel der Pleuellager auf den Kurbelwellenzapfen mit einer Messuhr ausmessen. Das Lager dazu in Pfeilrichtung hin- und herbewegen.

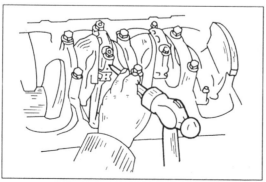

Bild 22
Kennzeichnung der Pleuelstangenlagerdeckel vor Ausbau der Pleuelstangen.

- Unter Verwendung eines Innensechskantschlüssels (Inbusschlüssels) die Zylinderkopfschrauben in der in Bild 19 gezeigten Reihenfolge lockern. Lockern der Schrauben in unterschiedlicher Reihenfolge könnte zu Verzug des Zylinderkopfes führen. Den Zylinderkopf abheben. Falls der Kopf festsitzen sollte, einen Schraubenzieher an der in Bild 20 gezeigten Stelle zwischen dem Ansatz am Block und den Kopf einsetzen, ohne dabei die Flächen zu beschädigen. Der Kopf sitzt auf Passstiften.

- Den Motor umkehren und die Ölwanne abschrauben. Zwei Muttern und 19 Schrauben halten die Ölwanne. Die Ölwanne könnte aufgrund von Dichtungsmasse sehr fest sitzen und muss vielleicht abgedrückt werden. Beim Einsetzen von Werkzeugen zum Abdrücken darauf achten, dass der Ölwannenflansch nicht beschädigt wird. Die Dichtung nach Entfernen der Ölwanne abnehmen.

- Ölansaugsieb von der Unterseite des Kurbelgehäuses abschrauben.

- Die Ölpumpe von der Vorderseite des Kurbelgehäuses abschrauben und herausziehen. Sieben Schrauben werden zur Befestigung verwendet. Zum Ausbau der Pumpe diese von der Innenseite des Kurbelgehäuses mit einem Plastikhammer gleichmässig von beiden Seiten abschlagen. Die Pumpendichtung abnehmen.

- Das Axialspiel der vier Pleuellager auf der Kurbelwelle kontrollieren, ehe der Kurbeltrieb zerlegt wird. Dazu eine Messuhr in der in Bild 21 gezeigten Weise am Zylinderblock anbringen, das Pleuellager auf eine Seite drücken und die Messuhr auf Null stellen. Das Pleuellager danach auf die andere Seite drücken und den Ausschlag der Messuhrnadel beobachten. Das Spiel liegt normalerweise zwischen 0,15 - 0,25 mm, jedoch ist eine Verschleissgrenze von 0,30 mm noch zulässig. Die Pleuelstange oder in schlimmen Fällen auch die Kurbelwelle, müssen erneuert werden, falls das Spiel grösser ist. Beim Messen der verbleibenden Pleuellager in ähnlicher Weise vorgehen.

- Pleuellagerdeckel und die Pleuelstange der Reihe nach mit der Zylindernummer kennzeichnen. Dazu einen Körner verwenden, wie es in Bild 22 gezeigt ist. Einen Körnerschlag in den ersten Pleuel, zwei Körnerschläge in den zweiten Pleuel, usw. Zwei Pleuellager sollten sich immer auf dem unteren Totpunkt befinden, wenn die Deckel gelöst werden. Um die Deckel zu trennen, mit einem Plastikhammer abwechselnd auf die beiden Stiftschrauben schlagen, d.h. der Pleuel wird nach innen geschlagen (Bild 23). Der Motor muss auf der Seite liegen.

- Kurze Gummi- oder Kunststoffschlauchstücke auf die Stiftschrauben der Pleuelstangen schieben (um ein Zerkratzen der Bohrungen zu vermeiden) und die Pleuelstangen zusammen mit den Kolben der Reihe nach aus den Zylinderbohrungen-

schieben. Darauf achten, dass die Lagerschalen und Lagerdeckel sofort wieder an die betreffenden Pleuelstangen angeschraubt werden.

● Kolben und Pleuelstangen nach Ausbau der beiden verbleibenden Einheiten entsprechend der Einbaureihenfolge ablegen.

● Schwungrad durch Einsetzen eines Schraubenziehers in den Zahnkranz gegenhalten und die Kupplung gleichmässig über Kreuz abschrauben.

● Schwungrad weiterhin gegenhalten und die

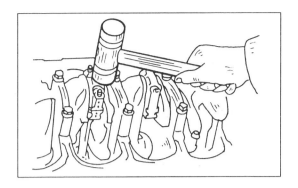

Bild 23
Die Pleuellagerschrauben mit einem Kunststoffhammer durchschlagen.

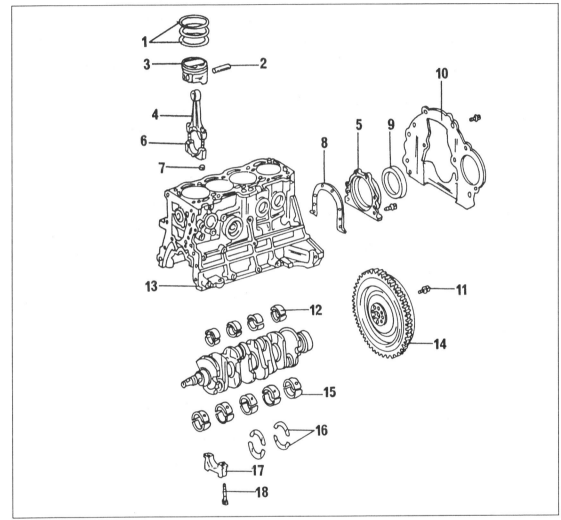

Bild 24
Montagebild des Zylinderblocks zusammen mit dem Kurbeltrieb.
1 Kolbenringe
2 Kolbenkolbenbolzen
3 Kolben
4 Pleuelstange
5 Öldichtringflansch
6 Pleuellagerdeckel
7 Mutter, 50 Nm
8 Flanschdichtung
9 Hinterer Öldichtring
10 Motorzwischenplatte
11 Schraube, 80 Nm
12 Pleuellagerschale
13 Zylinderblock
14 Schwungrad
15 Kurbelwellenlager
16 Anlaufscheiben
17 Hauptlagerdeckel
18 Schraube, 60 Nm

Schwungradschrauben lösen. Das Schwungrad abnehmen. Falls erforderlich mit einem Gummihammer abschlagen.

● Motorzwischenplatte von der Rückseite abschrauben.

● Flansch des hinteren Öldichtringes abschrauben. Der Dichtring kann sofort von innen aus dem Flansch geschlagen werden.

● Axialspiel der Kurbelwelle ausmessen und den Wert aufschreiben (Kapitel 2.7.2).

● Kurbelwelle ausbauen. Die Lagerdeckel sind in diesem Fall mit Zahlen gezeichnet (Nr. 1 an der Riemenscheibenseite, Nr. 5 an der Schwungradseite). Die Anlaufscheiben vom mittleren Lager entfernen.

Bild 24 zeigt ein Montagebild des Kurbelgehäuses und kann beim Zerlegen hinzugezogen werden.

Zerlegung des 3S-FE-Motors

● Stellschiene für den Keilriemen der Drehstromlichtmaschine lockern, die Lichtmaschine nach innen drücken und den Keilriemen abnehmen. Lichtmaschine vollkommen ausbauen.

- Riemenscheibe der Wasserpumpe abschrauben.
- Die vier Zündkerzen ausschrauben. Ein langer Kerzenschlüssel ist dazu erforderlich, um an die in den Vertiefungen sitzenden Kerzen zu kommen.
- Die Motorhebeösen abschrauben.
- Auf einer Seite des Motors das Wärmeschutzschild des Auspuffkrümmers abschrauben, zwei Schrauben lösen und die Krümmerstütze abnehmen.
- Auspuffkrümmer abschrauben. Falls ein weiteres Wärmeschutzblech eingebaut ist, dieses ebenfalls abschrauben.
- Zündverteiler schrauben lösen, den Zündverteiler herausziehen und den "O"-Dichtring abnehmen.
- Wasserschläuche und die Unterdruckschläuche der Abgasregulierung abschliessen und den Wasserauslassstutzen an der in Bild 25 gezeigten Stelle abschrauben.
- Wasserschläuche vom Wasserumleitrohr abschliessen und das Rohr abschrauben. Dichtung und "O"-Dichtring abnehmen.
- Die vier Hutmuttern der Zylinderkopfhaube lösen und die Haube abnehmen. Dichttüllen und Dichtung entfernen.
- Kurbelwelle durchdrehen, bis die Kerbe in der Kurbelwellenriemenscheibe in einer Linie mit der "0"-Marke am Zündeinstellblech an der Stirnseite des Motors steht (siehe Bild 7). Kontrollieren, dass die Ventile des ersten Zylinders Spiel aufweisen. Falls sie gerade wechseln, den Motor um eine weitere Umdrehung durchdrehen. Um keine Fehler zu machen muss man sich das Steuerrad der Nockenwelle ansehen. Im Steuerrad ist eine Bohrung zu sehen, welche gegenüber einer Steuermarke im Lagerdeckel der Nockenwelle stehen muss, wie es aus Bild 26 ersichtlich ist.
- Die Schraube der Kurbelwellenriemenscheibe lösen (Schwungrad gegenhalten, damit sich die Kurbelwelle nicht mitdrehen kann) und die Riemenscheibe herunterziehen. Zwei Reifenhebel können an gegenüberliegenden Stellen untergesetzt werden, um die Riemenscheibe abzudrücken. Andernfalls einen Abzieher benutzen, ähnlich wie es in Bild 8 gezeigt wurde. Zwei Gewindebohrungen in der Riemenscheibe ermöglichen das Ansetzen eines Abziehers.
- Oberen und unteren Steuerschutzdeckel abschrauben und die Dichtungen abnehmen. 5 Schrauben am oberen Deckel und 4 Schrauben am unteren Deckel abschrauben.
- Das Führungsblech für den Zahnriemen herunternehmen (siehe Bild 9).
- Falls der Zahnriemen wieder verwendet werden soll, einen Pfeil in der Laufrichtung des Riemens einzeichnen und ebenfalls den Riemen im Verhältnis zum Nockenwellenrad und zum Kurbelwellenrad kennzeichnen, wie es in Bildern 27 und 28 für das Steuerrad der Nockenwelle und der Kurbelwelle gezeigt ist.
- An der Stirnseite des Motors die Schraube des Zahnriemenspanners lockern, den Spanner mit einem eingesetzten Schraubenzieher nach links drücken, ähnlich wie es in Bild 11 gezeigt ist und in der neuen Stellung wieder festziehen. Der Zahn-

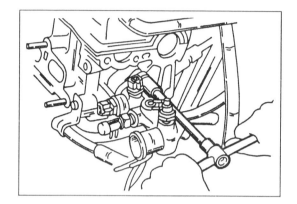

Bild 25
Den Wasserauslassstutzen an der gezeigten Stelle abschrauben.

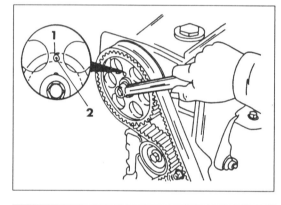

Bild 26
Nockenwellenkettenrad langsam verdrehen, bis die Bohrung (1) im Steuerrad in einer Linie mit der Steuermarke (2) im Lagerdeckel liegt.

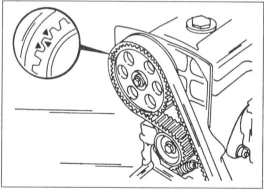

Bild 27
Zahnriemen und Steuerrad der Nockenwelle an gegenüberliegenden Stellen zeichnen, ehe der Zahnriemen abgenommen wird (nur bei Wiedereinbau des ursprünglichen Keilriemens).

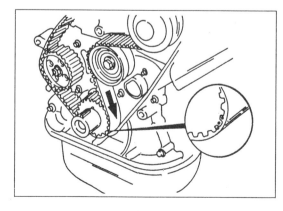

Bild 28
Einen Pfeil in Laufrichtung des Zahnriemens einzeichnen (mit Farbe) und den Zahnriemen sowie das Kurbelwellensteuerrad an gegenüberliegenden Stellen zeichnen, ehe der Riemen abgehoben wird.

riemen ist jetzt locker und kann abgenommen werden. Falls erwünscht, die Spannrolle für den Riemen ausbauen.
• Das Steuerrad von der Kurbelwelle herunterziehen. Eventuell mit zwei kräftigen Schraubenziehern oder Reifenhebeln nachhelfen, wie es in Bild 29 zu sehen ist.
• Die Schraube des Nockenwellenrades lösen. Da sich die Welle dabei mitdrehen wird, muss man sie gegenhalten. Normalerweise wird dazu das in Bild 30 gezeigte Werkzeug benutzt, welches man in zwei der Löcher im Steuerrad einsetzen kann, jedoch kann man einen langen Dorn in eines der Löcher einsetzen, das Steuerrad durchdrehen, bis der Dorn gegen den Zylinderkopf anliegt und die Schraube danach lösen. Die Scheibe abnehmen und das Steuerrad herunterziehen.
• Falls eingebaut, das Abgasrückführungsventil und das Steuerventil ausbauen. Diese sitzen an der in Bild 31 gezeigten Stelle. Zum Ausbau die Unterdruckschläuche abschliessen, die Überwurfmutter der Leitung abschrauben und die beiden Schrauben entfernen. Das Steuerventil mit der Dichtung abnehmen. Das Rückführungsventil ist mit einer Schraube gehalten.
• Das Drosselklappengehäuse der Einspritzanlage vom Motor abschrauben. Ebenfalls die Einspritzleitung der Kaltstartvorrichtung und die Luftleitung ausbauen. Die letztere wird mit zwei Schrauben gehalten. Vorher die Luftschläuche abschliessen.
• Die Schrauben der Stütze für den Ansaugkrümmer lösen, die Stütze abnehmen, den Unterdruckschlauch abschliessen und die sechs Schrauben und zwei Muttern des Ansaugkrümmers lösen. Den Ansaugkrümmer mit der Dichtung abnehmen.
• Einspritzleitungen und Einspritzventile ausbauen.
• Ehe die Nockenwellen ausgebaut werden, muss man das Axialspiel der beiden Nockenwellen ausmessen. Dazu eine Messuhr in der in Bild 32 gezeigten Lage anordnen, mit dem Messstift auf der Endfläche der Nockenwelle. Das Zahnrad der betreffenden Welle erfassen und die Welle damit vollkommen nach aussen drücken. Messuhr auf "Null" stellen, die Nadel vorspannen und die Nockenwelle in die entgegengesetzte Richtung drücken. Die Anzeige der Messuhr ist das Axialspiel, welches zwischen 0,045 - 0,10 mm bei der Einlassnockenwelle und 0,030 - 0,085 mm bei der Auslassnockenwelle liegen sollte. Falls das Axialspiel der Welle(n) grösser ist, muss man die Welle erneuern. Manchmal ist es auch erforderlich, dass Lagerdeckel und Zylinderkopf zusammen erneuert werden müssen.
• Da das Axialspiel der Nockenwellen sehr klein ist, muss die Nockenwelle während dem

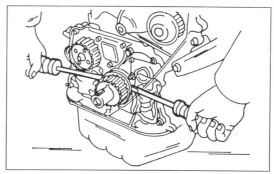

Bild 29
Abdrücken des Steuerrades der Kurbelwelle mit zwei Schraubenziehern.

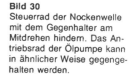

Bild 30
Steuerrad der Nockenwelle mit dem Gegenhalter am Mitdrehen hindern. Das Antriebsrad der Ölpumpe kann in ähnlicher Weise gegengehalten werden.

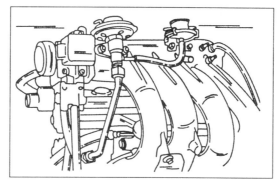

Bild 31
Die Lage der beiden Ventile der Abgasrückführungsanlage.

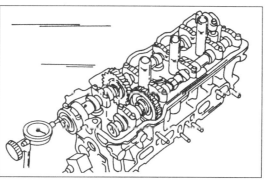

Bild 32
Ausmessen des Axialspiels der Nockenwellen. Beide Wellen müssen ausgemessen werden.

Ausbau gerade gehalten werden. Falls dies nicht beachtet wird, kann die Druckaufnahme des Zylinderkopfes beschädigt oder gar abgebrochen werden. Aus diesem Grund ist den folgenden Anweisungen genau zu folgen:
— Die Einlassnockenwelle durchdrehen, bis der Passstift im Steuerrad in der in Bild 33 gezeigten Lage steht. Indem man den Passstift um den gezeigten Winkel vor den oberen Totpunkt stellt, werden die Nocken für den 2. und 4. Zylinder gegen die Stössel gedrückt und halten

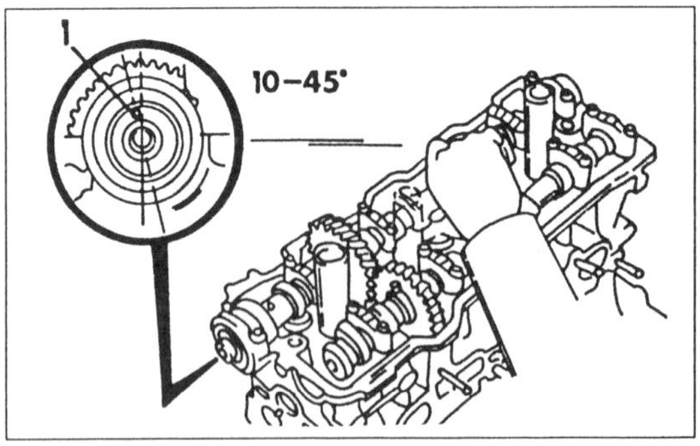

Bild 33
Beim Ausbau der Auslassnockenwelle muss der Passstift (1) die gezeigte Stellung haben.

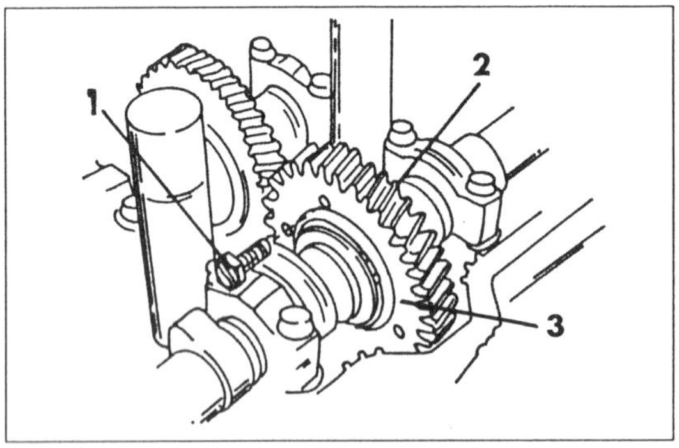

Bild 34
Sperren des Antriebsrades der Auslassnockenwelle. Das zweiteilige Antriebsrad muss von der Zugkraft der eingebauten Feder befreit werden, ehe man die Welle ausbauen kann.
1 Einzusetzende Schraube
2 Hauptantriebsrad
3 Nebenantriebsrad

Bild 35
Reihenfolge zum Lösen der Lagerdeckelschrauben der Auslassnockenwelle. Der mit dem Pfeil gezeigte Deckel darf dabei nicht gelöst werden.

Bild 36
Beim Ausbau der Einlassnockenwelle muss der Passstift (1) die gezeigte Stellung haben.

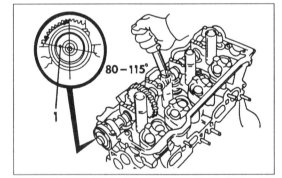

wechselnd lockern, bis sie spannungsfrei sind und den Deckel abnehmen.
— Die in Bild 35 gezeigten Schrauben 3 bis 8 in der gezeigten Reihenfolge in mehreren Durchgängen lockern und die Deckel Nr. 1, 2 und 4 abnehmen. Den Deckel Nr. 3 zu diesem Zeitpunkt nicht lockern (in Bild 35 mit dem Pfeil gezeigt).
— Abwechselnd über Kreuz die Schrauben des in Bild 35 gezeigten Lagerdeckels Nr. 3 lockern und den Deckel abnehmen. Dabei beobachten, dass die Nockenwelle gerade und waagerecht verbleibt. Falls dies nicht der Fall ist, die beiden Schrauben des mittleren Lagerdeckels wieder anziehen, die anderen Lagerdeckel wieder in umgekehrter Reihenfolge montieren, den Passstift in Bild 33 nochmals in die gezeigte Lage bringen und den gesamten Vorgang nochmals von vorn beginnen. Wenn der mittlere Lagerdeckel frei ist, ihn abnehmen und die Auslassnockenwelle herausheben. Die Nockenwelle kann man zerlegen (siehe betreffendes Kapitel).
● Zum Ausbau der Einlassnockenwelle die Welle durchdrehen, bis der Passstift in der Endfläche der Welle die in Bild 36 gezeigte Lage eingenommen hat, d.h er muss um den gezeigten Winkel vor dem oberen Totpunkt stehen. Dadurch drücken die Nocken der Zylinder Nr. 1 und 3 gegen die Stössel. Der Ausbau der Nockenwelle geschieht in ähnlicher Weise wie es für die Auslassnockenwelle beschrieben wurde, jedoch sind die folgenden Punkte zu beachten:
— Die beiden Schrauben des vorderen Lagerdeckels entfernen und den Deckel mit dem Öldichtring abnehmen. Falls der Deckel festsitzt, keinen Zwang ausüben, sondern ihn einstweilen in seiner Lage lassen.
— Gleichmässig und über Kreuz die Schrauben des hinteren Deckels, des Deckels Nr. 3 und Deckels Nr. 4 lockern und zwar in der Reihenfolge hinterer Deckel, Deckel Nr. 3 und Deckel Nr. 4. Die Schrauben von Deckel Nr. 2 zu diesem Zeitpunkt noch nicht lockern.
— Schrauben des Deckels Nr. 2 abwechselnd lockern. Dabei ständig überprüfen, dass die Nockenwelle gerade und waagerecht bleibt. Falls dies nicht der Fall ist, Deckel Nr. 2 wieder anschrauben, die anderen Deckel in umgekehrter Reihenfolge wieder anziehen, die Stellung des Passstiftes in Bild 36 nachprüfen und den Arbeitsgang nochmals von vorn beginnen. Wie bei der Auslassnockenwelle auf keinen Fall die Welle unter Zwang herausdrücken. Dieses Zahnrad ist einteilig und kann nicht zerlegt werden.
● Unter Verwendung eines Innensechskantschlüssels (Inbusschlüssels) die Zylinderkopfschrauben in der in Bild 19 gezeigten Reihenfolge lockern. Lockern der Schrauben in unterschiedlicher Reihenfolge könnte zu Verzug des Zylinder-

die Nockenwelle in waagerechter Lage.
— Die beiden geteilten Räder der Auslassnockenwelle, d.h. des Hauptantriebsrades und Nebenantriebsrades, miteinander sperren, indem man eine M6 x 1-Schraube von 16 - 20 mm Länge entsprechend Bild 34 in die Steuerräder einschraubt. Dadurch wird die Torsionsfederkraft des Nebenantriebsrades entlastet. Vor Herausheben der Nockenwelle unbedingt überzeugen, dass die Federkraft entlastet ist.
— Die Schrauben des hinteren Lagerdeckels ab-

kopfes führen. Den Zylinderkopf abheben. Falls der Kopf festsitzen sollte, einen Schraubenzieher ähnlich wie beim anderen Motor an der in Bild 20 gezeigten Stelle zwischen dem Ansatz am Block und den Kopf einsetzen, ohne dabei die Flächen zu beschädigen. Der Kopf sitzt auf Passstiften.

• Die verbleibenden Zerlegungsarbeiten werden in ähnlicher Weise durchgeführt, wie es beim 1,6 Liter-Motor beschrieben wurde. Um das Antriebsrad der Ölpumpe auszubauen, muss es in ähnlicher Weise gegengehalten werden, wie es in Bild 30 bei der Nockenwelle gezeigt wurde.

2.3 Zusammenbau des Motors

Wie das Zerlegen wird auch der Zusammenbau des Motors unter getrennten Überschriften beschrieben. Die Reihenfolge des Zusammenbaus ist umgekehrt zur Zerlegung. Die folgenden Allgemeinhinweise sollte man jedoch bei jedem Zusammenbau beachten:

• Kontrollieren, ob alle Teile sauber und frei von Fremdkörpern sind, ehe sie zusammengebaut werden.

• Einen Ölschmierfilm an alle Teile, die sich drehen oder die gleiten, auftragen. Dies ist **vor** dem Zusammenbau durchzuführen und nicht nachdem die Teile bereits zusammengebaut sind, da sonst das Öl nicht an die eigentlichen Lagerstellen heran kann. Es ist besonders wichtig, dass Kolben, Kolbenringe und Zylinderwandungen vor dem Zusammenbau reichlich mit Motoröl geschmiert werden.

• Alle Teile des Zylinderblocks gründlich reinigen, wenn der Motor vollkommen zerlegt wurde. Bei teilweiser Zerlegung darauf achten, dass keine Fremdkörper in die nicht zerlegten Teile des Motors, oder in Hohlräume, fallen können. Alle Öffnungen entweder abkleben oder mit Lappen abdecken, um dies zu vermeiden.

• Ölkanäle und -bohrungen am besten mit Pressluft ausblasen. Falls keine Luft zur Verfügung steht, die Kanäle oder Bohrungen mit einem Stück Holz durchstossen, niemals mit Metallgegenständen. Dichtringe, Dichtungen, usw. sollten immer erneuert werden. Auf keinen Fall an diesen Teilen sparen und ursprünglich beschädigte Teile wieder verwenden.

• In der Mass- und Einstelltabelle sind die Verschleissgrenzen der meisten sich bewegenden Teile angegeben. Falls Zweifel über einen Teil bestehen, oder die Verschleissgrenze ist bald erreicht, ist es vielleicht besser, wenn man das Teil erneuert, um sich eine baldige Wiederzerlegung zu ersparen.

• Alle Ersatzteile nur von einer Toyota-Vertretung beziehen, wobei die Motornummer anzugeben ist. Da Teile ständig verbessert und dadurch geändert werden, ist Ihr Toyota-Lieferant in der Lage Ihnen das richtige Teil zu verkaufen.

2.4 Zylinderkopf und Ventile

2.4.1 Ausbau des Zylinderkopfes

Der Zylinderkopf kann bei eingebautem Motor ausgebaut werden und diese Arbeit wird in der nächsten Beschreibung behandelt.

4A-F/FE-Motor

• Muttern der Riemenscheibe der Wasserpumpe lösen, die Einstellschraube des Keilriemens lockern und den Keilriemen abnehmen (Bild 5). Die Riemenscheibe vollkommen von der Wasserpumpe abschrauben.

• Die vier Zündkerzen ausschrauben. Ein langer Kerzenschlüssel ist dazu erforderlich.

• Den Schlauch der Kurbelgehäusebelüftung vom Belüftungsventil abschliessen.

• Die drei Hutmuttern der Zylinderkopfhaube abschrauben und die Haube mit den Dichtringen der Muttern und der Dichtung abnehmen.

• Die Kurbelwellenriemenscheibe durchdrehen, bis die Kerbe in einer Linie mit der "0"-Marke am Steuerriemendeckel steht. Kontrollieren, ob die Ventilstössel des ersten Zylinders Spiel haben. Falls dies nicht der Fall ist, den Motor um eine weitere Umdrehung durchdrehen.

• Wasserauslassrohr abschrauben (2 Schrauben).

• Zwei Schrauben lösen und die Stütze des Auspuffkrümmers abnehmen.

• Vier Schrauben lösen und das obere Wärmeschutzblech des Auspuffkrümmers abnehmen.

• Drei Schrauben und zwei Muttern des Auspuffkrümmers lösen und den Auspuffkrümmer mit den Dichtungen abnehmen. Drei weitere Schrauben lösen und das untere Wärmeschutzblech abschrauben.

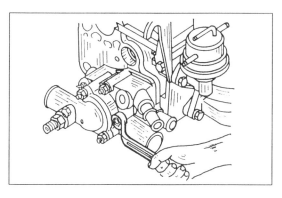

Bild 37 Abschrauben des Wassereinlassgehäuses (4A-F/FE-Motor).

- Zündverteiler zusammen mit den Kerzenkabeln ausbauen.
- Das Wassereinlassgehäuse ausbauen. Dazu die beiden Wasserschläuche abschliessen, zwei Muttern und eine Schraube entfernen (Bild 37) und das Gehäuse abnehmen.

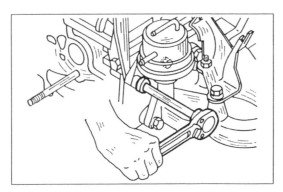

Bild 38
Abschrauben der Kraftstoffpumpe bei einem 4E-F-Motor.

- Bei einem Vergasermotor (4A-F) die Kraftstoffpumpe ausbauen (Bild 38).
- Den Schlauch der Kurbelgehäusebelüftung abschliessen, den Wasserschlauch vom Ansaugkrümmer entfernen und die beiden Schrauben der Stütze für den Ansaugkrümmer abnehmen.
- Sechs Schrauben und zwei Muttern lösen, die Schelle des Kabels abnehmen und den Ansaugkrümmer zusammen mit der Dichtung abnehmen.
- Oberen und mittleren Steuerriemendeckel abschrauben und die Dichtungen abnehmen. Insgesamt müssen 3 Schrauben auf jeder Seite gelöst werden.
- Falls der Zahnriemen wieder verwendet werden soll, einen Pfeil in der Laufrichtung des Riemens einzeichnen und ebenfalls den Riemen im Verhältnis zum Nockenwellenrad und zum Kurbelwellenrad kennzeichnen, wie es in Bild 10 zu sehen ist, jedoch in diesem Fall die Kennzeichnung nur am Nockenwellensteuerrad durchführen.
- An der Stirnseite des Motors die Schraube des Zahnriemenspanners lockern, den Spanner so weit wie möglich nach links drücken und danach vorübergehend festziehen (siehe Bild 11). Der Zahnriemen ist jetzt locker und kann vom Steuerrad der Nockenwelle abgenommen werden. Dabei den Riemen stramm ziehen, damit er nicht vom Steuerrad der Kurbelwelle herunterrutschen kann. Darauf achten, dass keine Fremdkörper in die Steuerkammer fallen können und dass der Riemen nicht verschmutzt wird.
- Die Nockenwelle gegenhalten und die Schraube des Nockenwellenrades wie in Bild 12 gezeigt, lösen.
- Das Axialspiel der beiden Nockenwellen ausmessen. Dazu eine Messuhr in der in Bild 14 gezeigten Weise gegen das Ende der Nockenwelle ansetzen und mit Hilfe von zwei Schraubenziehern die Nockenwelle hin- und herbewegen. Die Anzeige an der Messuhr ablesen. Bei der Einlassnockenwelle muss das Spiel zwischen 0,030 - 0,085 mm liegen; bei der Auslassnockenwelle zwischen 0,035 - 0,090 mm.
- Die beiden Nockenwellen ausbauen, wie es in Kapitel 2.2. beschrieben wurde.
- Unter Verwendung eines Innensechskantschlüssels (Inbusschlüssels) die Zylinderkopfschrauben in der in Bild 19 gezeigten Reihenfolge lockern. Lockern der Schrauben in unterschiedlicher Reihenfolge könnte zu Verzug des Zylinderkopfes führen. Den Zylinderkopf abheben. Falls der Kopf festsitzen sollte, einen Schraubenzieher zwischen dem Ansatz am Block und den Kopf einsetzen, ohne dabei die Flächen zu beschädigen. Der Kopf sitzt auf Passstiften.

3S-FE-Motor
- Batterie abklemmen und die Kühlanlage entleeren.
- Stellbügel der Drehstromlichtmaschine lockern, die Lichtmaschine nach innen drücken und den Antriebsriemen abnehmen. Die Lichtmaschine vollkommen ausbauen.
- Motorhebeösen abschrauben und die obere Aufhängung der Lichtmaschine ausbauen.
- Je nach Vorhandensein den Auspuffkrümmer und den Katalysator oder den Auspuffkrümmer ausbauen. Alle eingebauten Wärmeschutzbleche ausbauen, um an die Muttern und Schrauben zu kommen.
- Zündkerzen mit einem langen Kerzenschlüssel ausschrauben, nachdem die Kerzenstecker abgezogen wurden.
- Die vier Muttern der Zylinderkopfhaube abschrauben und die Haube mit den Dichtscheiben und der Haubendichtung abnehmen.
- Drosselklappengehäuse der Kraftstoffeinspritzung, den Luftschlauch und das Luftrohr ausbauen.
- Stütze des Ansaugkrümmers abschrauben, einen Unterdruckschlauch abziehen und den Krümmer abschrauben. Krümmer und Dichtung herunterheben.
- Kurbelwelle durchdrehen, bis die Kerbe in der Kurbelwellenriemenscheibe in einer Linie mit der "0"-Marke am Zündeinstellblech an der Stirnseite des Motors steht (siehe Bild 7). Kontrollieren, dass die Ventile des ersten Zylinders Spiel aufweisen. Falls sie gerade wechseln, den Motor um eine weitere Umdrehung durchdrehen. Um keine Fehler zu machen muss man sich das Steuerrad der Nockenwelle ansehen. Im Steuerrad ist eine Bohrung zu sehen, welche gegenüber einer Steuermarke im Lagerdeckel der Nockenwelle stehen muss, wie es aus Bild 26 ersichtlich ist.
- Das Wasserauslassgehäuse abschrauben (2 Schrauben).
- Zündverteiler zusammen mit den daran ange-

brachten Zündkabeln ausbauen.
● Das Wasserumleitrohr abschrauben. Zuerst die Wasserschläuche abschliessen. Danach zwei Schrauben und zwei Muttern lösen, das Rohr abnehmen und die Dichtung sowie den "O"-Dichtring entfernen.
● Falls eingebaut, das Abgasrückführungsventil und das Steuerventil ausbauen. Diese sitzen an der in Bild 31 gezeigten Stelle. Zum Ausbau die Unterdruckschläuche abschliessen, die Überwurfmutter der Leitung abschrauben und die beiden Schrauben entfernen. Das Steuerventil mit der Dichtung abnehmen. Das Rückführungsventil ist mit einer Schraube gehalten.
● Einspritzleitungen und Einspritzventile ausbauen.
● 5 Schrauben entfernen und den oberen Steuerschutzdeckel abnehmen. Dichtung entfernen.
● Falls der Zahnriemen wieder verwendet werden soll, einen Pfeil in der Laufrichtung des Riemens einzeichnen und ebenfalls den Riemen im Verhältnis zum Nockenwellenrad kennzeichnen, wie es in Bild 27 gezeigt ist.
● An der Stirnseite des Motors die Schraube des Zahnriemenspanners lockern, den Spanner mit einem eingesetzten Schraubenzieher nach links drücken, ähnlich wie es in Bild 11 gezeigt ist und in der neuen Stellung wieder festziehen. Der Zahnriemen ist jetzt locker und kann vom Steuerrad der Nockenwelle heruntergehoben werden. Den Riemen in geeigneter Weise festbinden, damit er nicht vom Steuerrad der Kurbelwelle herunterrutschen kann.
● Die Schraube des Nockenwellenrades lösen. Da sich die Welle dabei mitdrehen wird, muss man sie gegenhalten. Normalerweise wird dazu das in Bild 30 gezeigte Werkzeug benutzt, welches man in zwei der Löcher im Steuerrad einsetzen kann, jedoch kann man einen langen Dorn in eines der Löcher einsetzen, das Steuerrad durchdrehen, bis der Dorn gegen den Zylinderkopf anliegt und die Schraube danach lösen. Die Scheibe abnehmen und das Steuerrad herunterziehen.
● Die vier Schrauben lösen und den Deckel an der Vorderseite des Zylinderkopfes abschrauben. Der gemeinte Deckel ist in Bild 40 gezeigt.
● Ehe die Nockenwellen ausgebaut werden, muss man das Axialspiel der beiden Nockenwellen ausmessen. Diese Arbeiten wurden bereits auf Seite 17 beschrieben. Die beiden Wellen danach entsprechend den Beschreibungen auf Seiten 17 und 18 ausbauen.
● Unter Verwendung eines Innensechskantschlüssels (Inbusschlüssels) die Zylinderkopfschrauben in der in Bild 19 gezeigten Reihenfolge lockern. Lockern der Schrauben in unterschiedlicher Reihenfolge könnte zu Verzug des Kopfes führen. Den Zylinderkopf abheben. Falls

der Kopf festsitzen sollte, einen Schraubenzieher ähnlich wie beim anderen Motor an der in Bild 20 gezeigten Stelle zwischen dem Ansatz am Block und den Kopf einsetzen, ohne dabei die Flächen zu beschädigen. Der Kopf sitzt auf Passstiften.

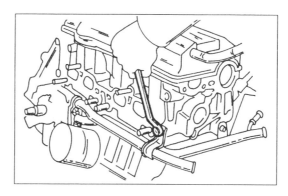

Bild 39a
Abschrauben des Wasserumleitrohres von der Seite des Motors.

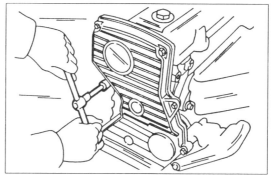

Bild 39b
Abschrauben des oberen Zahnriemendeckels beim 3S-FE-Motor.

2.4.2 Zylinderkopf zerlegen

Die Zerlegung des Zylinderkopfes erfolgt bei beiden Motoren in ähnlicher Weise.
● Den Zylinderkopf mit einem an den Stiftschrauben des Auspuffkrümmers angeschraubten Bügel in einen Schraubstock einspannen.
● Das vorschriftsmässige Werkzeug zum Aus- und Einbau der Ventile trägt die Werkzeugnummer 09202-70010. Das Werkzeug wird, wie in Bild 41 gezeigt, am Zylinderkopf angesetzt. Den Knebel des Werkzeuges festziehen, bis die Feder zusammengedrückt ist und die Ventilkegelhälften herausgenommen werden können.

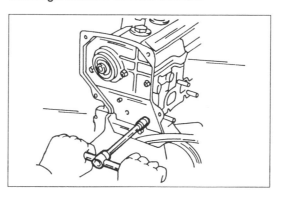

Bild 40
Den Deckel an der Vorderseite des Zylinderkopfes abschrauben ehe man die Nockenwellen ausbauen kann.

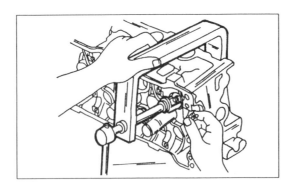

Bild 41
Ausbau der Ventile mit einem Ventilheber.

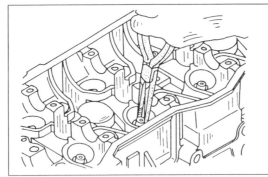

Bild 42
Abziehen der Ventilschaftdichtringe von den Führungen (gezeigt beim 4A-F/FE-Motor).

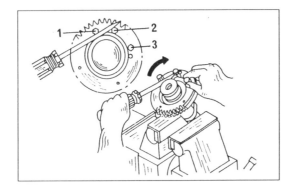

Bild 43
Entlasten der Vorspannung des Antriebsrades der Einlassnockenwelle beim 4A-F/FE-Motor. Auf die Zahlen wird im Text verwiesen.

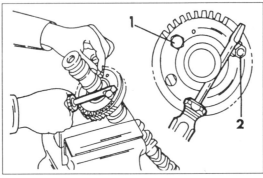

Bild 44
Entlasten der Vorspannung der Auslassnockenwelle beim 3S-FE-Motor. Auf die Zahlen wird im Text verwiesen.

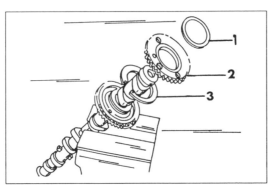

Bild 45
Die Einzelteile des Nebenantriebsrades der Auslass-, bzw. Einlassnockenwelle des betreffenden Motors. Bei beiden Motoren werden die gleichen Teile verwendet.
1 Wellenscheibe
2 Nebenantriebsrad
3 Federscheibe

Zum Ausbau der Ventile kann jedoch ein Stück Rohr verwendet werden, welches man auf den oberen Federteller aufsetzt. Der Ventilteller auf der anderen Seite ist gut unterzulegen. Mit einem Hammer einen kurzen Schlag auf das Rohr geben, so dass die Ventilkegelhälften herauskommen können. Sie werden in der Innenseite des Rohres aufgefangen. Das Rohr jedoch gut in Verbindung mit dem Federteller halten, damit die Kegelhälften nicht verlorengehen.

● Federteller und Federn herausnehmen. Die Ventilschaftdichtringe abziehen, wie es in Bild 42 gezeigt ist, und sofort wegwerfen, da sie erneuert werden müssen. Alle Teile jedes Ventiles zusammenhalten. Die Ventile durch den Boden einer umgekehrten Pappschachtel stossen und die Nummer davor schreiben.

● Die Ventilstössel und die Einstellscheiben aus den Bohrungen herausnehmen und sie entsprechend ihrer Zylindernummer und Ventilzugehörigkeit kennzeichnen.

Bei diesen Motoren ist es jedoch erforderlich eine der Nockenwellen zu zerlegen. Beim 4A-F/FE-Motor ist dies die Einlassnockenwelle, beim 3S-FE-Motor die Auslassnockenwelle. Dabei folgendermassen vorgehen, jedoch auf die Unterschiede bei den beiden Motoren achten:

● Das Vierkantstück der Nockenwelle in einen Schraubstock einspannen, so dass die Welle die in den betreffenden Abbildungen gezeigte Lage einnimmt.

● Bei einem 1,6 Liter-Motor unter Bezug auf Bild 43 zwei Schrauben (1) und (2) in die entsprechenden Löcher des Nebenantriebsrades einsetzen. Einen Schraubenzieher in der gezeigten Weise ansetzen und das Nebenantriebsrad nach links verdrehen, bis die vorher beim Ausbau der Nockenwelle eingesetzte Schraube (3) herausgezogen werden kann. Darauf achten, dass die Nockenwelle nicht beschädigt wird.

● Bei einem 2,0 Liter-Motor unter Bezug auf Bild 44 eine Schraube (2) in das Loch des Nebenantriebsrades einsetzen. Einen Schraubenzieher in der gezeigten Weise ansetzen und das Nockenwellenrad in der gezeigten Weise verdrehen, bis man die Schraube (1) aus den beiden Hälften des Nockenwellenrades herausziehen kann.

● Mit einer Sprengringzange den vor dem Zahnrad sitzenden Sprengring entfernen und der Reihe nach die Wellenscheibe (1), das Nebenantriebsrad (2) und die Federscheibe (3) in Bild 45 herunternehmen. Alle ausgebauten Teile sofort auf Wiederverwendungsfähigkeit kontrollieren.

2.4.3 Zylinderkopf überholen

Alle Teile des Zylinderkopfes auf Verschleiss kontrollieren. Die Zylinderkopffläche gut reinigen (manchmal von alten Dichtungsresten — dazu einen Schaber verwenden, ohne Zylinderkopfmaterial abzuhobeln). Die Prüfungen und Kontrollen sind entsprechend den folgenden Anweisungen durchzuführen.

Ventilfedern

Zur einwandfreien Kontrolle der Ventilfedern sollte ein vorschriftsmässiges Federprüfgerät verwendet werden. Falls dieses nicht zur Verfügung steht, kann eine gebrauchte Feder mit einer neuen Feder verglichen werden. Dazu beide Federn in einen Schraubstock einspannen und diesen langsam schliessen. Falls beide Federn um den gleichen Wert zusammengedrückt werden, ist dies eine sichere Anzeige, dass sie ungefähr die gleiche Spannung haben. Lässt sich die alte Feder jedoch weitaus kürzer als die neue Feder zusammendrücken, so ist dies ein Zeichen von Ermüdung und die Federn sollten im Satz erneuert werden.

Die ungespannte Länge der Feder kann mit einer Schiebelehre ausgemessen werden. Die Federn müssen eine bestimmte Länge haben, die der Mass- und Einstelltabelle zu entnehmen ist. Die Federn der Reihe nach so auf eine glatte Fläche aufstellen (Glasplatte), dass sich die geschlossene Wicklung an der Unterseite befindet. Einen Stahlwinkel neben der Feder aufsetzen. Den Spalt zwischen der Feder und dem Winkel an der Oberseite ausmessen (Bild 46). Das zulässige Mass ist wiederum bei den verschiedenen Motoren unterschiedlich. Andernfalls ist die Feder verzogen.

Ventilführungen

Ventilführungen reinigen, indem man einen in Benzin getränkten Lappen durch die Führungen hin- und herzieht. Die Ventilschäfte lassen sich am besten reinigen, indem man eine rotierende Drahtbürste in eine elektrische Bohrmaschine einspannt und den Schaft gegen die Drahtbürste hält. Die Ventile der Reihe nach in ihre entsprechenden Bohrungen einsetzen.

Zur Kontrolle des Laufspiels der Ventilschäfte in den Bohrungen müssen eine Innenmessuhr und eine Schiebelehre zur Verfügung stehen:

- Mit der Innenmessuhr die Führungen im Innendurchmesser ausmessen, wie es in Bild 47 gezeigt ist. Das erhaltene Mass muss zwischen 6,01 und 6,03 mm liegen (bei allen Motoren).
- Den Aussendurchmesser der Ventilschäfte an den drei in Bild 48 gezeigten Stellen und Messrichtungen ausmessen. Der Nenndurchmesser der Auslassventile beträgt 5,965 -5,980 mm, der Einlassventile 5,970 - 5,985 mm (bei allen Motoren).

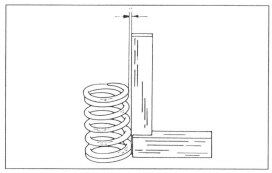

Bild 46
Die Ventilfedern in der gezeigten Weise auf Verzug kontrollieren. Der Verzug wird zwischen den Pfeilen an der Oberseite gemessen (je nach Motor 2,0 oder 2,5 mm).

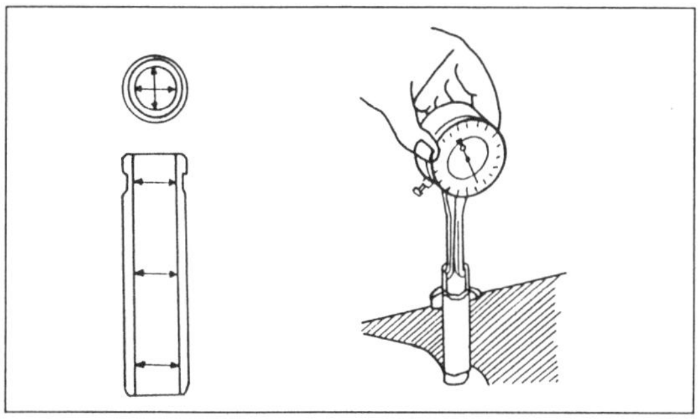

Bild 47
Kontrolle des Durchmessers der Ventilführungen. Das linke Bild zeigt die Messstellen der Führungen.

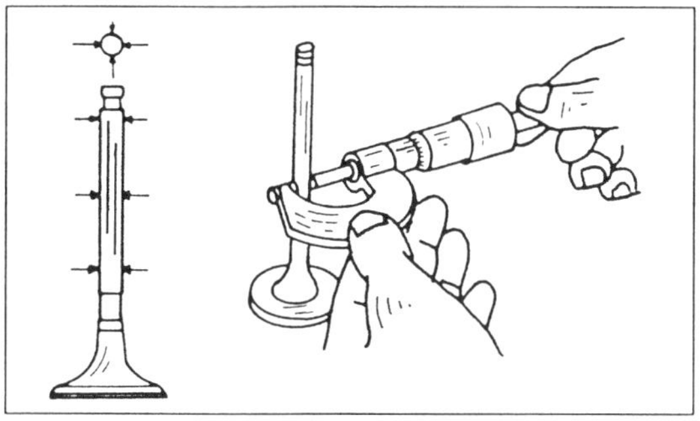

Bild 48
Ausmessen des Durchmessers der Ventilschäfte. Das linke Bild zeigt die Messstellen.

- Den Durchmesser der Ventilschäfte vom Innendurchmesser der Bohrungen abziehen. Das erhaltene Mass ist das Laufspiel der Ventilschäfte in den Bohrungen, welches bei den Einlassventilen 0,08 mm und bei den Auslassventilen 0,10 mm nicht überschreiten darf.

Ehe eine Ventilführung erneuert wird, überprüft man den Allgemeinzustand des Zylinderkopfes. Zylinderköpfe mit kleinen Rissen zwischen den Ventilsitzen oder zwischen dem Ventilsitz und dem ersten Gewinde der Kerzenbohrung können wieder verwendet und nachgeschliffen werden, vorausgesetzt, dass die Risse nicht breiter als 0,5 mm sind. Ebenfalls die Zylinderkopffläche auf Verzug kontrollieren, wie es später beschrieben wird.

Zum Erneuern einer Ventilführung muss die alte Führung mit einem passenden Dorn von der Oberseite des Zylinderkopfes herausgeschlagen werden. Vor dem Ausschlagen der Führungen sind die folgenden Hinweise zu beachten:

- Den Zylinderkopf auf 80 - 100° C erhitzen und die alte Ventilführung von der Oberseite zu den Verbrennungskammern zu ausschlagen. Der zum Ausschlagen benutzte Dorn sollte einen

Bild 49
Ausschlagen einer Ventilführung mit dem Spezialwerkzeug.

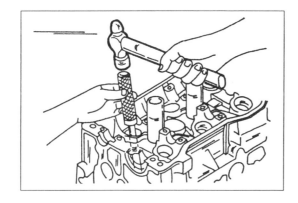

Bild 50
Nach Einschlagen der Ventilführung muss das mit den Pfeilen gezeigte Mass "A" noch dem im Text angegebenen Wert entsprechen.

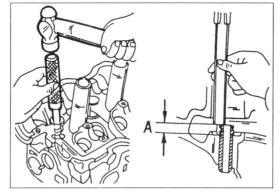

Bild 51
Die Vermassung der Ventilsitze. Die 30°-, 75°- (2,0 Liter) und 60°-Winkel (1,6 Liter) geben die Korrekturfräser an. Das Mass zwischen den Pfeilen ist die Ventilsitzbreite, welche bei Einlass- und Auslassventilen gleich ist.

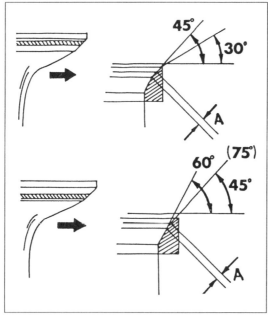

Zapfen angedreht haben, welcher in die Innenseite der Führung passt. Da die Führung schräg herausgeschlagen werden muss, unterbaut man den Zylinderkopf entsprechend, um sie wie in Bild 49 herauszuschlagen.

Mit einer Innenmessuhr den Innendurchmesser der Aufnahmebohrung im Zylinderkopf ausmessen. Liegt diese zwischen 11,000 und 11,027 mm, kann man eine neue Führung mit Nenngrösse-Aussendurchmesser einbauen. Beträgt der Durchmesser mehr als 11,027 mm, muss eine Führung mit Übergrösse-Aussendurchmesser eingebaut werden. Dies bedeutet, dass man die Aufnahmebohrungen der Führungen in einer Werkstatt aufbohren lassen muss. Nicht versuchen die Übergrösse-Bohrungen einfach einzuschlagen. Wenn Ventilführungen erneuert werden, erneuert man die Ventile ebenfalls und muss die Ventilsitze nachschleifen. Die Innenseiten der Aufnahmebohrungen gut reinigen. Die neuen Führungen gut einölen und von der Nockenwellenseite aus in den wieder auf 100° C angewärmten Zylinderkopf einschlagen, bis das obere Ende um das in Bild 50 gezeigte Mass beim 1,6 Liter-Motor 12,7 - 13,1 mm oder beim 2,0 Liter-Motor 8,2 - 8,4 mm noch aus der Oberseite des Zylinderkopfes heraussteht.

Die Ventilführungen nach dem Einpressen mit einer verstellbaren 6 mm-Reibahle aufreiben. Die Einlassventile müssen ein Laufspiel von 0,025 - 0,060 mm; die Auslassventile müssen ein Spiel von 0,030 - 0,065 mm erhalten.

Die Ventilsitze müssen nachgefräst werden, nachdem man eine Ventilführung erneuert hat. Falls es aussieht, als wenn man die Sitze nicht mehr nachschleifen kann, brauchen auch die Führungen nicht erneuert werden.

Ventilsitze

Alle Ventilsitze auf Zeichen von Verschleiss oder Narbenbildung kontrollieren. Leichte Verschleisserscheinungen können mit einem 45°-Fräser entfernt werden. Falls der Sitz jedoch bereits zu weit eingelaufen ist, müssen die Ventilsitze neu gefräst werden.

Die zu erhaltenen Winkel sind in Bild 51 gezeigt. Die Breite des Ventilsitzes gilt für beide Motorenausführungen. Zu beachten ist jedoch der Korrekturwinkel zur Berichtigung der Höhe des Ventilsitzes, d.h. einmal ist ein 60°-Fräser (1,6 Liter) und einmal ein 75°-Fräser (2,0 Liter) zu benutzen. Wie bereits erwähnt, müssen die Ventilsitze nachgefräst werden, wenn neue Ventilführungen eingezogen wurden.

Als erstes den 45°-Winkel fräsen und danach mit dem 30°-Fräser und dem 60°-Fräser oder 75°-Fräser die Oberkante und Unterkante des Sitzes leicht bearbeiten, um die Breite des Ventilsitzes zu verringern und in die Mitte zu bringen. Die Breite der Ventilsitze muss innerhalb 1,0 - 1,4 mm bei den Einlassventilen als auch bei den Auslassventilen liegen. Die Fräsarbeiten sind zu beenden, sobald der Sitz innerhalb der angegebenen Breite liegt.

Nachgearbeitete Ventilsitze müssen eingeschliffen werden. Dazu die Ventilsitzfläche mit etwas Schleifpaste einschmieren und das Ventil in den entsprechenden Sitz einsetzen. Einen Sauger am Ventil anbringen und das Ventil hin- und herbewegen (Bild 52).

Nach dem Einschleifen alle Teile gründlich von Schmutz und Schleifpaste reinigen und den Ventilsitz an Ventilteller und Sitzring kontrollieren. Ein ununterbrochener, matter Ring muss an beiden Teilen sichtbar sein und gibt die Breite des Ventilsitzes an.

Mit einem Bleistift einige Striche auf dem "Ring" am Ventilteller anzeichnen. Die Striche sollten ungefähr in Abständen von 1 mm ringsherum eingezeichnet werden. Danach das Ventil vorsichtig in die Führung und den Sitz fallen lassen und das Ventil um 90° verdrehen, wobei jedoch ein gewisser Druck auf das Ventil auszuüben ist (den Sauger dazu verwenden).

Das Ventil wieder herausnehmen und kontrollieren, ob die Bleistiftstriche vom Sitzring entfernt wurden. Falls sich die Ventilsitzbreiten innerhalb der angegebenen Angaben befinden, kann der Kopf wieder eingebaut werden. Andernfalls die Ventilsitze nacharbeiten oder in schlimmen Fällen einen Austauschkopf einbauen.

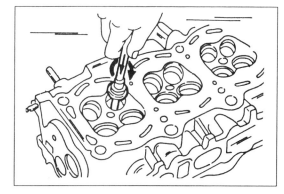

Bild 52
Einschleifen eines Ventils.

Ventile

Kleinere Beschädigungen der Ventiltellerflächen können durch Einschleifen der Ventile in die Sitze des Zylinderkopfes berichtigt werden, wie es oben beschrieben wurde.

Die Ventile entsprechend den Angaben in der Mass- und Einstelltabelle ausmessen und alle nicht diesen Massen entsprechenden Ventile erneuern. Besonders ist dabei auf die Länge der Ventile zu achten, welches manchmal übersehen wird. Alle Angaben sind den Mass- und Einstelltabelle zu entnehmen. Falls sie kürzer als das angegebene Mindestmass sind, müssen sie erneuert werden.

Falls die Enden der Ventilschäfte Verschleiss aufweisen, können sie an einer Schleifmaschine glatt geschliffen werden, vorausgesetzt, dass man nicht mehr als 0,50 mm des Materials zur Korrektur entfernen muss und die angegebenen Masse abschliessend noch vorhanden sind.

Die Teller von Ventilen können in einer Ventilschleifmaschine nachgeschliffen werden, vorausgesetzt, dass das Mass zwischen den Pfeilen in Bild 53 noch 0,5 mm beträgt, wenn die Ventile wieder verwendungsfähig sind. Den Winkel der Ventilschleifmaschine auf 44,5° einstellen (der Ventiltellerwinkel ist etwas kleiner als der Ventilsitzwinkel).

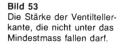

Bild 53
Die Stärke der Ventiltellerkante, die nicht unter das Mindestmass fallen darf.

Zylinderkopf

Die Dichtflächen von Zylinderkopf und Zylinderblock einwandfrei reinigen und die Zylinderkopffläche auf Verzug kontrollieren. Dazu ein Messlineal auf den Kopf auflegen (Bild 54) und mit einer Fühlerlehre den Lichtspalt längs, quer

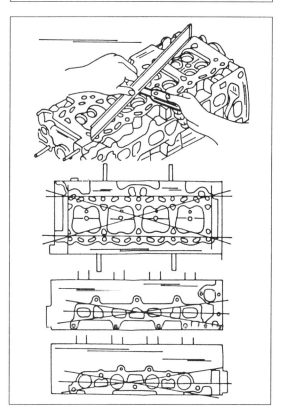

Bild 54
Ausmessen der Zylinderkopffläche (oben), der Einlasskrümmerfläche (Mitte) und der Auslasskrümmerfläche (unten).

und diagonal zur Zylinderkopffläche ermitteln. Falls sich eine Blattlehre von mehr als 0,05 mm Stärke einschieben lässt, muss der Zylinderkopf erneuert werden. Die gleiche Kontrolle ist an der Fläche für die Krümmer durchzuführen. Auch hier ist ein Spalt von 0,05 mm zulässig. Bild 54 zeigt durch die Strichlinien in welcher Richtung die Flächen vermessen werden müssen. Der Spalt darf an keiner Stelle die angegebenen Maximalwerte

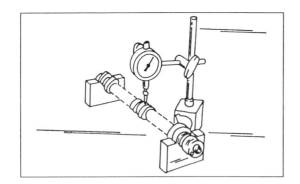
Bild 55
Ausmessen der Nockenwelle auf Verzug.

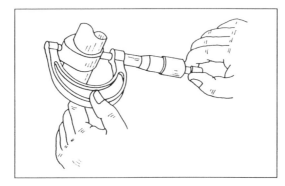
Bild 56
Ausmessen der Nockenhöhe mit einem Mikrometer.

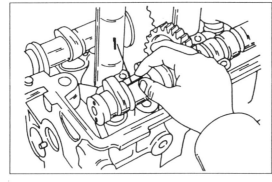
Bild 57
Kontrolle des Laufspiels der Nockenwellenlager mit einem "Plastigage"-Streifen. Den Kunststoffstreifen (1) in der gezeigten Richtung auf den Lagerzapfen auflegen. Die Messung ist bei einem 2 Liter-Motor gezeigt.

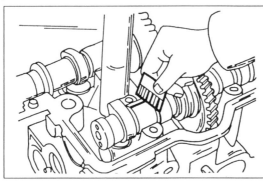
Bild 58
Kontrolle der Breite des flachgedrückten "Plastigage"-Streifens. Die Messung ist beim 2,0 Liter-Motor gezeigt.

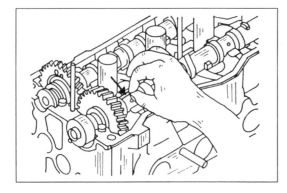
Bild 59
Kontrolle der Breite des flachgedrückten "Plastigage"-Streifens. Die Messung ist beim 1,6 Liter-Motor gezeigt.

überschreiten. Die Krümmerflächen am Kopf dürfen nicht um mehr als 0,10 mm verzogen sein.

Nockenwellen
Die Nockenwellen mit den beiden Endlagerzapfen in Prismen einlegen oder zwischen die Spitzen einer Drehbank spannen, wie es Bild 55 zeigt, und eine Messuhr an einem der mittleren Lagerzapfen ansetzen. Die Nockenwelle langsam durchdrehen und die Anzeige an der Messuhr ablesen. Falls die Anzeige mehr als 0,04 mm bei einer kompletten Umdrehung beträgt (bei allen Motoren) muss die Nockenwelle erneuert werden, da man sie nicht richten kann.
Als nächstes die Lagerzapfen und die Nockenflächen auf sichtbare Schäden kontrollieren. Falls diese noch gut aussehen, sind die Nockenhöhen und das Lagerlaufspiel auszumessen:

● Zum Ausmessen der Nockenhöhen, ein Mikrometer wie in Bild 56 gezeigt benutzen. Die Sollmasse und die Verschleissgrenzen sind der Mass- und Einstelltabelle zu entnehmen.

● Vor der Kontrolle des Lagerlaufspiels die Lagerdeckel auf Abblätterung des Lagermetalls oder Riefenbildung kontrollieren. Falls die Deckel beschädigt sind, die Deckel, die Nockenwellen und den Zylinderkopf erneuern.

● Lagerdeckel und Nockenwellenlagerzapfen einwandfrei reinigen und die Deckel entsprechend der Lagernummer auslegen.

● Das Lagerlaufspiel wird mit Hilfe von "Plastigage"-Kunststoffdraht ausgemessen. Ein Stück dieses Drahtes über die volle Länge aller Lagerzapfen auflegen (Bild 57) und die Deckel der Reihe nach aufsetzen. Der Pfeil aller Deckel muss nach vorn weisen und die Deckelnummern müssen übereinstimmen.

● Deckel mit einem Hammer vorsichtig anschlagen und die Schrauben einsetzen. Die Schrauben von der Mitte nach aussen vorgehend mit einem Anzugsdrehmoment von 13 Nm anziehen, wenn ein 4A-F/FE-Motor kontrolliert wird, oder auf 19 Nm, wenn ein 3S-FE-Motor überholt wird. Keine Fehler machen. Die Nockenwelle darf jetzt nicht mehr durchgedreht werden.

● Lagerdeckel wieder abschrauben und sofort kontrollieren, ob das "Plastigage" am Deckel hängengeblieben ist. Andernfalls klebt es noch am Lagerzapfen.

● Mit der im "Plastigage"-Satz mitgelieferten Lehre die Breite des flachgedrückten Plastikstreifens an der breitesten Stelle ausmessen (Bilder 58 oder 59). Diese gibt das kleinste Lagerlaufspiel an. Falls das Spiel grösser als 0,10 mm ist, müssen der Zylinderkopf und/oder die Nockenwelle erneuert werden, um das Spiel wieder zwischen das vorgeschriebene Laufspiel zu bringen.

Zum Ausmessen des Axialspiels der Nockenwelle

ist auf die Beschreibung beim Zerlegen des Motors zurückzugreifen (siehe ebenfalls Bild 32). Falls das Spiel grösser als 0,25 mm ist (wurde bereits beim Zerlegen des Zylinderkopfes festgestellt), muss entweder die Nockenwelle und/oder der Zylinderkopf erneuert werden.

Bei beiden Motoren muss das Flankenspiel zwischen den beiden Steuerrädern der Nockenwelle kontrolliert werden. Dazu die Nockenwelle ohne Nebenantriebsrad einlegen und eine Messuhr in der in Bild 60 gezeigten Weise anbringen. Das gezeigte Steuerrad in Pfeilrichtung hin- und herbewegen und die Messuhr ablesen. Falls das Spiel grösser als 0,30 mm ist, müssen die Nockenwellen erneuert werden.

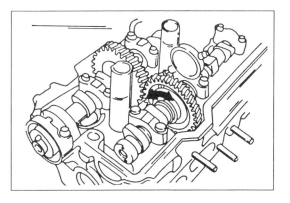

Bild 60
Kontrolle des Zahnflankenspiels der beiden Nockenwellenräder. Bei beiden Motoren wird die Messung ähnlich durchgeführt.

Steuerriemen und Steuerräder

Ein Riemen mit ausgebrochenen Zähnen muss offensichtlich erneuert werden. Andere Fehler sind Risse, Abscheuerungen an der Seite, oder Abrundungen einiger oder aller Zähne. In diesem Fall ebenfalls die Zähne der Steuerräder kontrollieren.

Den Riemenspanner in einer Hand halten und die Rolle mit der anderen Hand durchdrehen. Schwere Stellen erfordern die Erneuerung des Riemenspanners.

Die Rückzugfeder des Riemenspanners muss eine bestimmte Länge haben. Gemessen wird dabei zwischen den Innenseiten der Federhaken. Beim 1,6 Liter-Motor beträgt das Mass 43,3 mm; beim 2,0 Liter-Motor 46,1 mm. Eine neue Feder einbauen, falls sich die Feder gestreckt hat.

Ventilstössel

Die Innendurchmesser der Stösselbohrungen im Zylinderkopf und die Aussendurchmesser der Stössel ausmessen. Ein Innenmikrometer sowie ein Aussenmikrometer müssen dazu zur Verfügung stehen. Der Unterschied darf nicht mehr als 0,10 mm (1,6 Liter-Motor), bzw. 0,07 mm (2,0 Liter-Motor) betragen. Andernfalls müssen die Stössel oder in schlimmen Fällen der Zylinderkopf erneuert werden.

2.4.4 Zusammenbau des Zylinderkopfes

Alle Teile des Zylinderkopfes einwandfrei reinigen und sorgfältig auf einer Werkbank so auslegen, dass der Zusammenbau ordnungsgemäss vor sich gehen kann.

Falls Ventile eingeschliffen wurden, müssen sie unbedingt in die entsprechenden Ventilsitze kommen, da das Schleifbild aller Ventile unterschiedlich ist.

- Bei einem 1,6 Liter-Motor den halbmondförmigen Dichtstopfen und die Aufnahme im Zylinderkopf reinigen. Die Fläche des Stopfens mit Dichtungsmasse einschmieren und in den Kopf einsetzen.
- Ventile der Reihe nach in die Ventilführungen einschieben. Die Ventilschäfte müssen gut eingeölt sein. Falls die ursprünglichen Ventile wieder eingebaut werden, diese in die entsprechenden Führungen einsetzen. Der obenstehende Hinweis erwähnte schon eingeschliffene Ventile.
- Ventilschaftdichtringe über die Schäfte und die Ventilführungen aufsetzen und mit einem Stück Rohr gut andrücken. Die Dichtringe für die Einlassventile sind an der Oberseite mit brauner Farbe, Dichtringe für die Auslassventile mit schwarzer Farbe gezeichnet, wie es aus Bild 61 ersichtlich ist.

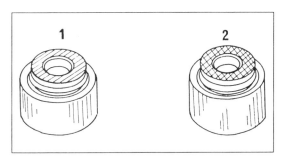

Bild 61
Ansicht der Ventilschaftdichtringe. Die gezeigten Flächen sind mit brauner Farbe (1 — Einlassventile) oder schwarzer Farbe (2 — Auslassventile) gezeichnet.

- Die Ventilfedern auf den Zylinderkopf setzen (auf die ursprünglichen Ventile, falls die gleichen Federn wieder verwendet werden). Obere Ventilfederteller aufsetzen und einen Ventilheber ansetzen, um die Federn zusammenzudrücken. Wenn das Schaftende aus dem oberen Federteller heraussteht, die beiden Ventilkegelhälften in die Schaftnute einsetzen und den Ventilheber langsam zurücklassen.
- Mit einem Plastikhammer auf die Oberseite der Ventilschäfte schlagen. Nicht richtig sitzende Ventilkegelhälften fliegen dabei heraus. Zur Vorsicht einen Lappen über die Federnenden legen, damit die Teile nicht davonfliegen können.
- Falls die Zündkerzenrohre eingebaut werden müssen (1,6 Liter-Motor), sind neue Rohre in den Kopf einzupressen, bis sie zwischen 46,6 und

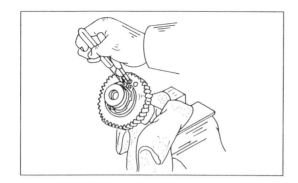

Bild 62
Befestigung der Teile auf dem Ende der Einlassnockenwelle (4A-F/FE-Motor).

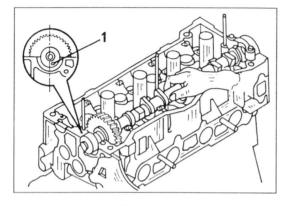

Bild 63
Einlegen der Auslassnockenwelle beim 4A-F/FE-Motor. Der Passstift (1) muss in der gezeigten Stellung stehen.

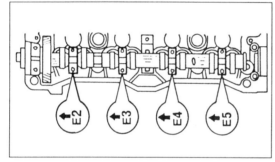

Bild 64
Die Lage der einzelnen Deckel der Nockenwelle bei einem 4A-F/FE-Motor. Die Pfeile müssen nach vorn weisen. Gezeigt ist die Auslassnockenwelle.

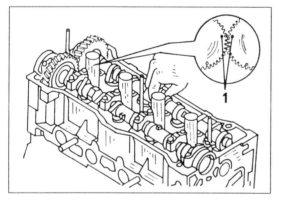

Bild 65
Einlegen der Einlassnockenwelle. Die beiden Steuerzeichen ("1" im Kreisausschnitt) in eine Linie bringen.

47,4 mm aus der Oberseite herausstehen.
- Ventilstössel und Einstellscheiben wieder in die ursprünglichen Bohrungen einsetzen. Teile gut einölen.
- Zylinderkopffläche und Zylinderblockfläche auf Sauberkeit kontrollieren und unbedingt alle Dichtungsreste entfernen. Falls der Zylinderblock ausgewaschen wurde, dürfen keine Reinigungsflüssigkeitsreste in den Gewinden für die Zylinderkopfschrauben verbleiben.

- Alle vom Zylinderkopf abmontierten Teile wieder montieren.

2.4.5 Zylinderkopf einbauen

4A-F/FE-Motor
- Eine neue Zylinderkopfdichtung auf den Zylinderblock auflegen. Die beiden Passstifte müssen durch die Dichtung geführt werden.
- Den Zylinderkopf auf den Zylinderblock auflegen.
- Alle Zylinderkopfschrauben an den Gewinden und die Unterseite der Köpfe mit Motoröl einschmieren.
- Mit dem Spezialschlüssel die Zylinderkopfschrauben in umgekehrter Reihenfolge wie in Bild 19 gezeigt in drei Durchgängen auf das endgültige Anzugsdrehmoment von 60 Nm anziehen.
- Das Sechskant der Einlassnockenwelle in einen Schraubstock einspannen und die in Bild 45 gezeigten Teile der Reihe nach auf die Nockenwelle aufstecken. Den Sprengring, wie in Bild 62 gezeigt, am Ende der Nockenwelle anbringen.
- Unter Bezug auf Bild 43 die Schrauben (1) und (2) in die entsprechenden Bohrungen des Nebenantriebsrades einstecken und mit einem Schraubenzieher das Zahnrad verdrehen, bis sich die Schraube (3) in die beiden Zahnräder einsetzen lässt, um diese in dieser Lage zu sperren. Dabei nicht die Nockenwelle beschädigen.
- Die Auslassnockenwelle in die Lagerbohrungen einlegen und durchdrehen, bis sie die in Bild 63 gezeigte Lage eingenommen hat. In dieser Stellung können die Nocken des ersten und dritten Zylinders die Stössel gleichzeitig nach unten drücken.
- Die Auflageflächen für den Lagerdeckel auf der Zahnradseite mit Dichtungsmasse einschmieren.
- Die vier Lagerdeckel der Nockenwelle entsprechend Bild 64 über die Nockenwelle und auf den Zylinderkopf aufsetzen. Ebenfalls den Deckel auf der Zahnradseite aufsetzen. Auf die Pfeile in den Deckeln achten.
- Der Reihe nach alle Lagerdeckelschrauben von der Mitte nach aussen vorgehend auf ein Anzugsdrehmoment von 13 Nm anziehen.
- Die Lippe eines neuen Dichtringes mit Fett einschmieren und den Dichtring in den Zylinderkopf und über die Nockenwelle schlagen, ohne dabei den Dichtring zu beschädigen.
- Die Nockenwelle jetzt durchdrehen, bis der in Bild 63 gezeigte Passstift auf der linken Seite des Nockenwellenrades steht, wenn man von vorn auf die Nockenwelle schaut. In dieser Stellung können die Nocken die Ventilstössel des vierten Zylinders nach unten drücken.
- Einlassnockenwelle in den Zylinderkopf

einlegen. Dabei die beiden Steuerzeichen in Bild 65 in eine Flucht bringen und die beiden Zahnräder in Eingriff bringen. Die Nocken für den ersten und dritten Zylinder müssen gegen die entsprechenden Ventilstössel drücken.
- Die Nockenwellenlagerstellen gut einölen.
- Die Lagerdeckel entsprechend ihrer Kennzeichnung (siehe Bild 63) aufsetzen und die Schrauben eindrehen. Den Deckel Nr. 1 noch nicht montieren. Die Schrauben der Reihe nach von der Mitte nach aussen vorgehend auf ein Drehmoment von 13 Nm anziehen.
- Die zum Zusammenhalten des Antriebsrades eingesetzte Schraube herausziehen.
- Lagerdeckel Nr. 1 der Einlassnockenwelle aufsetzen. Falls der Deckel nicht einwandfrei montiert werden kann, kann man das Nockenwellensteuerrad nach hinten drücken, indem man einen Schraubenzieher zwischen Nockenwellenrad und Zylinderkopf einsetzt. Die beiden Schrauben abwechselnd auf 13 Nm anziehen.
- Die Nockenwelle in der in Bild 66 gezeigten Weise um eine Umdrehung vom oberen Totpunkt wieder auf den oberen Totpunkt durchdrehen, bis der Passstift die im Bild gezeigte Lage eingenommen hat. Nachdem die Zahnräder wieder in der ursprünglichen Lage stehen, kontrollieren, ob die Steuerzeichen in Bild 67 genau ausgerichtet sind.
- Das Nockenwellenrad mit dem Passstift ausrichten und in der in Bild 68 gezeigten Weise auf die Nockenwelle aufstecken. Nockenwelle gegen Mitdrehen gegenhalten und die Schraube des Nockenwellenrades mit einem Drehmoment von 47 Nm anziehen.

Der Steuerriemen kann jetzt entsprechend der folgenden Beschreibung aufgelegt und gespannt werden:
- Kontrollieren, dass die Marke am Nockenwellenlagerdeckel und die Mitte der kleinen Bohrung im Nockenwellensteuerrad in einer Linie stehen (siehe Bild 68) und den Zahnriemen über das Nockenwellenrad auflegen, so dass die beim Ausbau eingezeichneten Markierungen an Riemen und Nockenwellenrad gegenüberliegen. Darauf achten, dass der Riemen nicht vom Kurbelwellenrad rutschen kann.
- Die Schraube für die Zahnriemenspannrolle entsprechend Bild 69 lockern und die Kurbelwelle zwei Umdrehungen von o.T. auf o.T. durchdrehen. Der Motor von vorn gesehen nur nach rechts drehen.
- Die genaue Einstellung der Steuerung entsprechend Bild 70 kontrollieren. Falls eines der Steuerzeichen nicht fluchtet, den Zahnriemen wieder abnehmen und entsprechend um einen oder zwei Zähne versetzen.
- Die in Bild 69 gezeigte Schraube der Spannrolle mit 37 Nm anziehen.
- Die Spannung des Zahnriemens an der in

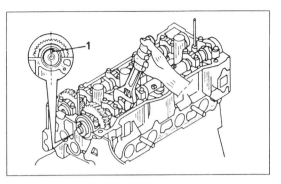

Bild 66
Durchdrehen der Nockenwelle zum Ausrichten des Passstiftes (1).

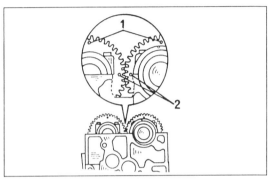

Bild 67
Die Steuerzeichen müssen bei richtigem Einbau in der gezeigten Lage stehen.
1 Einbaufluchtzeichen
2 OT-Kennzeichnung

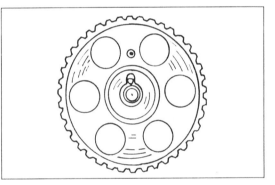

Bild 68
Richtiges Aufstecken des Nockenwellensteuerrades.

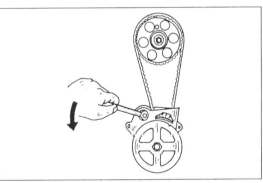

Bild 69
Lockern der Schraube für die Spannrolle des Zahnriemens (in Pfeilrichtung).

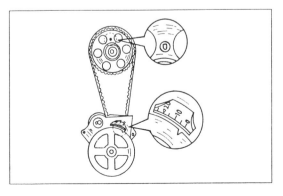

Bild 70
Ausrichtung der Steuerzeichen an der Nockenwelle und an der Kurbelwellenriemenscheibe.

Bild 71
Zahnriemenspannung an der gezeigten Stelle messen.

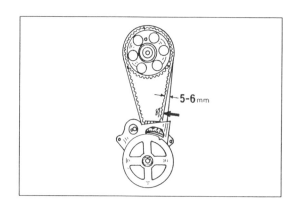

Bild 72
Vor Aufsetzen der Zylinderkopfhaube die mit den Pfeilen gezeigten Stellen mit Spezialdichtungsmasse einschmieren.

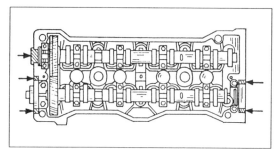

Bild 73
Einlassnockenwelle durchdrehen, bis der Passstift (1) 80° vor dem oberen Totpunkt, d.h. in der senkrechten Stellung steht.

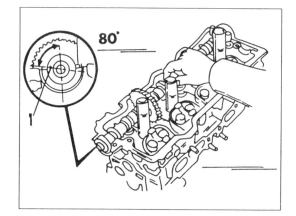

Bild 71 gezeigten Stelle kontrollieren. Falls der Riemen nicht um das gezeigte Mass nach innen gedrückt werden kann, muss die Spannrolle nachgestellt werden.

- Ventilspiele kontrollieren, wie es im nachfolgenden Kapitel beschrieben ist.
- Die Zahnriemenschutzdeckel montieren.
- Die in Bild 72 gezeigten Stellen von alter Dichtungsmasse reinigen und mit einem Pinsel leicht mit Dichtungsmasse bestreichen.
- Dichtung auflegen und die Zylinderkopfhaube aufsetzen. Die Haube mit drei Gummitüllen und Muttern befestigen.
- Zündkerzen einschrauben und mit 18 Nm anziehen.
- Antriebsriemen und Riemenscheibe der Wasserpumpe montieren. Riemenspannung einstellen, wie es in Kapitel 4.3.2 beschrieben ist.
- Ansaugkrümmer mit einer neuen Dichtung und der Kabelschelle montieren. Schrauben und Muttern mit 19 Nm anziehen. Die Ansaugkrümmerstütze montieren. Die obere Schraube mit 19 Nm, die untere Schraube mit 40 Nm anziehen.
- Wasserschlauch und Schlauch der Kurbelgehäusebelüftung anschliessen.
- Kraftstoffpumpe mit zwei neuen Dichtungen und dem Isolierflansch anbringen und die beiden Schrauben festziehen (Vergasermotor).
- Auf die gut gereinigte Fläche des Wassereinlassgehäuses eine Wulst Dichtungsmasse von 2 bis 3 mm Breite auftragen. Bei dieser handelt es sich um Spezialdichtungsmasse, die Sie bei Ihrer Toyota-Werkstatt beziehen müssen. Darauf achten, dass diese nicht in die Bohrungen laufen kann. Das Gehäuse muss innerhalb 15 Minuten montiert werden. Andernfalls muss die Dichtungsmasse neu aufgetragen werden. Die Schrauben mit 20 Nm anziehen. Die beiden Wasserschläuche anschliessen.
- Zündverteiler einbauen.
- Auspuffkrümmer mit einer neuen Dichtung montieren. Die Schrauben und Muttern mit 25 Nm anziehen. Oberes Wärmeschutzblech und die Krümmerstütze anschrauben.
- Wasserauslassrohr in ähnlicher Weise montieren, wie es für das Wassereinlassgehäuse beschrieben wurde. Die Schrauben mit 20 Nm anziehen.

3S-FE-Motor

- Eine neue Zylinderkopfdichtung auf den Zylinderblock auflegen. Die beiden Passstifte müssen durch die Dichtung geführt werden. Kontrollieren, ob die Dichtung richtig herum aufgelegt wurde.
- Den Zylinderkopf auf den Zylinderblock auflegen.
- Alle Zylinderkopfschrauben an den Gewinden und die Unterseite der Köpfe mit Motoröl einschmieren.
- Mit dem Spezialschlüssel die Zylinderkopfschrauben in umgekehrter Reihenfolge wie in Bild 19 gezeigt in drei Durchgängen auf das endgültige Anzugsdrehmoment von 65 Nm anziehen.
- Das Sechskant der Auslassnockenwelle in einen Schraubstock einspannen und die in Bild 45 gezeigten Teile der Reihe nach auf die Nockenwelle aufstecken. Den Sprengring, wie in Bild 62 gezeigt, am Ende der Nockenwelle anbringen.
- Unter Bezug auf Bild 44 die Schraube (1) in die entsprechende Bohrung des Nebenantriebsrades einstecken und mit einem Schraubenzieher das Zahnrad verdrehen, bis sich die Schraube (2) in die beiden Zahnräder einsetzen lässt, um diese in dieser Lage zu sperren. Dabei nicht die Nockenwelle beschädigen.
- Die Einlassnockenwelle in die Lagerbohrungen einlegen und durchdrehen, bis der Passstift in der Endfläche die in Bild 73 gezeigte Winkelstellung eingenommen hat. In dieser Stellung können die Nocken des ersten und dritten Zylinders die

Stössel gleichzeitig nach unten drücken.
- Die Auflageflächen des vorderen Lagerdeckels entsprechend Bild 74 auf eine Breite von 2 - 3 mm mit Dichtungsmasse einschmieren.
- Die vier Lagerdeckel der Nockenwelle entsprechend Bild 75 über die Nockenwelle und auf den Zylinderkopf aufsetzen. Ebenfalls den vorderen Deckel auf der Zahnradseite aufsetzen. Auf die Pfeile in den Deckeln achten.
- Der Reihe nach alle Lagerdeckelschrauben von der Mitte nach aussen vorgehend in der in Bild 76 gezeigten Reihenfolge auf ein Anzugsdrehmoment von 19 Nm anziehen.
- Die Lippe eines neuen Dichtringes mit Fett einschmieren und den Dichtring in den Zylinderkopf und über die Nockenwelle schlagen, ohne dabei den Dichtring zu beschädigen.
- Die Einlassnockenwelle jetzt durchdrehen, bis der in Bild 77 gezeigte Passstift eine Winkelstellung von 10° vor dem oberen Totpunkt eingenommen hat.
- Auslassnockenwelle in den Zylinderkopf einlegen. Dabei die beiden Steuerzeichen, ähnlich wie in Bild 78 gezeigt, in eine Flucht bringen und die beiden Zahnräder in Eingriff bringen. Die Nocken für den ersten und dritten Zylinder müssen gegen die entsprechenden Ventilstössel drücken. Zu beachten ist, dass mehr als ein Satz Steuerzeichen in den Nockenwellenrädern eingestanzt ist, d.h. man muss die richtigen Zeichen gegenüberstellen. Das Bild zeigt wie die Zeichen nach dem Einbau stehen müssen. Die Auslassnockenwelle dabei langsam in die Lager rollen, während die Zahnräder eingreifen. Die Einlassnockenwelle dabei langsam Stück für Stück nach links oder rechts verdrehen, bis die Auslassnockenwelle einwandfrei in den Lagerbohrungen sitzt, ohne dass sie sich dabei anhebt.
- Die Nockenwellenlagerstellen gut einölen, ebenfalls die Lagerdeckelschrauben und die Unterseite der Schraubenköpfe.
- Die Lagerdeckel entsprechend ihrer Kennzeichnung aufsetzen (ähnlich wie in Bild 75 bei der Einlasswelle gezeigt) und die Lagerdeckelschrauben anhand des Diagramms in Bild 76, jedoch spiegelbildlich anziehen, d.h. bei dieser Welle werden die Schrauben des Deckels an der Stirnseite zuletzt angezogen. Das Anzugsdrehmoment beträgt 19 Nm. Alle Lagerdeckel müssen mit "E" gezeichnet sein. Andernfalls wurde ein falscher Deckel auf die Einlassnockenwelle montiert.
- Die zum Zusammenhalten des Antriebsrades eingesetzte Schraube herausziehen.
- Nockenwelle durchdrehen, bis die Steuerzeichen wieder wie in Bild 74 ausgerichtet sind und kontrollieren, dass die Steuerzeichen immer noch wie in Bild 78 stehen, nachdem die Zahnräder wieder in der ursprünglichen Lage stehen.

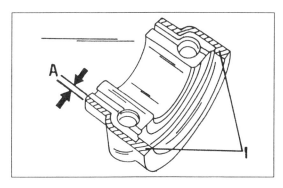

Bild 74
Den vorderen Lagerdeckel an Stellen (1) auf eine Breite "A" von 2 - 3 mm mit Dichtungsmasse bestreichen.

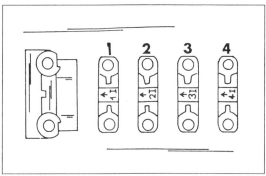

Bild 75
Ansicht der Lagerdeckel der Einlassnockenwelle. Der hintere Deckel der Auslasswelle sieht anders aus. Deckel sind entweder mit "I" und der Zahl (Einlasswelle) oder "E" und der Zahl (Auslasswelle) gezeichnet.

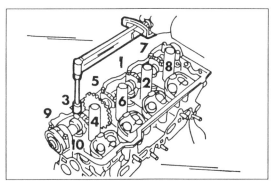

Bild 76
Anzugsreihenfolge der Lagerdeckel der Einlassnockenwelle. Die Deckel der Auslassnockenwelle werden spiegelbildlich angezogen.

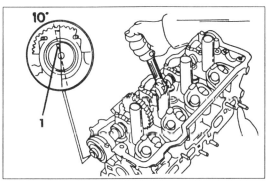

Bild 77
Ehe die Auslassnockenwelle eingelegt wird, muss man die Einlassnockenwelle in die gezeigte Stellung bringen. Wichtig ist die Stellung des Passstiftes (1).

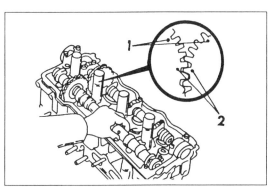

Bild 78
Richtiges Ausfluchten der Steuerzeichen (2). Diese nicht mit den Punktkennzeichnungen (1) verwechseln.

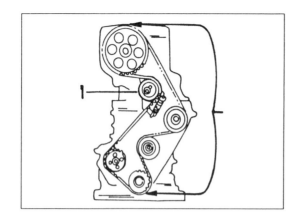

Bild 79
Richtig verlegter Zahnriemen. Die Spannrolle (1) dient zum Spannen des Keilriemens.

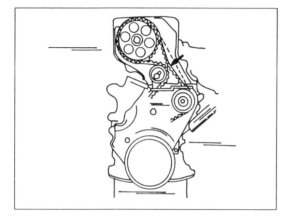

Bild 80
Zahnriemen an der Pfeilstelle durchdrücken. Falls die Riemenstelle den Riemen an der gegenüberliegenden Seite berührt, stimmt die Spannung.

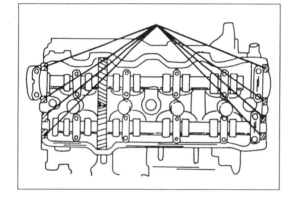

Bild 81
Die gezeigten Stellen mit Dichtungsmasse einschmieren.

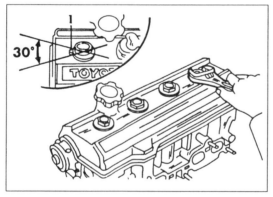

Bild 82
Montieren der Zylinderkopfhaube. Die Gummitüllen müssen mit der Markierung (1) wie gezeigt eingesetzt werden.

● Antriebsrad der Nockenwelle mit dem Passstift im Ende der Welle ausrichten und aufschieben. Die Steuermarken (1) und (2) in Bild 26 müssen beide an der Oberseite stehen. Nockenwelle gegen Mitdrehen gegenhalten und die Schraube des Nockenwellenrades mit einem Drehmoment von 54 Nm anziehen.

Der Steuerriemen kann jetzt entsprechend der folgenden Beschreibung aufgelegt und gespannt werden:

● Den Zahnriemen über das Nockenwellenrad auflegen, so dass die während dem Ausbau in Riemen und Steuerrad eingezeichneten Markierungen gegenüberliegen. Darauf achten, dass der Riemen nicht vom Steuerrad der Kurbelwelle herunterrutschen kann. Der Riemen muss zwischen den Pfeilstellen in Bild 79 gespannt sein.

● Die Schraube des Steuerriemenspanners lockern (dies ist die obere der beiden Rollen, "1" in Bild 79) und die Kurbelwelle um zwei Umdrehungen von o.T. zu o.T. im Uhrzeigersinn durchdrehen (niemals rückwärts).

● Die Steuermarken des Nockenwellenrades nochmals kontrollieren und die Schraube des Riemenspanners mit einem Anzugsdrehmoment von 42 Nm anziehen. Stimmen die Steuermarken nicht mehr, den Riemen wieder abnehmen und erneut auflegen, ohne dass man ihn aus dem Eingriff mit dem Kurbelwellensteuerrad bringt. Bei Verwendung des alten Riemens müssen die beim Ausbau eingezeichneten Markierungen an Riemen und Nockenwellenrad unbedingt gegenüberliegen.

● Die Spannung des Zahnriemens an der in Bild 80 gezeigten Stelle kontrollieren. Falls der Riemen an dieser Stelle stramm ist, wurden die Arbeiten einwandfrei durchgeführt. Es sollte soeben möglich sein die Spannrolle mit dem nach innen gedrückten Riemen zu berühren. Andernfalls die Spannung durch Lockern und Anziehen der Schraube des Riemenspanners nachstellen. Spannrolle in der neuen Stellung halten, wenn die Schraube angezogen wird.

● Ventilspiele kontrollieren und ggf. einstellen, wie es im nächsten Kapitel beschrieben ist und den oberen Zahnriemenschutzdeckel montieren.

● Die in Bild 81 gezeigten Flächen gut reinigen und wie gezeigt mit Dichtungsmasse einschmieren. Dichtung auf die Zylinderkopfhaube auflegen und die Zylinderkopfhaube mit den vier Gummitüllen und Muttern aufbringen. Beim Einsetzen der Gummitüllen ist Bezug auf Bild 82 zu nehmen. Tüllen zuerst in der gezeigten Winkelstellung einsetzen und danach in die ursprüngliche Stellung bringen.

● Zündkerzen einschrauben und mit 18 Nm anziehen.

● Ansaugkrümmer mit einer neuen Dichtung anschrauben. Muttern und Schrauben mit 19 Nm anziehen. Die Ansaugkrümmerstütze anziehen. Die obere Schraube mit 19 Nm, die untere Schraube mit 40 Nm anziehen.

● Luftrohr mit den beiden Schrauben anziehen und die Luftschläuche anschliessen. Ebenfalls die Einspritzleitung der Kaltstartvorrichtung, das Drosselklappengehäuse und die Teile der Abgasrückführungsanlage montieren. Alle Unterdruckschläuche anschliessen.

• Einen neuen "O"-Dichtring am Wasserumleitrohr anbringen, den Dichtring mit Motoröl einschmieren und das Umleitrohr mit einer neuen Dichtung anbringen. Die Leitung (zwei Muttern und Schrauben) mit 9 Nm festziehen.

• Alte Dichtungsmasse vom Wasserauslassstutzen entfernen und die Dichtfläche des Gehäuses mit Dichtungsmasse einschmieren. Wasserschläuche und Unterdruckschläuche anschliessen.

• Zündverteiler einbauen.

• Auspuffkrümmer mit neuer Dichtung, Wärmeschutzblechen, usw. montieren.

• Drehstromlichtmaschine montieren und den Keilriemen einstellen, wie es im Kapitel "Elektrische Anlage" beschrieben ist.

2.4.6 Ventilspiele prüfen und einstellen

Das Ventilspiels dieser Motoren muss bei kaltem Motor überprüft und eingestellt werden. Die Zylinderkopfhaube abmontieren, falls der Motor eingebaut ist. Die Einstellung erfolgt bei beiden Motorenausführungen gleich. Bei der Überprüfung der Ventilspiele in folgender Reihenfolge vorgehen:

• Den Motor durchdrehen, bis der Kolben des ersten Zylinders auf dem oberen Totpunkt steht. Die Kerbe in der Riemenscheibe muss dazu gegenüber der "0" im Zündeinstellblech am Steuerdeckel liegen.

• Kontrollieren, dass die Ventilstössel des ersten Zylinders etwas Spiel haben, während die des vierten Zylinders stramm sitzen. Falls dies nicht der Fall ist, den Motor um eine weitere Umdrehung durchdrehen.

• Unter Bezug auf Bild 83 die Ventilspiele der angezeigten Zylinder mit einer Fühlerlehre zwischen dem Stössel und der Nockenfläche ausmessen. Das Spiel der Einlassventile (E) und der Auslassventile (A) ist nicht bei den beiden Motorenstärken gleich und ist der Mass- und Einstelltabelle zu entnehmen.

• Den Motor um eine komplette Umdrehung durchdrehen und die in Bild 84 gezeigten Spiele ausmessen.

Ein gutes Zeichen für ein vorschriftsmässiges Spiel ist, wenn man die Spitze der Lehre einschiebt und beim weiteren Druck sich die Lehre durchbiegt und danach hineinschnellt.

Zum Einstellen der Ventilspiele müssen die Einstellscheiben der Stössel ausgetauscht werden, jedoch ist ein Spezialwerkzeug zum Aus- und Einbau der Einstellscheiben erforderlich. Dazu die

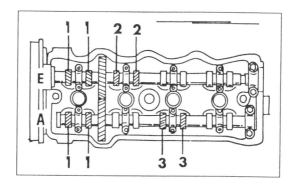

Bild 83
Reihenfolge zum Einstellen der Ventile, wenn der Kolben des ersten Zylinders auf o.T. steht.
E = Einlassnockenwelle
A = Auslassnockenwelle

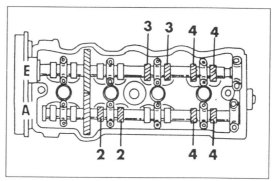

Bild 84
Die mit den Pfeilen gezeigten Ventile einstellen, wenn der Kolben des vierten Zylinders auf o.T. steht.
E = Einlassventile
A = Auslassventile

Kurbelwelle durchdrehen, bis die Spitze des in Frage kommenden Nockens nach oben weist und den Stössel mit dem Spezialwerkzeug oder anderweitig nach innen drücken, bis die Einstellscheibe mit einem kleinen Schraubenzieher herausgeschoben und abgenommen werden kann. Ehe der Stössel hineingedrückt wird, muss er verdreht werden, bis die Kerbe in der Oberseite zu den Kerzen weist.

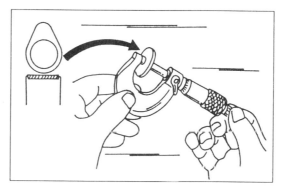

Bild 85
Ausmessen einer Einstellscheibe für das Ventilspiel. Links ist zu sehen in welchem Verhältnis die Einstellscheiben zum Stössel und zum Nocken der betreffenden Welle stehen.

Die einzubauende Einstellscheibe muss entsprechend der folgenden Formel ermittelt werden:

• Mit einem Mikrometer die herausgenommene Einstellscheibe ausmessen (Bild 85) und den Wert aufschreiben.

• Die Stärke der neuen Scheibe kalkulieren, damit das Ventilspiel innerhalb des vorgeschriebenen Wertes kommt. Die folgende Formel kann dabei angewendet werden, jedoch muss man sich an den betreffenden Motor halten:

1,6 Liter (4A-F/FE-Motor)

Einlassventile: $N = T + (A - 0{,}20 \text{ mm})$
Auslassventile: $N = T + (A - 0{,}25 \text{ mm})$

2,0 Liter (3S-FE-Motor)

Einlassventile: N = T + (A — 0,24 mm)
Auslassventile: N = T + (A — 0,33 mm)
wobei "T" die Stärke der ausgebauten Scheibe, "A" das ausgemessene Ventilspiel und "N" die Stärke der einzubauenden, neuen Scheibe ist.

● Eine Scheibe auswählen, welche so nahe wie möglich an das vorschriftsmässige Spiel kommt. Scheiben stehen in 17 verschiedenen Stärken in Abstufungen von 0,05 mm zwischen 2,5 mm bis 3,3 mm zur Verfügung.

● Zum Einbau der neuen Scheibe den Stössel wieder nach innen drücken und die Scheibe einschieben.

● Das Ventilspiel wie oben beschrieben nachmessen.

● Alle anderen Ventile, falls erforderlich, in gleicher Weise nachstellen.

Die Einstellscheibe darf auf keinen Fall in den Motor fallen. Um dies zu verhindern, einen kleinen Schraubenzieher und einen Stabmagneten benutzen, wie es in Bild 86 gezeigt ist. Die Scheibe kann danach seitlich herausgeschoben und mit dem Magneten "erfasst" werden.

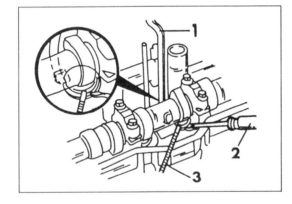

Bild 86
Herausnehmen einer Einstellscheibe für die Stösselspieleinstellung. Den Stössel mit dem Werkzeug (1) nach unten drücken, während die Scheibe mit dem Schraubenzieher (2) und dem Stabmagnet (3) herausgenommen wird.

2.4.7 Kompression der Zylinder überprüfen

Falls angenommen wird, dass ein Zylinder nicht mehr den Kompressions- oder Verdichtungsdruck besitzen sollte, welcher ihm vom Werk aus gegeben ist, kann man sich einen Kompressionsdruckprüfer besorgen und den Druck der einzelnen Zylinder kontrollieren. Undichte Ventile, Kolben oder Kolbenringe werden dadurch angezeigt.
Wenn der Motor sich noch in ziemlich neuem Zustand befindet, sollten die folgenden Verdichtungsdrücke erhalten werden:

4A-F/FE-Motor   13,5 bar
3S-FE-Motor   13,0 bar

Die Verschleissgrenze liegt bei allen Motoren bei 10,0 bar. Falls die Kompression niedriger liegt, sollte man sich überlegen, ob man einen Austauschmotor einbaut oder den Motor einer Überholung unterzieht. Ebenfalls ist es wichtig, ob nur ein Zylinder eine schlechte Verdichtung aufweist oder alle. Falls z.B. ein Unterschied von 1,0 atü. innerhalb der einzelnen Zylinder vorliegt, könnte es sein, dass die Ventile des "schlechten" Zylinders hängen und man nur den Zylinderkopf, d.h. die Ventile überholen braucht. Ebenfalls ist es möglich, dass die Kolbenringe hängen, so dass die Verdichtung entlang des Kolbens in das Kurbelgehäuse entweichen kann. Bei gleichmässigem Verlust der Verdichtung kann man in den meisten Fällen auf verschlissene Zylinderbohrungen schliessen.
Zur Kontrolle der Verdichtung den Motor auf Betriebstemperatur bringen und die Zündkerzen herausdrehen. Mittleres Kabel aus der Zündspule herausziehen. Bei einem Einspritzmotor ausserdem die Stecker von der Kaltstart-Einspritzdüse und den Einspritzdüsen abziehen.
Den Kompressionsdruckprüfer entsprechend den Anweisungen des Herstellers ansetzen. Ein zweite Person muss sich jetzt in das Fahrzeug setzen und den Anlasser 5 Sekunden lang betätigen, während das Gaspedal vollkommen auf den Boden durchgetreten wird. Der Reihe nach alle Zylinder prüfen und mit den Sollwerten vergleichen.
Falls die Verdichtung in einem Zylinder zu niedrig ist, kann man als Nothilfe eines der Präparate, die zur vorübergehenden Abdichtung der Zylinder in Autofachgeschäften erhältlich sind, durch die Kerzenbohrung in den Zylinder füllen. Erkundigen Sie sich bei Ihrem Autozubehörhändler über Erhältlichkeit dieser Produkte.

2.5 Kolben und Pleuelstangen

2.5.1 Ausbau und Zerlegung

Kolben und Pleuelstangen werden mit einem Hammerstiel von der Innenseite des Zylinderblocks nach oben zu herausgestossen, nachdem die Pleuellagerdeckel und Lagerschalen abmontiert wurden. Vor der Durchführung dieser Arbeiten sind die nachstehenden Anweisungen betreffend Kennzeichnung, Einbaurichtung usw. zu beachten.

● Jeden Kolben und die dazugehörige Pleuelstange mit der Nummer des Zylinders versehen aus welchem sie ausgebaut wurden. Dies kann man am besten durchführen, indem man die Zylindernummer mit Farbe auf den Kolbenboden aufzeichnet. Ebenfalls einen zur Vorderseite des Motors weisenden Pfeil in den Kolbenboden einzeichnen.

● Beim Ausbau eines Kolbens mit der Pleuelstange die genaue Einbaurichtung des Pleuellagerdeckels beachten und sofort nach dem

Ausbau den Pleuel und den Lagerdeckel auf einer Seite mit der Zylindernummer zeichnen. Dies lässt sich am besten mit einem Körner durchführen (Zylinder Nr. 1 einen Körnerschlag, usw. — Bild 22).
● Lagerschalen entsprechend der Pleuelstange und zum Lagerdeckel zeichnen. Ebenfalls obere und untere Lagerschalen mit Farbe auf dem Rücken zeichnen.
● Lagerdeckel und Schalen entfernen und die Teile wie oben erwähnt herausstossen. Falls erforderlich, den Ölkohlering an der Oberseite der Zylinderbohrungen mit einem Schaber abkratzen.
● Kolbenringe mit einer Kolbenringzange der Reihe nach über den Kolbenboden abnehmen (Bild 87). Falls die Ringe wieder verwendet werden sollen, sind sie entsprechend zu zeichnen. Falls keine Kolbenringzange zur Verfügung steht, können Metallstreifen an gegenüberliegenden Seiten des Kolbens unter den Ring geschoben werden. Einen Streifen unbedingt unter das Ende des Ringes unterlegen, um Kratzer zu vermeiden.
● Kolben und Pleuelstangen nur zerlegen wenn dies unbedingt erforderlich ist. Um den Zustand der Kolben- und Pleueleinheiten zu kontrollieren, hält man die Pleuelstange in einer Hand, wie es in Bild 88 zu sehen ist und bewegt den Kolben seitlich hin und her. Falls der Kolben "kippt" müssen Kolben und Kolbenbolzen im Satz erneuert werden. Die Kolbenbolzen sind eingepresst und müssen mit einem passenden Dorn unter einer Pressvorrichtung ausgepresst werden.

2.5.2 Zylinderbohrungen ausmessen

Zum Ausmessen der Zylinderbohrungen ist eine Zylindermessuhr erforderlich (Bild 89), mit der es möglich ist, die Mitte und die Unterseite der Bohrung auszumessen. Falls eine Messuhr nicht vorhanden ist, können die folgenden Arbeiten nicht durchgeführt werden.
Die Messungen der Zylinderbohrungen sind in Längs- und Querrichtung durchzuführen. Ausserdem die Messungen 10 mm von der Oberkante, 10 mm von der Unterkante und einmal in der Mitte durchführen. Insgesamt sind also 6 Messungen pro Zylinderbohrung erforderlich. Alle gefundenen Werte aufschreiben und mit den Angaben in der Mass- und Einstelltabelle vergleichen.
Zu beachten ist, dass alle Zylinder nachgebohrt werden müssen, auch wenn nur einer der Zylinder nicht innerhalb der Massangaben liegt. Eine Abweichung von 0,20 mm von den Sollmassen bedeutet, dass die Zylinder ausgeschliffen werden müssen. Übergrösse-Kolben sind nur in einer Grösse erhältlich.
Das Endmass einer Zylinderbohrung wird be-

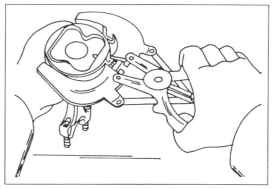

Bild 87
Abnehmen oder Aufsetzen der Kolbenringe mit einer Kolbenringzange. Die Zange nicht zu sehr ausweiten, um den Ring nicht zu brechen.

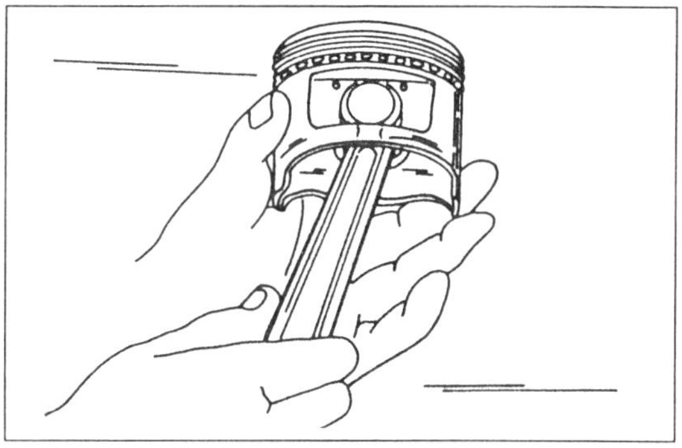

Bild 88
Kontrolle einer Kolben- und Pleuelstangeneinheit.

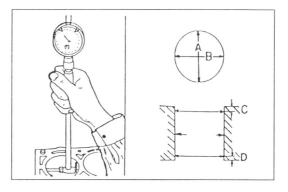

Bild 89
Ausmessen der Zylinderbohrungen. Auf die Messtiefen auf der rechten Seite achten.

stimmt, indem man den Kolben entsprechend den Angaben in Bild 90 ausmisst, d.h. 25,4 mm von der Kolbenbodenfläche 2,0 Liter-Motor oder 38,5 mm beim 1,6 Liter-Motor. Gemessen wird unterhalb der untersten Kolbenringnut. Zu dem gefundenen Mass das Kolbenlaufspiel von 0,06 - 0,08 mm beim 1,6 Liter-Motor oder 0,015 - 0,065 mm beim 2,0 Liter-Motor hinzurechnen. Ausserdem ist eine Zugabe von 0,02 mm für das abschliessende Aushonen der Zylinder zu berück-

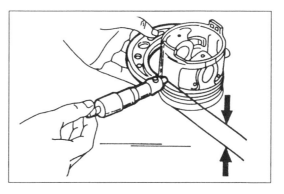

Bild 90
Ausmessen des Kolbendurchmessers. Das Mass zwischen den Pfeilen muss dem Wert im Text entsprechen.

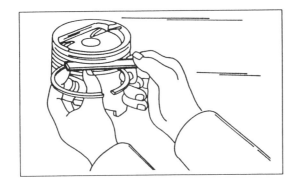

Bild 91
Ausmessen des Höhenspiels der Kolbenringe in den Nuten des Kolbens. Alle Nuten müssen einwandfrei gereinigt sein.

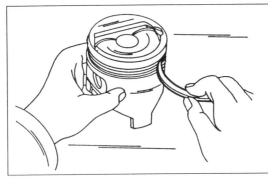

Bild 92
Ausschaben von Ölkohle aus den Kolbenringnuten mit einem abgebrochenen Kolbenring.

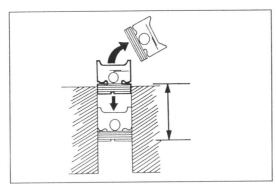

Bild 93
Zum Ausmessen des Stossspiels der Kolbenringe in der Zylinderbohrung. Den umgekehrten Kolben auf eine Tiefe (zwischen den Pfeilen) von 110 mm beim 2,0 Liter-Motor oder 87 mm beim 1,6 Liter-Motor einschieben.

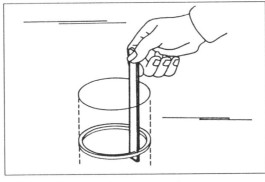

Bild 94
Ausmessen des Stossspiels zwischen den Kolbenringen.

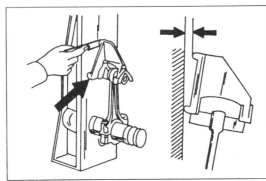

Bild 95
Pleuelstangen werden in einem Richtgerät auf Verbiegung oder Verdrehung kontrolliert. Hier wird die Verbiegung dargestellt. Beim Messen der innerlichen Verdrehung wird die Fühlerlehre an der Pfeilstelle eingeschoben.

sichtigen, falls die Zylinder ausgebohrt werden müssen.
Zum Prüfen des Kolbenlaufspiels den Kolben und die Zylinderbohrung wie beschrieben ausmessen und den Unterschied zwischen den Massen pro Zylinder errechnen. Falls das Ergebnis grösser als 0,20 mm ist, müssen die Zylinder ausgeschliffen werden, um Übergrösse-Kolben einzubauen (nur eine Grösse erhältlich), da das Laufspiel die Verschleissgrenze erreicht hat.

2.5.3 Kolben und Pleuelstangen überprüfen

Alle Teile gründlich kontrollieren. Falls Teile Anzeichen von Fressern, Kratzern oder Verschleiss aufweisen, müssen sie erneuert werden.
Das Höhenspiel der Kolbenringe in den Nuten des Kolbens ausmessen, indem man die Kolbenringe der Reihe nach in die jeweilige Nut einsetzt, wie es in Bild 91 gezeigt ist. Um eine einwandfreie Messung durchzuführen, muss man die Kolbenringnuten jedoch vorher einwandfrei reinigen. Dazu eignet sich ein abgebrochener Kolbenring (welchen man bestimmt in einer beliebigen Werkstatt erhalten wird). Mit dem Ringende die Nut "ausschaben", wie es in Bild 92 zu sehen ist. Danach mit einer Fühlerlehre den Spalt zwischen der Ringfläche und der Kolbennutenfläche ermitteln. Falls der Spalt der oberen und der mittleren Verdichtungsringe nicht den Werten in der Mass- und Einstelltabelle entspricht, sind entweder die Ringe oder der Kolben abgenutzt.
Als nächstes der Reihe nach alle Kolbenringe von der Unterseite des Kurbelgehäuses in die Zylinderbohrungen einsetzen. Mit einem umgekehrten Kolben die Ringe entsprechend Bild 93 in den Kolben schieben. Dadurch sitzen sie gerade in der Bohrung. Zu beachten ist, dass das Kriterium der Bohrungsabnutzung beim 1,6 und 2,0 Liter-Motor unterschiedlich ist, d.h. die gezeigte Einschubtiefe muss gut beachtet werden.
Eine Fühlerlehre in den Spalt zwischen den beiden Ringenden einschieben, um das Kolbenringstossspiel wie in Bild 94 gezeigt auszumessen. Falls die in der Mass- und Einstelltabelle angegebenen Werte überschritten werden, muss man die Kolbenringe erneuern. Zu beachten ist, dass die Stossspiele nicht bei allen Ringen und allen Motoren gleich sind.
Die Kolbenbolzen auf Verschleiss oder Fressstellen kontrollieren. Falls auch nur eine Pleuelstange nicht mehr einwandfrei ist, muss der gesamte Satz erneuert werden. Die Muttern der Pleuellager sollten immer erneuert werden. Die Pleuelstangen ebenfalls in einem Pleuelrichtgerät auf Verdrehung oder Verbiegung kontrollieren (siehe Bild 95), welche nur minimal sein dürfen, d.h. auf eine Länge von 100 mm dürfen sie nur 0,05 mm verbogen

sein. Eine innere Verdrehung von 0,15 mm pro 100 mm ist bei einem 2,0 Liter-Motor gestattet. Beim 1,6 Liter-Motor dagegen darf diese ebenfalls nicht grösser als 0,05 mm sein.
Die Pleuelaugenbüchsen der Pleuelstangen können nicht erneuert werden.

2.5.4 Pleuellagerlaufspiel ausmessen

Diese Arbeit wird im Zusammenhang mit der Kurbelwelle beschrieben.

2.5.5 Kolben und Pleuelstangen zusammenbauen

Die folgenden Hinweise müssen beim Zusammenbau von Kolben und Pleuelstangen beachtet werden:
● Der Pfeil im Kolbenboden (entweder der eingezeichnete oder bei neuen Kolben die "Vorn"-Markierung) muss zur Vorderseite des Motors weisen.
● Die "Front"-Marke der Pleuelstange muss zur Vorderseite des Motors weisen. An Stelle (2) in Bild 96 ist beim 1,6 Liter-Motor eine Gusswarze zu sehen. Beim 2,0 Liter-Motor entspricht die gerade Kante der Pleuelstange der Vorderseite.
● Die Zylindernummerkennzeichnungen (Bild 22) müssen an Pleuelstange und Lagerdeckel übereinstimmen.
● Kontrollieren, dass sich der Kolben nach dem Zusammenbau einwandfrei auf der Pleuelstange hin- und herkippen lässt.
● Den unteren Seitenringteil des Ölabstreifringes, den Expanderring und den oberen Seitenring mit den Fingern vorsichtig von der Oberseite in die untere Nut des Kolbens einsetzen. Die Lage der Stossspiele spielt einstweilen keine Rolle.
● Mit einer Kolbenringzange der Reihe nach die Kolbenringe in die Nuten einsetzen (siehe Bild 87). Die beiden Verdichtungsringe könnte man verwechseln und aus diesem Grund ist deren Querschnitt zu betrachten, ehe sie angebracht werden. Der zweite Verdichtungsring läuft an der Aussenseite schräg nach oben zu. Ausserdem sind die beiden Verdichtungsringe auf einer Seite mit einer Markierung gezeichnet und diese Beschriftung muss nach dem Aufsetzen des Ringes jeweils vom Kolbenboden aus sichtbar sein.

2.5.6 Kolben und Pleuelstangen einbauen

● Zylinderbohrungen gut einölen.
● Alle Pleuel entsprechend der Zylindernummern auslegen. Die "Vorn"-Markierung in Pleuelstange und Kolbenboden müssen zur Riemenscheibenseite des Motors zu ausgerichtet sein.
● Kolbenringstösse in gleichmässigen Abständen von 120° auf dem Umfang des Kolbens verteilen. Bilder 97 und 98 zeigen wie die Stösse im Verhältnis zum Kolbenbolzen versetzt sind. Der Pfeil weist in Fahrtrichtung. Die beiden Bilder müssen genau studiert werden, da die Anbringung der Seitenringe für den Ölabstreifring bei den beiden Motorenausführungen unterschiedlich ist.
● Ein Kolbenringspannband um die Kolbenringgegend legen und die Kolbenringe in die Nuten drücken. Kontrollieren, dass sie einwandfrei eingedrückt sind.
● Kurze Gummi- oder Kunststoffschlauchstücke auf die Stiftschrauben des Pleuels aufschieben, damit die Bohrung nicht zerkratzt werden kann. Die Muttern sollten immer erneuert werden, da einmal eingebaute Muttern ihre Haltfähigkeit verloren haben könnten.
● Kurbelwelle durchdrehen, bis zwei der Kurbelzapfen im unteren Totpunkt stehen.
● Pleuel von oben in die Bohrung einschieben.

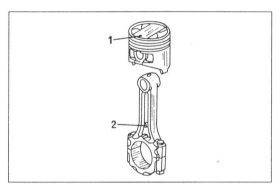

Bild 96
Bei einem 1,6 Liter-Motor müssen "Vorn"-Markierung (1) und die Gussmarke in der Pleuelstange (2) auf der gleichen Seite liegen. Beim 2,0 Liter-Motor muss die gerade Kante am Pleuelfuss nach vorn weisen.

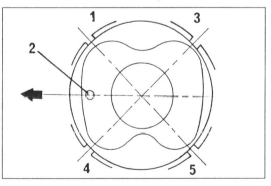

Bild 97
Anordnung der Kolbenringstösse am Umfang des Kolbens eines 1,6 Liter-Motors. Der Pfeil weist nach vorn. Die Stossspiele liegen an den den folgenden Stellen:
1 Oberer Seitenring
2 "Vorn"-Markierung
3 Nr. 2 Verdichtungsring
4 Nr. 1 Verdichtungsring und Stoss des Expanderringes
5 Unterer Seitenring

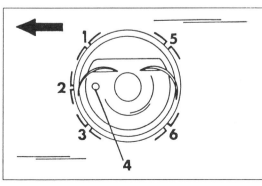

Bild 98
Anordnung der Kolbenringstösse am Umfang des Kolbens eines 2,0 Liter-Motors. Der Pfeil weist nach vorn. Die Stösse der einzelnen Ringe liegen an den folgenden Stellen:
1 Oberer Seitenring
2 Expanderring
3 Nr. 2 Verdichtungsring
4 "Vorn"-Kennzeichnung
5 Oberer Verdichtungsring
6 Unterer Seitenring

Den Motor dazu auf die Seite legen, damit die Pleuelstange auf den Lagerzapfen geführt werden kann und die Bohrung oder den Pleuelzapfen nicht zerkratzt. Die Pleuellagerschale sollte sich bereits im Pleuel befinden, mit der Nase in der Aussparung.

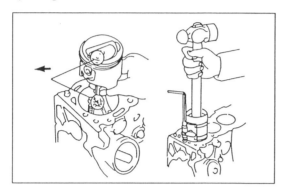

Bild 99
Nachdem der Kolben wie im linken Bild gezeigt eingesetzt wird ("Vorn"-Markierungen an der Vorderseite), ihn mit einem Kolbenringspannband in die Bohrung drücken.

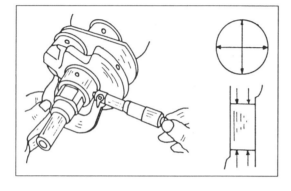

Bild 100
Ausmessen eines Kurbelzapfendurchmessers. Die Messung an den gezeigten Stellen vornehmen.

● Beim Einschieben nochmals kontrollieren, dass die Zeichen, wie in Bild 99 gezeigt, ausgerichtet sind.
● Kolben hineinschieben, bis die Ringe der Reihe nach in die Bohrung rutschen und der Pleuelfuss auf dem Kurbelzapfen aufsitzt.
● Zweite Lagerschale in den Lagerdeckel einlegen, die Schale gut einölen. Den Deckel auf die Stiftschrauben der Pleuelstange drücken und leicht anschlagen. Die Gummischlauchstücke müssen vorher natürlich wieder abgezogen werden. Unbedingt darauf achten, dass die Kennzeichnungen in Pleuelstange und Lagerdeckel auf der gleichen Seite liegen, da man im letzten Moment noch einen Fehler machen kann.
● Die Anlageflächen der Muttern auf dem Pleuellagerdeckel einölen.
● Neue Pleuelmuttern abwechselnd auf ein Anzugsdrehmoment von 50 Nm anziehen.
● Nach Einbau des Pleuels die Kurbelwelle einige Male durchdrehen, um Klemmer sofort festzustellen.
● Kurbelwelle durchdrehen, bis die beiden anderen Kurbelzapfen an der Unterseite stehen und verbleibende Kolben und Pleuelstangen in gleicher Weise einbauen.
● Kennzeichnung aller Pleuel nochmals kontrollieren und ebenfalls überprüfen, ob die Kolben in die richtige Richtung weisen.
● Eine Messuhr, wie in Bild 21 gezeigt am Zylinderblock anbringen und das Pleuellager mit der Hand auf dem Kurbelzapfen hin- und herbewegen, um das Spiel zwischen der Seitenfläche der Pleuelstange und der Anlauffläche der Kurbelwelle auszumessen. Dies ist das Axialspiel der Pleuellager und sollte 0,30 mm (1,6 Liter), bzw. 0,35 mm (2,0 Liter) nicht überschreiten.

2.6 Zylinderblock

Bei einer Ganzzerlegung den Zylinderblock einwandfrei reinigen und alle Fremdkörper aus Hohlräumen und Ölkanälen entfernen. Besonders auch darauf achten, dass Reinigungsflüssigkeiten vollkommen entfernt werden. Falls möglich mit Pressluft trockenblasen.
Um das Laufspiel der Kolben auszumessen, den Durchmesser der Kolben ausmessen (siehe Bild 90) und die Werte aller Durchmesser aufschreiben. Zur Bestimmung des Laufspiels ist jetzt der Bohrungsdurchmesser der Zylinder wie folgt auszumessen:

● Mit einer Zylindermessuhr den Durchmesser 10 mm von der Oberkante der Bohrung und danach 10 mm von der Unterkante der Bohrung ausmessen (Bild 89).
● Zusätzlich eine Messung in der Mitte durchführen.
● Die obigen Messungen in Längsrichtung des Blocks durchführen und danach nochmals in den gleichen Tiefen in Querrichtung des Blocks vornehmen. Alle sechs Ergebnisse aufschreiben. Der Unterschied zwischen der oberen und unteren Messung gibt die Verjüngung an. Der Unterschied zwischen der Längsmessung und der Quermessung weist auf Ovalität (Unrundheit) hin. An keiner Stelle darf der Durchmesser mehr als 0,20 mm vom Sollmass abweichen.
Eine Übergrösse-Kolbengrösse steht für den Motor zur Verfügung und der Block ist entsprechend nachzuschleifen.
Die Zylinderblockfläche wird in ähnlicher Weise wie in Bild 54 beim Zylinderkopf gezeigt, auf Verzug kontrolliert. Den Block in Längsrichtung, Querrichtung und Diagonalrichtung vermessen. Eine Fühlerlehre von mehr als 0,05 mm Stärke darf sich nicht einschieben lassen.

2.7 Kurbelwelle und Schwungrad

2.7.1 Teile überprüfen

● Kurbelwelle sorgfältig auf Schäden kontrollieren und die Hauptlager- und Pleuellagerzapfen genau ausmessen. Beim Messen in den in Bild 100 gezeigten Richtungen vorgehen, um Unrundheiten und Verjüngungen festzustellen. Die Kurbelwellenhauptlagerzapfen und Kurbelzapfen können nachgeschliffen werden, so dass die Welle mit Untergrösse-Lagerschalen eingebaut werden kann.

● Kurbelwelle zwischen die Spitzen einer Drehbank einspannen (oder die beiden äusseren Lagerzapfen in Prismen einlegen) und mit einer Messuhr am mittleren Lagerzapfen auf Schlag kontrollieren. Der Schlag darf bei einer vollen Umdrehung nicht grösser als 0,06 mm sein (Bild 101). Andernfalls die Welle erneuern.

● Lagerlaufspiel der Hauptlager und Pleuellager ausmessen:
— Lagerschalen gut reinigen und in die Lagerbohrungen des Zylinderblocks oder in die Pleuelstangen einlegen.
— Ein Stück "Plastigage"-Kunststoffdraht, wie in Bild 102 gezeigt auf alle Hauptlagerzapfen auflegen und die Hauptlagerdeckel mit den eingelegten Lagerschalen aufsetzen. Die Schrauben mit einem Anzugsdrehmoment von 60 Nm anziehen. Die Welle darf danach nicht mehr durchgedreht werden.
— Zur Kontrolle des Pleuellagerlaufspiels Pleuel gegen den Kurbelzapfen ansetzen und den "Plastigage"-Streifen auf die Oberseite des Kurbelzapfens auflegen. Den Lagerdeckel mit Schale aufsetzen und die Muttern mit einem Anzugsdrehmoment von 50 Nm anziehen. Da die Welle nicht mehr durchgedreht werden darf, nimmt man jeweils die zwei im unteren Totpunkt stehenden Pleuellager vor. Falls die Welle zur Kontrolle ausgebaut ist, die Pleuelstangen so anordnen, dass sie sich nach dem Anziehen nicht von selbst drehen können.
— Bei den Hauptlagern die Deckel abschrauben; bei den Pleuellagern die beiden Deckel der Reihe nach abschrauben.
— Mit der im "Plastigage"-Satz mitgelieferten Lehre jetzt die breiteste Stelle des flachgedrückten Plastigage-Streifens ausmessen (Bild 103). Falls das Mass innerhalb der in der Mass- und Einstelltabelle angegebenen Werte bei den Hauptlagern oder Pleuellagern liegt, stimmt das Laufspiel. Werden die Grenzwerte überschritten, sind neue Lagerschalen zu verwenden, wobei zu berücksichtigen ist, ob die Zapfen bereits zu einem früheren Zeitpunkt nachgeschliffen wurden, da nur eine Untergrösse erhältlich ist.
— Falls das Laufspiel der Pleuellager kontrolliert wird, die Kurbelwelle durchdrehen und die beiden anderen Pleuellagerzapfen vornehmen und ausmessen, wie es oben beschrieben wurde.

● Die folgenden Hinweise müssen bei der Auswahl der neuen Lager beachtet werden:
— Falls die Laufspiele der Hauptlager nicht den angegebenen Werten entsprechen, muss die in den Zylinderblock eingezeichnete Numerierung kontrolliert werden. Diese ist neben dem betreffenden Hauptlager eingeschlagen und gibt ebenfalls die Lagergrössen durch 1, 2 oder 3 an. Eine ebenbürtige Nummer ist auf die Rückfläche jeder Lagerschale eingeschlagen, jedoch stehen fünf verschiedene Lagerschalenstärken zur Verfügung. Jedes Lager ist anhand der Kennzeichnung zu ermitteln. Immer ein Lager mit der gleichen Nummer bei Erneuerung verwenden. Im Zweifelsfall muss man sich an die Werkstatt wenden.

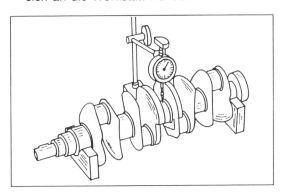

Bild 101
Kurbelwelle am mittleren Hauptlagerzapfen auf Schlag kontrollieren.

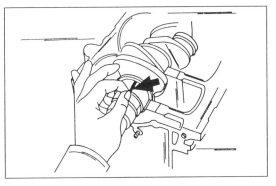

Bild 102
Auflegen eines "Plastigage"-Streifens auf einen Kurbelwellenlagerzapfen.

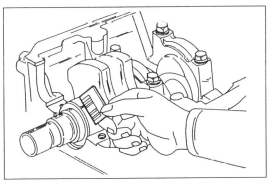

Bild 103
Ausmessen des breitgedrückten "Plastigage"-Streifens beim Bestimmen der Lagerlaufspiele.

2.7.2 Kurbelwellenaxialspiel überprüfen

● Eine Messuhr mit einem Ständer so vor die Vorderseite des Zylinderblocks setzen, dass der Messfinger auf dem Endzapfen der Kurbelwelle aufsitzt, wie es in Bild 104 gezeigt ist. Mit einem Schraubenzieher die Kurbelwelle nach einer Seite drücken, die Messuhr auf Null stellen und die Welle auf die andere Seite drücken. Die Anzeige der Uhr ist das Axialspiel der Kurbelwelle und ist für den späteren Zusammenbau aufzuschreiben. Wenn es mehr als 0,30 mm beträgt, muss dies bei der Montage berücksichtigt werden. Das mittlere Lager ist mit vier Anlaufhalbscheiben versehen, um das Axialspiel aufzunehmen. Falls dieses zu gross ist, können neue Scheiben oder Übergrösse-Scheiben eingebaut werden.

● Falls keine Messuhr vorhanden ist, kann man das Axialspiel auch durch Einschieben einer Blattfühlerlehre zwischen dem Kurbelwellenflansch und dem Lager ermitteln.

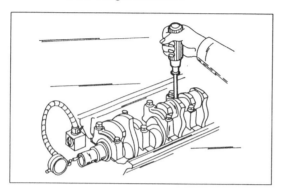

Bild 104
Ausmessen des Axialspiels der Kurbelwelle.

2.7.3 Kurbelwelle einbauen

Unter Bezug auf Bild 24:

● Grundbohrungen auswischen und die Lagerschalen mit den Ölschmiernuten mit den Führungsnasen in die Aussparung der Grundbohrungen einlegen. Die Schalen gut einölen, aber darauf achten, dass kein Öl an den Rücken der Schalen gelangt.

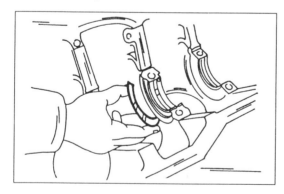

Bild 105
Anlaufscheiben zur Aufnahme des Axialdrucks der Kurbelwelle mit den Ölnuten nach aussen weisend gegen den Zylinderblock ansetzen. Ähnlich werden die Scheiben gegen den Hauptlagerdeckel angesetzt, werden aber durch eine "Nase" geführt.

● Anlaufscheiben am mittleren Hauptlager anbringen. Die Ölschmiernuten kommen zum Kurbelwellenflansch, d.h. nach aussen, wie es gut aus Bild 105 ersichtlich ist.
● Kurbelwelle vorsichtig in die Lagerschalen hineinheben. Falls sich die Pleuelstangen noch im Zylinderblock befinden, dabei die Pleuellager auf die Kurbelzapfen führen.
● Untere Lagerschalen in die dazugehörigen Kurbelwellenlagerdeckel einlegen (Nasen in Aussparungen) und die Flächen gut einölen.
● Deckel auf das Kurbelgehäuse aufsetzen und mit einem Gummi- oder Kunststoffhammer anschlagen. Die Pfeile aller Deckel müssen zur Vorderseite des Motors weisen.
● Deckelschrauben von der Mitte nach aussen vorgehend in mehreren Stufen auf 60 Nm anziehen. Nach dem Anziehen der Deckel die Kurbelwelle einige Male durchdrehen, um Klemmer bereits jetzt festzustellen. Dazu die Kurbelwellenriemenscheibe mit der Scheibenfeder provisorisch auf die Welle stecken.
● Axialspiel nochmals kontrollieren, wie es bereits in Kapitel 2.7.2 beschrieben wurde (siehe ebenfalls Bild 104). Falls das Spiel ursprünglich zu gross war, ersetzt man die Anlaufscheiben.
● Kolben und Pleuelstangen montieren, wie es in Kapitel 2.6.4 beschrieben wurde.
● Die beiden Öldichtringe einbauen (Kapitel 2.7.4).
● Hintere Motorzwischenplatte anschrauben.
● Steuerrad der Kurbelwelle mit dem Keil montieren und die Führungsblechscheibe für den Steuerriemen aufstecken.
● Schwungrad montieren. Beim 2,0 Liter-Motor das Gewinde mit ein oder zwei Tropfen Gewindesicherungsmittel bestreichen. Beim 1,6 Liter ist es nicht erforderlich, schadet aber nicht, wenn man es trotzdem durchführt. Die Kurbelwelle gegenhalten, indem man einen Holzklotz zwischen eine Kurbelwange und die Kurbelgehäusewandung einsetzt und die Schrauben mit dem vorgeschriebenen Anzugsdrehmoment anziehen. Falls ein automatisches Getriebe eingebaut ist, die Mitnehmerscheibe in gleicher Weise montieren. Kapitel 2.7.5 gibt weitere Hinweise über das Schwungrad.
● Kupplung (falls zutreffend) entsprechend der Kennzeichnung am Schwungrad anbringen. Die Kupplungsmitnehmerscheibe muss dabei einwandfrei zentriert werden (Kapitel 8.2). Die Schrauben gleichmäsig über Kreuz auf 15 - 22 Nm anziehen.
● Ölpumpe montieren (siehe Kapitel 3.2).
● Ölwanne montieren (Kapitel 3.1).
● Alle verbleibenden Arbeiten in umgekehrter Reihenfolge wie beim Ausbau durchführen.
● Abschliessend den Zylinderkopf und die Steuerung einbauen, wie es in den betreffenden Kapiteln beschrieben ist.

2.7.4 Kurbelwellendichtringe

Der vordere und hintere Kurbelwellendichtring sollten bei jedem Ausbau der Kurbelwelle, der Ölpumpe oder des Dichtringflansches erneuert werden. Der vordere Flansch ist gleichzeitig das Ölpumpengehäuse.

Beide Öldichtringe können auch bei eingebautem Motor erneuert werden, falls man Leckstellen in dieser Gegend feststellen kann. Da man jedoch das Getriebe ausbauen muss, ist es vielleicht in beiden Fällen besser den Motor auszubauen. Eine rutschende Kupplung könnte zum Beispiel auf einen undichten, hinteren Öldichtring zurückgeführt werden.

Beim vorderen Öldichtring sind Keilriemen, Schutzdeckel des Zahnriemens, Zahnriemen und die Kurbelwellenriemenscheibe auszubauen. Zum Lösen der Schraube für die Riemenscheibe einen Gang einlegen, die Handbremse fest anziehen und die Schraube mit einer Stecknuss lösen.

Beim hinteren Öldichtring das Getriebe, die Kupplung und das Schwungrad (oder die Antriebsscheibe bei automatischem Getriebe) ausbauen, ehe der Öldichtring herausgedrückt werden kann. Zum Ausziehen des Dichtringes am hinteren Ende kann ein abgewinkelter Schraubenzieher vorsichtig eingesetzt werden, um den Ring zu entfernen. Dabei nicht den Flansch oder die Welle beschädigen. Die Schraubenzieherklinge kann man mit etwas Klebband umwickeln, um die Druckstelle zu schützen. Falls der Motor ausgebaut ist, die Motorzwischenplatte und den Flansch abschrauben und den Dichtring ausschlagen (von innen nach aussen).

Beim Ausbau des vorderen Dichtringes in ähnlicher Weise vorgehen oder die Ölpumpe ausbauen. Beim Einbau der Flansche oder Dichtringe folgendermassen vorgehen:

Flansche ausgebaut:
- Dichtring an der Dichtlippe und am Aussenumfang einfetten und vorsichtig in den Flansch einschlagen, bis die Aussenfläche bündig abschneidet. Die Dichtringe im hinteren Flansch als auch in der Ölpumpe von aussen nach innen einschlagen. Bild 106 zeigt das Einschlagen eines vorderen Dichtringes bei einem 2,0 Liter-Motor.
- Flansch vorsichtig mit der aufgelegten Dichtung über die Kurbelwelle und gegen den Zylinderblock ansetzen und gut zentrieren. Die Schrauben gleichmässig ringsherum anziehen.

Flansche eingebaut
- Entsprechenden Dichtring an der Dichtlippe einfetten und gerade über die Kurbelwelle und in die Bohrung des Flansches, bzw. der Ölpumpe ansetzen.
- Mit einem entsprechenden Rohrstück, welches an der Aussenkante des Dichtringes aufsit-

zen muss, den Ring in die Bohrung einschlagen, bis er bündig abschneidet. Dabei den Dichtring nicht beschädigen.

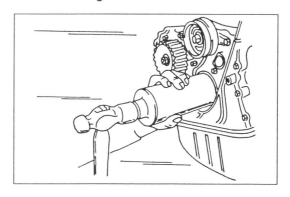

Bild 106
Einschlagen des vorderen Dichtringes der Kurbelwelle in das Ölpumpengehäuse (2,0 Liter-Motor).

2.7.5 Schwungrad

Zum Lösen des Schwungrades dieses in geeigneter Weise am Zahnkranz gegenhalten (Schraubenzieher einsetzen), während die Schwungradschrauben gelöst werden. Ebenfalls kann man ein Stück Flacheisen an zwei Stellen bohren und mit den Kupplungsschrauben am Schwungrad befestigen und die Schrauben lösen. Beim Festziehen des Schwungrades das Flacheisen auf der anderen Seite auflegen.

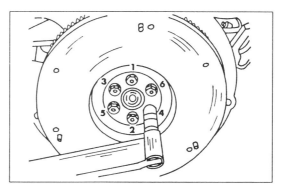

Bild 107
Anzugsschema der Schrauben des Schwungrades für den 1,6 Liter-Motor. Die Schrauben mit 80 Nm anziehen. Die Anzugsdrehmomente der Schrauben einer Antriebsscheibe sind in der Tabelle am Ende des Buches angegeben.

Beim 1,6 Liter-Motor werden sechs Schrauben zur Montage verwendet; beim 2,0 Liter-Motor acht Schrauben. Das Anziehen der Schrauben erfolgt nach einem bestimmten Schema. Auch die Anzugsdrehmomente der zwei Motorengruppen sind unterschiedlich. Bei einem 2,0 Liter-Motor kommt noch dazu, dass neue Schrauben und bereits verwendete Schrauben ein unterschiedliches Anzugsdrehmoment erfordern. Neue Schrauben werden nur mit 90 Nm angezogen, während bereits verwendete Schrauben, die in gutem Zustand sein müssen, auf 93 Nm angezogen werden müssen. Bei diesen Schrauben auch etwas Gewindesicherungsmittel an die Gewinde schmieren. Bei allen Motoren gilt, dass man die Schrauben in mehreren Durchgängen auf das endgültige Anzugsdrehmoment anziehen muss. Bilder 107 und 108 müssen beim Einbau des

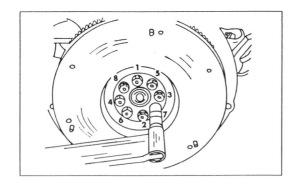

Bild 108
Anzugsschema der Schrauben des Schwungrades eines 2,0 Liter-Motor.

Schwungrades hinzugezogen werden.

Falls die Reibfläche des Schwungrades zerrieft ist, zum Beispiel beim Austausch einer rutschenden Kupplung, muss das Schwungrad erneuert werden.

2.8 Steuerantrieb und Nockenwelle

2.8.1 4A-F/FE-Motor

Der Antrieb der beiden obenliegenden Nockenwellen geschieht über einen Zahnriemen und je einem Steuerrad auf den beiden Nockenwellen und der Kurbelwelle. Der Zahnriemen treibt jedoch nur die Auslassnockenwelle an, welche mit Hilfe eines Zahnrades den Antrieb auf die Einlassnockenwelle überträgt. Das Steuerrad der Kurbelwelle befindet sich hinter der Kurbelwellenriemenscheibe. Eine in ihrer Befestigung verstellbare Spannrolle dient zum Spannen des Zahnriemens. Die Spannung des Zahnriemens wird durch Versetzen der Spannrolle eingestellt. Unter normalen Betriebsbedingungen ist es nicht erforderlich den Riemen nachzuspannen. Vorausgesetzt, dass der Riemen nicht beschädigt wird, sollte er eine lange Lebensdauer haben, jedoch nimmt man im allgemeinen an, dass ein Riemen nach ca. 100 000 km erneuert werden sollte.

Es sollte darauf geachtet werden, dass der Steuerriemen eingestellt werden muss, wenn der Zahnriemen ausgebaut oder erneuert wird, oder falls die Spannrolle ausgebaut wird. Sofern ein abgenommener Riemen wieder verwendet werden soll, ist er von Fett und Öl fernzuhalten. Er darf auch nicht zusammengeknickt werden, da er andernfalls Bruchstellen bekommt.

Aus- und Einbau

Obwohl die Arbeiten bereits bei der Zerlegung des Motors beschrieben wurden, sollten sie nochmal erörtert werden, falls man die Absicht hat nur den Zahnriemen zu erneuern. Die in Frage kommenden Abbildungen wurden bereits auf den vorausgegangenen Seiten gezeigt. Die Gesamtansicht der Steuerung ist auf dieser Seite gezeigt.

● Muttern der Riemenscheibe der Wasserpumpe lösen, die Einstellschraube des Keilriemens lockern und den Keilriemen abnehmen (Bild 5). Die Riemenscheibe vollkommen von der Wasserpumpe abschrauben.

● Die vier Zündkerzen ausschrauben. Ein langer Kerzenschlüssel ist dazu erforderlich, welcher wie in Bild 6 gezeigt in die einzelnen Bohrungen einzusetzen ist.

● Den Schlauch der Kurbelgehäusebelüftung vom Belüftungsventil abschliessen.

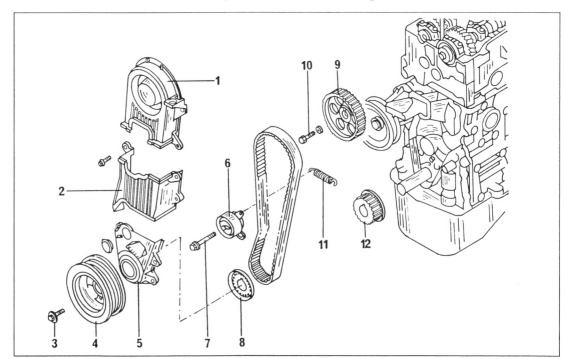

Bild 109
Die Teile der Steuerung des 4A-F/FE-Motors.
1 Oberer Zahnriemenschutzdeckel
2 Mittlerer Zahnriemenschutzdeckel
3 Schraube, 120 Nm
4 Kurbelwellenriemenscheibe
5 Unterer Zahnriemenschutzdeckel
6 Spannrolle
7 Schraube, 37 Nm
8 Zahnriemenführungsblech
9 Nockenwellensteuerrad
10 Schraube, 47 Nm
11 Spannfeder
12 Kurbelwellenriemenscheibe

- Die drei Hutmuttern der Zylinderkopfhaube abschrauben und die Haube mit den Dichtringen der Muttern und der Dichtung abnehmen.
- Die Kurbelwellenriemenscheibe durchdrehen, bis die Kerbe in einer Linie mit der "0"-Marke am Steuerriemendeckel steht. Kontrollieren, ob die Ventilstössel des ersten Zylinders Spiel haben. Falls dies nicht der Fall ist, den Motor um eine weitere Umdrehung durchdrehen. Bild 7 zeigt wie die Kurbelwellenriemenscheibe stehen muss, um den Motor auf den oberen Totpunkt zu bringen.
- Kurbelwellenriemenscheibe von der Kurbelwelle abschrauben und mit einem Abzieher herunterziehen. Die Riemenscheibe ist mit zwei Gewindelöchern versehen, um einen Abzieher einzuschrauben, wie es in Bild 8 gezeigt ist.
- Oberen, mittleren und unteren Steuerdeckel abschrauben und die Dichtungen abnehmen. Insgesamt müssen 9 Schrauben gelöst werden.
- Die Führungsscheibe für den Steuerriemen ausbauen. Diese ist auf die Vorderseite der Kurbelwelle aufgesteckt und wird einfach wie in Bild 9 gezeigt heruntergezogen.
- Falls der Zahnriemen wieder verwendet werden soll, einen Pfeil in der Laufrichtung des Riemens einzeichnen und ebenfalls den Riemen im Verhältnis zum Nockenwellenrad und zum Kurbelwellenrad kennzeichnen, wie es in Bild 10 zu sehen ist.
- An der Stirnseite des Motors die Schraube des Zahnriemenspanners lockern, den Spanner mit einem eingesetzten Schraubenzieher nach links drücken, wie es in Bild 11 gezeigt ist und in der neuen Stellung wieder festziehen. Der Zahnriemen ist jetzt locker und kann abgenommen werden. Falls erwünscht, die Spannrolle für den Riemen ausbauen.
- Das Steuerrad von der Kurbelwelle herunterziehen. Eventuell mit einem kräftigen Schraubenzieher oder einem Reifenhebel nachhelfen.
- Die Schraube des Nockenwellenrades lösen. Da sich die Welle dabei mitdrehen wird, muss man sie gegenhalten. An der in Bild 12 gezeigten Stelle ist ein Sechskant in die Welle eingearbeitet, an welcher man einen verstellbaren Schlüssel ansetzen kann. Darauf achten, dass man den Zylinderkopf nicht beschädigt, wenn man den Schlüssel gegen die Seite des Kopfes anliegen lässt.

Ein Riemen mit ausgebrochenen Zähnen muss offensichtlich erneuert werden. Andere Fehler sind Risse, Abscheurungen an der Seite, oder Abrundungen einiger oder aller Zähne. In diesem Fall ebenfalls die Zähne der Steuerräder kontrollieren.

Die Riemenspanner in einer Hand halten und die Rolle mit der anderen Hand durchdrehen. Schwere Stellen erfordern die Erneuerung der Riemenspanner. Beim Einbau des Zahnriemens die Steuerzeichen ausrichten, wie es beim Einbau des Zylinderkopfes auf den Seiten 28 bis 30 beschrieben wurde. Darin eingeschlossen ist auch das Spannen des Zahnriemens.

2.8.2 3S-FE-Motor

Der Antrieb der beiden obenliegenden Nockenwellen geschieht über einen Zahnriemen und je ein Steuerrad auf den beiden Nockenwellen und der Kurbelwelle. Der Zahnriemen treibt je-

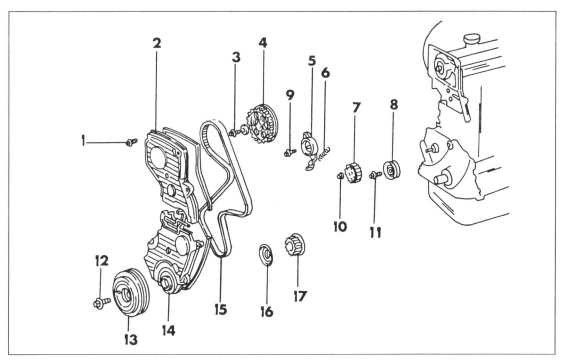

Bild 110
Die Teile der Steuerung des 2,0 Liter-Motors.
1 Steuerdeckelschraube
2 Oberer Zahnriemenschutzdeckel
3 Schraube, 55 Nm
4 Nockenwellensteuerrad
5 Riemenspannrolle
6 Rückzugfeder
7 Ölpumpenantriebsrad
8 Riemenlaufrolle
9 Schraube, 42 Nm
10 Mutter, 28 Nm
11 Schraube, 42 Nm
12 Schraube, 110 Nm
13 Kurbelwellenriemenscheibe
14 Unterer Zahnriemenschutzdeckel
15 Zahnriemen
16 Zahnriemenführung
17 Kurbelwellensteuerrad

doch nur die Einlassnockenwelle an, welche mit Hilfe eines Zahnrades den Antrieb auf die Auslassnockenwelle überträgt. Das Steuerrad der Kurbelwelle befindet sich hinter der Kurbelwellenriemenscheibe. Die Spannung des Zahnriemens geschieht in gleicher Weise wie es beim anderen Motor beschrieben wurde. Ebenfalls gelten die auf Seite 42 gegebenen Hinweise.

Aus- und Einbau

Obwohl die Arbeiten bereits bei der Zerlegung des Motors beschrieben wurden, sollten sie nochmal erörtert werden, falls man die Absicht hat nur den Zahnriemen zu erneuern. Die in Frage kommenden Abbildungen wurden bereits auf den vorausgegangenen Seiten gezeigt. Die Gesamtansicht der Steuerung ist auf der letzten Seite gezeigt.

● Batterie abklemmen und Kühlanlage ablassen.

● Stellschiene für den Keilriemen der Drehstromlichtmaschine lockern, die Lichtmaschine nach innen drücken und den Keilriemen abnehmen. Lichtmaschine vollkommen ausbauen.

● Die vier Zündkerzen ausschrauben. Ein langer Kerzenschlüssel ist dazu erforderlich, um an die in den Vertiefungen sitzenden Kerzen zu kommen.

● Die vier Hutmuttern der Zylinderkopfhaube lösen und die Haube abnehmen. Dichttüllen und Dichtung entfernen.

● Kurbelwelle durchdrehen, bis die Kerbe in der Kurbelwellenriemenscheibe in einer Linie mit der "0"-Marke am Zündeinstellblech an der Stirnseite des Motors steht, ähnlich wie es in Bild 7 beim anderen Motor gezeigt wurde. Kontrollieren, dass die Ventile des ersten Zylinders Spiel aufweisen. Falls sie gerade wechseln, den Motor um eine weitere Umdrehung durchdrehen. Um keine Fehler zu machen muss man sich das Steuerrad der Nockenwelle ansehen. Im Steuerrad ist eine Bohrung zu sehen, welche gegenüber einer Steuermarke im Lagerdeckel der Nockenwelle stehen muss, wie es aus Bild 26 ersichtlich ist.

● Die Schraube der Kurbelwellenriemenscheibe lösen (Schwungrad gegenhalten, damit sich die Kurbelwelle nicht mitdrehen kann) und die Riemenscheibe herunterziehen. Zwei Reifenhebel können an gegenüberliegenden Stellen untergesetzt werden, um die Riemenscheibe abzudrücken. Andernfalls einen Abzieher benutzen, ähnlich wie es in Bild 8 gezeigt wurde. Zwei Gewindebohrungen in der Riemenscheibe ermöglichen das Ansetzen eines Abziehers.

● Oberen und unteren Steuerschutzdeckel abschrauben und die Dichtungen abnehmen. 5 Schrauben am oberen Deckel und 4 Schrauben am unteren Deckel abschrauben.

● Das Führungsblech für den Zahnriemen herunternehmen (siehe Bild 9).

● Falls der Zahnriemen wieder verwendet werden soll, einen Pfeil in der Laufrichtung des Riemens einzeichnen und ebenfalls den Riemen im Verhältnis zum Nockenwellenrad und zum Kurbelwellenrad kennzeichnen, wie es in Bildern 27 und 28 für das Steuerrad der Nockenwelle und der Kurbelwelle gezeigt ist.

● An der Stirnseite des Motors die Schraube des Zahnriemenspanners lockern, den Spanner mit einem eingesetzten Schraubenzieher nach links drücken, ähnlich wie es in Bild 11 gezeigt ist und in der neuen Stellung wieder festziehen. Der Zahnriemen ist jetzt locker und kann abgenommen werden. Falls erwünscht, die Spannrolle für den Riemen ausbauen.

● Das Steuerrad von der Kurbelwelle herunterziehen. Eventuell mit zwei kräftigen Schraubenziehern oder Reifenhebeln nachhelfen, wie es in Bild 29 zu sehen ist, jedoch einen dicken Lappen unterlegen, damit man keine anderen Teile beschädigt.

● Die Schraube des Nockenwellenrades lösen. Da sich die Welle dabei mitdrehen wird, muss man sie gegenhalten. Normalerweise wird dazu das in Bild 30 gezeigte Werkzeug benutzt, welches man in zwei der Löcher im Steuerrad einsetzen kann, jedoch kann man einen langen Dorn in eines der Löcher einsetzen, das Steuerrad durchdrehen, bis der Dorn gegen den Zylinderkopf anliegt und die Schraube danach lösen. Die Scheibe abnehmen und das Steuerrad herunterziehen.

● Falls erforderlich, das Antriebsrad der Ölpumpe ausbauen. Dieses kann in gleicher Weise wie das Steuerrad der Nockenwelle in Bild 30 gegengehalten werden.

Die Überprüfung des Zahnriemens und der anderen Teile erfolgt in gleicher Weise wie es beim anderen Motor beschrieben wurde.

Um den Zahnriemen wieder einzubauen, ist dem Text auf den Seiten 30 bis 33 zu folgen.

2.9 Auspuffanlage

2.9.1 Aus- und Einbau des Auspuffkrümmers

Der Auspuffkrümmer und der Ansaugkrümmer sind bei allen Motoren getrennt montiert. Der Aus- und Einbau ist bei allen Modellen ähnlich. Wichtig ist, dass man sich die Anordnung der einzelnen Teile genau einprägt, ehe man einen Abschnitt der Anlage ausbaut.

Die folgenden Punkte sollten beachtet werden:

● Die Muttern der Flanschverbindung zwischen Krümmer und Auspuffrohr sollten vor Abschrauben mit einem rostlösenden Mittel eingesprüht werden, da die Gefahr besteht, dass man die Schrauben abreisst.

- Die Auspuffkrümmerdichtung immer erneuern wenn der Krümmer vom Zylinderkopf abgeschraubt wurde.
- Die Muttern des Krümmerflansches mit einem Anzugsdrehmoment von 25 Nm gleichmässig über Kreuz anziehen.

2.9.2 Aus- und Einbau der Auspuffanlage

Der Aus- und Einbau bringt keinerlei Schwierigkeiten mit sich. Die folgenden Punkte sind besonders zu beachten:
- Die Dichtung zwischen Auspuffkrümmer und Auspuffrohr sollte immer erneuert werden.
- Schellenschrauben und -muttern mit 25 Nm anziehen.
- Rohrverbindung am Krümmer mit 25 Nm anziehen.
- Nach dem Einbau den Motor anlassen und im Leerlauf kontrollieren, dass keine Teile der Auspuffanlage gegen andere Teile anschlagen können. Ausserdem überprüfen, ob genügend Raum zwischen Teilen der Auspuffanlage und Teilen der Karosserie vorhanden ist. Dies wird man schnell feststellen, wenn der Auspuff beim Fahren klappert.

2.9.3 Vorsichtsmassnahmen bei eingebautem Katalysator

Falls grössere Mengen unverbrannten Kraftstoffs in den Katalysator gelangen können, könnte dieser überhitzen und zu einer Feuergefahr werden. Aus diesem Grund müssen die folgenden Vorsichtsmassnahmen beachtet werden:
- Nur mit bleifreiem Benzin fahren.
- Längeren Leerlaufbetrieb unter allen Umständen vermeiden, d.h. Motor niemals mehr als 10 Minuten mit erhöhtem Leerlauf oder länger als 20 Minuten im Leerlauf laufen lassen.
- Zündkerzen nur einer Funkenprüfung unterziehen, falls dies unbedingt erforderlich ist. Während der Prüfung den Motor nicht beschleunigen.
- Bei Durchführung von Kompressionsprüfungen so schnell wie möglich vorgehen.
- Fahrzeug nicht fahren wenn der Tank fast leer ist. Dies könnte zu Fehlzündungen führen, wodurch der Katalysator unnötigerweise überlastet wird.
- Fahrzeug nicht im Schub bei ausgeschalteter Zündung rollen lassen (z.B. bei Bergabfahrt).
- Beim Verschrotten eines Katalysators diesen nicht mit anderen Teilen zusammenbringen, die durch Öl oder Fett verschmutzt wurden.

3 Die Motorschmierung

Der Motor wird durch eine Druckumlaufschmierung mit Öl versorgt. Die Ölpumpe befindet sich am Ende der Kurbelwelle, hinter der Kurbelwellenriemenscheibe. Das Ölpumpengehäuse bildet gleichzeitig das Gehäuse für den vorderen Öldichtring. Die Pumpe ist jedoch bei den beiden Motoren von unterschiedlicher Konstruktion. Beim 1,6 Liter-Motor besteht die Ölpumpe aus zwei Läufern. Der innere Läufer mit vielen Aussenflügeln dreht sich in der Innenseite des mit Aussenflügeln versehenen äusseren Läufers. Der innere Läufer sitzt auf dem Ende der Kurbelwelle und wird von dieser angetrieben.

Eine herkömmliche Kreiselläuferpumpe ist in den 2,0 Liter-Motor eingebaut. Der innere Läufer enthält die Antriebswelle für die Pumpe, welche mit einem Zahnrad vom Zahnriemen der Steuerung angetrieben wird. Indem der innere Läufer in die Aussparungen des äusseren Läufers eingreift, findet die Veränderung des Ölstroms und dadurch der Aufbau des Druckes statt.

Eine Abschlussplatte, welche am Ölpumpengehäuse angeschraubt ist, formt die Pumpe zu einem geschlossenen Aggregat.

3.1 Ölwannendichtung erneuern (Aus- und Einbau der Ölwanne)

Die Ölwanne kann bei eingebautem Motor ausgebaut werden. Nach dem Ausschrauben des Ölablassstopfens und Ablassen des Motoröls ist der Ausbau der Ölwanne eine einfache Angelegenheit. Falls erforderlich, kann das Ölansaugsieb abgeschraubt werden (siehe Bild 111 beim 2,0 Liter-Motor). Bei diesem Motor ist ebenfalls ein Ölleitblech vorhanden, welches man ebenfalls abschrauben kann.

Beim Einbau der Ölwanne auf folgendes achten:
- Ölansaugsieb und Leitblech (3S-FE-Motor) anschrauben, falls sie ausgebaut wurden. Die Dichtung des Ölansaugsiebs muss immer erneuert werden. Schrauben mit 10 Nm (1,6 Liter) oder 5,5 Nm (2,0 Liter) anziehen. Ölleitblech mit zwei Schrauben befestigen.
- Bei beiden Motoren wird keine Dichtung verwendet. Anstelle einer Dichtung verwendet man Dichtmittel, Teil Nr. 08826-0080, mit welchem man die Ölwanne entsprechend Bild 112 einschmiert. Dabei besonders auf die Breite der aufgetragenen Dichtungsmasse achten, und dass diese nicht in die Nähe von Ölbohrungen kommt. Die Dichtungsmasse wird in einer Tube geliefert, welche auf die betreffende Breite zu schneiden ist. Die Tube nach Gebrauch sofort wieder verschliessen. Die Ölwanne muss innerhalb 15 Minuten montiert werden. Andernfalls die Dichtungsmasse wieder entfernen und neu auftragen. Die zwei Muttern und alle Schrauben mit 5 Nm anziehen.
- Nach Anziehen der Schrauben sofort den Ablassstopfen eindrehen und festziehen.
- Motor mit der vorgeschriebenen Ölmenge füllen. Falls man kein genaues Messgefäss zur Verfügung hat, kann man das Öl einfüllen, bis der Stand an der "L"-Marke des Ölmessstabs steht. Danach den Motor laufen lassen und einen weiteren Liter Öl einfüllen, so dass der Ölstand auf die "F"-Marke kommt.
- Eine Probefahrt nach Wechseln der Ölwannendichtung ist immer angebracht, da es vorkommen kann, dass sich Leckstellen gebildet haben. Deshalb nach dem Warmfahren des Motors den Wagen noch einmal aufbocken und alle Dichtverbindungen überprüfen.

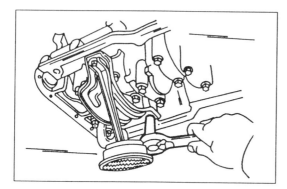

Bild 111
Die Befestigung des Ölansaugsiebs an der Unterseite des Zylinderblocks beim 2,0 Liter-Motor. Beim 1,6 Liter-Motor sind zwei seitliche Stützen vorhanden.

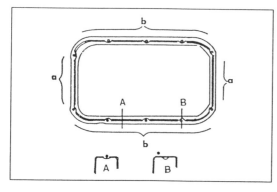

Bild 112
Auftragen der Spezial-Dichtungsmasse beim Einbau der Ölwanne. Die Breiten "a" und "b" müssen ca. 5 mm betragen. Nicht die Löcher der Ölwanne mit Dichtungsmasse füllen.

3.2 Die Ölpumpe

3.2.1 1,6 Liter-Motor (4A-F/FE)

Die Teile der Ölpumpe sind in Bild 113 gezeigt. Alle Einzelheiten zum Aus- und Einbau der Pumpe können dieser Abbildung entnommen werden.

Aus- und Einbau der Ölpumpe

Die Ölwanne und das Ölansaugsieb sollten immer ausgebaut werden, falls man die Ölpumpe aus irgendeinem Grund vom Motor abschrauben muss.
- Motoröl ablassen. Falls das Öl noch nicht lange gefahren wurde, kann es aufgefangen und wieder verwendet werden.
- Ölwanne ausbauen (Kapitel 3.1.).
- Die beiden Befestigungsschrauben der Ölsaugleitung an der Innenseite des Kurbelgehäuses lösen und die Befestigung der beiden Stützstreben lösen. Das Ölansaugsieb mit dem Rohr herausnehmen. Das Ölleitblech ausbauen.
- Zahnriemen ausbauen wie es im betreffenden Kapitel beschrieben ist.
- Ölmessstab herausziehen und das Führungsrohr abschrauben und entfernen.
- Die Befestigungsschrauben der Pumpe an der Vorderseite des Zylinderblocks abschrauben. Die Pumpe sitzt an der in Bild 114 gezeigten Stelle.
- Pumpe abnehmen und die Dichtung entfernen. Falls die Pumpe sehr fest sitzt, kann man mit einem Kunststoffhammer von der Innenseite des Kurbelgehäuses vorsichtig gegen das Pumpengehäuse schlagen.

Der Einbau der Pumpe geschieht in umgekehrter Reihenfolge wie der Ausbau. Die Pumpendichtung immer erneuern. Beim Auflegen und Spannen des Zahnriemens den Anweisungen auf den Seiten 28 bis 30 folgen. Die Spannung des Antriebsriemens der Drehstromlichtmaschine und Wasserpumpe einstellen, wie es in Kapitel 4.3.2 beschrieben wird.

Den Motor nach Einbau der Ölwanne mit Öl füllen, wie es in Kapitel 3.1 beschrieben wurde.

Ölpumpe überholen

- Ölpumpendeckel in der Innenseite des vorderen Gehäuses abschrauben.
- Inneres und äusseres Zahnrad aus dem Gehäuse herausnehmen. Da die Zahnräder keine Markierung betreffs der Montagerichtung besitzen, sollte man mit einem Filzstift eine Markierung auf der Rückseite einzeichnen, ehe die Zahnräder herausgenommen werden.
- Sprengring aus dem vorderen Gehäuse entfernen und die Teile des Überdruckventiles her-

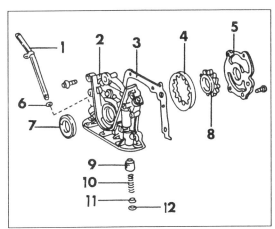

Bild 113
Montagebild der Ölpumpe des 1,6 Liter-Motors.
1 Ölmessstab
2 Pumpengehäuse
3 Gehäusedichtung
4 Getriebener Läufer
5 Pumpengehäusedeckel
6 "O"-Dichtring
7 Öldichtring
8 Antriebsläufer
9 Überdruckventil
10 Feder
11 Federsitz
12 Sicherungsring

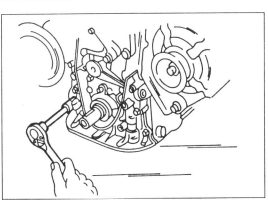

Bild 114
Abschrauben des Pumpengehäuses von der Vorderseite des Motors.

ausschütteln. Die Lage der einzelnen Teile können Bild 113 entnommen werden.
Alle Teile gründlich reinigen und Teile wie erforderlich erneuern. Falls das vordere Gehäuse oder der Deckel an den Laufflächen Einlaufspuren aufweisen, müssen die Teile erneuert werden; an-

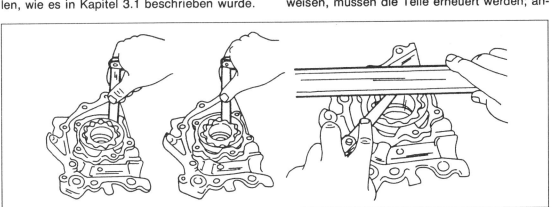

Bild 115
Kontrolle der Spiele der Ölpumpe (siehe Text).

dernfalls den Öldichtring mit einem Schraubenzieher vorsichtig heraushebeln. Die Bohrung für den Kolben des Überdruckventils auf Verschleiss oder Fressstellen kontrollieren.

Die Läufer an den Spitzen der Zähne auf Absplitterungen usw. kontrollieren. Die Läufer immer im Satz erneuern.

Läufer, wie in Bild 115 gezeigt, in die Bohrung einsetzen und mit einer Fühlerlehre den Spalt zwischen der Aussenseite des äusseren Läufers und der Pumpenbohrung ausmessen (linke Ansicht). Das Spiel sollte nicht grösser als 0,2 mm sein.

Bei der nächsten Prüfung mit einer Fühlerlehre zwischen einer Spitze des äusseren Läufers und einer Spitze des inneren Läufers einsetzen (mittlere Ansicht). Das Spiel darf an dieser Stelle nicht grösser als 0,35 mm sein.

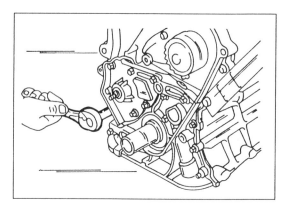

Bild 116
Die Lage der Ölpumpe beim 2,0 Liter-Motor.

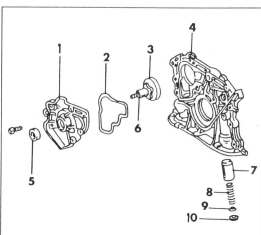

Bild 117
Die zerlegte Ölpumpe des 2,0 Liter-Motors.
1 Ölpumpendeckel
2 "O"-Dichtring
3 Getriebener Läufer
4 Ölpumpengehäuse
5 Öldichtring
6 Antriebsläufer
7 Überdruckventil
8 Feder
9 Federsitz
10 Sicherungsring

Ein Messlineal auf die Oberfläche der Läufer und das Gehäuse auflegen (rechte Ansicht) und mit einer Fühlerlehre zwischen den Läufern und dem Lineal messen. Das Spiel darf nicht grösser als 0,10 mm sein.

Falls bei den obigen Messungen grössere Werte vorgefunden werden, müssen die Läufer im Satz erneuert werden.

Der Zusammenbau der Ölpumpe geschieht in umgekehrter Reihenfolge wie das Zerlegen. Den äusseren Läufer wieder mit der gekennzeichneten Fläche nach aussen weisend einsetzen. Die Pumpenbohrung mit Öl füllen, ehe der Deckel angeschraubt wird.

Die Teile des Überdruckventiles einsetzen und mit dem Sprengring befestigen.

3.2.2 2,0 Liter-Motor (3S-FE)

Aus- und Einbau der Ölpumpe

Wie beim 1,6 Liter-Motor müssen Ölwanne und Ölansaugsieb ausgebaut werden, falls die Pumpe aus irgendeinem Grund von der Stirnseite des Motors abgeschraubt wird. Eine herkömmliche Kreiselläuferpumpe befindet sich unter dem an der Aussenseite des Pumpengehäuses angeschraubten Deckel. Das Pumpenrad muss abgezogen werden, ehe man den Deckel abschrauben kann.

● Motoröl ablassen und die Ölwanne abschrauben.

● Die beiden Schrauben, zwei Muttern, das Ölleitblech und das Ölansaugsieb an der Unterseite des Kurbelgehäuses abmontieren. Bild 111 zeigt wo das Ansaugsieb sitzt.

● Den Zahnriemenantrieb ausbauen, wie es in Kapitel 2.8 für den 2,0 Liter-Motor beschrieben wurde.

● Mutter des Pumpenantriebsrades lösen (Rad dabei gegenhalten) und das Rad von der Welle herunterziehen.

● Die 12 Schrauben an der Stirnseite des Motors lösen und die komplette Pumpe sowie die Dichtung abnehmen. Eine festhängende Pumpe kann von der Innenseite des Kurbelgehäuses vorsichtig mit einem Kunststoffhammer abgeschlagen werden. Der Einbau der Pumpe geschieht in umgekehrter Reihenfolge. Immer eine neue Pumpendichtung verwenden. Die Schrauben gleichmässig auf ein Anzugsdrehmoment von 9 Nm anziehen. Den Steuerriemen einbauen, wie es beim Einbau des Zylinderkopfes für diesen Motor beschrieben wurde. Abschliessend die Ölwanne einbauen (Kapitel 3.1) und den Motor mit der vorgeschriebenen Ölmenge füllen.

Ölpumpe überholen

Bild 117 zeigt die Einzelteile der Pumpe.

● Von der Vorderseite der Pumpe die beiden Schrauben entfernen, den Deckel abnehmen und den "O"-Dichtring aus der Rille nehmen.

● Die beiden Läufer herausziehen. Läufer werden nur im Satz erneuert. Mit einem Filzstift kennzeichnen, welche Seite der Läufer nach aussen weist.

Alle Teile einwandfrei reinigen und sorgfältig kontrollieren. Beschädigte Teile sofort erneuern.

Um die Läufer einwandfrei zu kontrollieren, müssen die folgenden Prüfungen durchgeführt werden:

● Die beiden Läufer, ähnlich wie in der linken

Ansicht von Bild 115 gezeigt, in das Gehäuse einsetzen und mit einer Fühlerlehre den Spalt zwischen der Aussenseite des äusseren Läufers und der Pumpenbohrung ausmessen. Falls das Höchstmass von 0,20 mm überschritten wird, entweder den Läufersatz oder die Pumpe erneuern. Bei der nächsten Prüfung mit einer Fühlerlehre zwischen einer Spitze des äusseren Läufers und einer Spitze des inneren Läufers einsetzen (ähnlich wie in der mittleren Ansicht von Bild 115). Das Spiel darf an dieser Stelle nicht grösser als 0,20 mm sein. Andernfalls Läufer im Satz oder Pumpe erneuern.

Ein Messlineal auf die Oberfläche der Läufer und das Gehäuse auflegen (rechte Ansicht, Bild 115) und mit einer Fühlerlehre zwischen den Läufern und dem Lineal messen. Das Spiel darf nicht grösser als 0,10 mm sein.

Der Öldichtring im Pumpengehäuse muss immer erneuert werden, falls man die Pumpe ausgebaut hat. Die Bohrung für den Kolben des Überdruckventils auf Verschleiss oder Fressstellen kontrollieren.

Der Zusammenbau der Ölpumpe geschieht in umgekehrter Reihenfolge wie das Zerlegen, unter Beachtung der folgenden Punkte:

- Einen neuen Öldichtring in das Pumpengehäuse einschlagen. Den Dichtring einschlagen, bis die Aussenfläche des Ringes 1,0 mm unterhalb der Gehäusefläche sitzt.
- Einen neuen "O"-Dichtring in die Rille des Gehäuses einlegen und die beiden Läufer entsprechend Bild 118 in das Gehäuse einsetzen. Falls die ursprünglichen Läufer eingebaut werden, auf die Kennzeichnung des äusseren Läufers achten. Mit einer Ölkanne etwas Öl in die Läufer spritzen.
- Dichtlippe des Dichtringes mit Fett einschmieren und den Deckel vorsichtig auf das Pumpengehäuse aufsetzen, ohne dabei den Dichtring zu beschädigen. Die beiden Schrauben des Deckels mit 10 Nm anziehen.
- Teile des Überdruckventils entsprechend Bild 119 montieren und mit dem Sicherungsring befestigen.

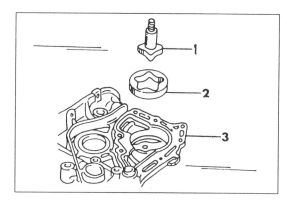

Bild 118
Ölpumpe eines 2,0 Liter-Motors in der gezeigten Weise zusammenbauen.
1 Antriebsläufer
2 Getriebener Läufer
3 "O"-Dichtring

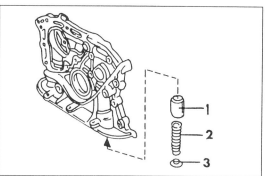

Bild 119
Das Ölüberdruckventil wird in die Unterseite des Pumpengehäuses eingesetzt.
1 Überdruckventilkolben
2 Feder
3 Sicherungsring

3.3 Ölfilter

Der Ölfilter befindet sich unter den Kerzenkabeln an der Seite des Motors. Die Filterpatrone wird unter Verwendung eines Filterschlüssels gelöst, welchen man in einem Fachgeschäft für Kraftfahrzeugteile beziehen kann. Falls kein Schlüssel zur Verfügung steht und der Filter soll erneuert werden, kann man einen Schraubenzieher durch die Seite des Filters treiben und den Filter durch Hebelwirkung auf den Griff abdrehen.

Nach Abschrauben des Filters den Sitz am Block einwandfrei reinigen und die Dichtung des neuen Filters mit Motoröl einschmieren. Den neuen Filter anschrauben, bis der Dichtring aufsitzt und aus dieser Stellung um weitere ¾ Umdrehung anziehen. Dazu nur die Hände, ohne jegliche Verwendung von Werkzeugen, benutzen.

Den Motor anlassen und eine Weile laufen lassen. Kontrollieren, ob die Filterverbindung frei von Leckstellen ist. Den Stand des Motoröles kontrollieren und fehlendes Öl nachfüllen.

3.4 Prüfen des Motorölstandes

Den Ölstand nur kontrollieren, wenn das Fahrzeug auf ebenem Boden abgestellt ist. Falls der Motor bis kurz vorher in Betrieb war, ihn eine Weile stehenlassen, so dass alles verteilte Öl in die Ölwanne zurücklaufen kann.

Den Ölmessstab herausziehen und mit einem Lappen sauberwischen. Den Ölmessstab wieder einstecken, erneut herausziehen und den Ölstand am Ölmessstab ablesen.

Falls erforderlich, nachfüllen, bis das Öl an der Markierung "F" des Ölmessstabes steht. Immer darauf achten, dass nur das vorgeschriebene Motoröl eingefüllt wird, was sich auch für die Jahreszeit eignen muss.

4 Die Kühlanlage

Bei der Kühlanlage handelt es sich um eine Thermosyphonanlage mit einem Röhrenkühler, einer Schleuderwasserpumpe und einem Wachsthermostat. Ein Ausgleichsbehälter für das Kühlmittel ist in die Kühlanlage eingesetzt. Der Kühler arbeitet zusammen mit einem elektrischen Ventilator, welcher zusammen mit einer Ventilatorverkleidung an der Stirnseite des Kühlers angeschraubt ist.
Der Kühlerverschlussdeckel erhält einen Druck von 0,75 - 1,05 bar in der Kühlanlage, wenn der Motor seine Betriebstemperatur erhalten hat.
Die Wasserpumpe des 1,6 Liter Motors wird von der Kurbelwelle mittels eines Keilriemens angetrieben. Beim 2,0 Liter-Motor erfolgt der Antrieb der Wasserpumpe über den Zahnriemen der Steuerung.
Der Thermostat sitzt im Wassereinlassstutzen. Bei niedrigen Kühlmitteltemperaturen bleibt der Thermostat geschlossen und das Kühlmittel kann den Kühler umgehen, so dass es durch den fortschreitend wärmer werdenden Motor schneller erwärmt werden kann.
Die Kühlanlage ist mit Frostschutzmittel gefüllt. Nur ein mit Aluminium verträgliches Mittel verwenden.

4.1 Ablassen und Auffüllen der Kühlanlage

● Kühlerverschlussdeckel und den Deckel des Ausgleichsbehälters abschrauben. Dies darf nur bei kaltem Motor durchgeführt werden. Falls der Motor heiss ist, den Deckel bis auf die erste Raste drehen (mit einem Lappen) und abwarten, bis der Dampf abgeblasen ist.
● Falls der Frostschutz in der Anlage aufgefangen werden soll, sind entsprechende Vorkehrungen zu treffen. Bei einigen Arbeiten an der Kühlanlage braucht das Kühlmittel nicht vollkommen abgelassen werden. So reicht es zum Beispiel beim Ausbau des oberen Wasserschlauches oder Thermostats aus, wenn das Kühlmittel bis zur Höhe des betreffenden Teiles abgelassen wird.
● Regulierhebel der Heizung auf die "Warm"-Stellung setzen.
● Ablasshahn an der Unterseite des Kühlers öffnen und Ablassstopfen an der Seite des Zylinderblocks herausschrauben. Bild 120 zeigt die Lage der beiden Ablassstopfen anhand des 2,0 Liter-Motors. Beim 1,6 Liter-Motor sitzt der Kühlerstopfen, in Bild 120 gesehen, in der rechten unteren Ecke. Der Blockstopfen sitzt ca. in der Mitte des Zylinderblocks an der Vorderseite.
● Nach dem Ablassen der Kühlanlage den Hahn und den Stopfen wieder fest anziehen.
Nach dem Ablassen der Kühlanlage im Rahmen einer routinemässigen Erneuerung des Kühlmittels sollte die Kühlanlage durchgespült werden. Dazu einen Wasserschlauch in den Kühlereinfüllstutzen einsetzen und Wasser durch die Kühlanlage laufen lassen, bis das Wasser sauber aus den Ablassöffnungen herausläuft. Zur Unterstützung der Durchspülung den Motor dabei laufen lassen.

Zum Auffüllen der Kühlanlage:
● Ablassstellen nochmals auf vorschriftsmässiges Schliessen kontrollieren.
● Frostschutzmittelmischung entsprechend der zu erwartenden Temperaturen herstellen. Im allgemeinen rechnet man 50% Frostschutzmittel und 50% Wasser.
● Kühlanlage langsam bis zur Unterseite des Einfüllstutzens auffüllen und ebenfalls den Ausgleichsbehälter füllen.
● Kühlerverschlussdeckel und Deckel des Behälters aufschrauben.
● Motor laufen lassen, bis die normale Betriebstemperatur erreicht ist und danach den Motor wieder abkühlen lassen. Einige Stunden später den Kühlmittelstand erneut kontrollieren und falls erforderlich mehr Frostschutzmittel nachfüllen.
● Den Ausgleichsbehälter bis zur "Full"- (Voll) Markierung am Behälter füllen. Bei kaltem Motor muss das Kühlwasser im Ausgleichsbehälter zwi-

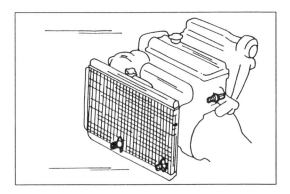

Bild 120
Die Lage des Ablassstopfens im Motor und an der Unterseite des Kühlers, gezeigt beim 2,0 Liter-Motor.

schen der "Low"- und der "Full"-Markierung stehen.

4.2 Der Kühler

4.2.1 Kühler ausbauen

● Kühlanlage ablassen, wie es in Kapitel 4.1 beschrieben ist.
● Oberen und unteren Kühlerschlauch nach Lösen der Schlauchschellen vom Kühler und Motor abziehen.
● Batterie abklemmen.
● Elektrische Leitungsverbindung des Kabelstranges für den Ventilatormotor abklemmen und ebenfalls das Kabel vom Thermoschalter für die Ventilatorbetätigung abschliessen.
● Bei eingebautem automatischen Getriebe die beiden Ölkühlerschläuche abschliessen. Dabei wird Flüssigkeit herauslaufen, welche in geeigneter Weise aufzufangen ist.
● Falls der Luftfilterschlauch im Wege ist, diesen abschliessen.
● Überlaufschlauch zwischen Kühler und Ausgleichsbehälter lösen und abziehen.
● Die Ventilatorverkleidung abschrauben und zur Seite drücken.
● Befestigungsbügel des Kühlers auf jeder Seite lösen und den Kühler herausheben, ohne dabei mit den Kühlerwaben gegen irgendwelche Teile des Motors oder der Karosserie anzustossen.

Die Kühlerschläuche auf Porösität kontrollieren und im Schadensfalle erneuern. Den Kühler auf Leckstellen überprüfen, die in den meisten Fällen durch Roststellen angezeigt werden. Undichte Kühler kann man vielleicht in einer Spezialwerkstatt löten lassen. Falls eine Kühlerprüfpumpe zur Verfügung steht, kann man die Kühlerverschlusskappe einer Druckprüfung unterziehen. Dazu die Pumpe am Deckel anbringen, wie es Bild 121 zeigt, und unter Druck setzen. Das Ventil im Deckel sollte bei einem Druck von 0,8 -1,0 atü. öffnen. Ein Mindestdruck von 0,60 atü. ist noch soeben zulässig. Mit der gleichen Pumpe kann man auch den Kühler selbst nach dem Einbau abdrücken. Dazu die Pumpe in der in Bild 122 gezeigten Weise anschliessen und die Pumpe betätigen, bis der Druck auf 1,2 atü. angestiegen ist. Die Druckanzeige der Pumpe sollte während der Prüfung nicht abfallen.
Falls der Kühler erneuert werden muss, wird nur der eigentliche Kühlerblock geliefert. Da eine Spezialzange zum Lösen und Befestigen des oberen und unteren Wassertanks erforderlich ist, sollte man den Kühler in einer Toyota-Werkstatt umrüsten lassen.

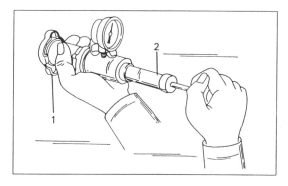

Bild 121
Abdrücken des Kühlerverschlussdeckels (1) mit einer Kühlerabdrückpumpe (2).

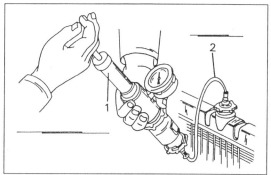

Bild 122
Kühlerdruckpumpe (1) mit Hilfe eines Schlauchs (2) und einem Anschlussstutzen am Kühler anschliessen, um die Kühlanlage auf Leckstellen zu kontrollieren.

4.2.2 Einbau

Der Einbau geschieht in umgekehrter Reihenfolge wie der Ausbau. Die Wasserschläuche sind bei Verdacht auf Defekte immer zu erneuern. Die Kühlanlage auffüllen, wie es in Kapitel 4.1 beschrieben wurde. Nachdem der Motor seine Betriebstemperatur erreicht hat, alle Anschlüsse auf Leckstellen hin kontrollieren. Falls eine Kühlerprüfpumpe zur Verfügung steht, diese bei geschlossener Anlage am Kühlereinfüllstutzen anbringen und Anlage unter Druck setzen (nicht mehr als 1,2 atü.), wie es oben bereits erwähnt wurde. Falls der Druck absinkt, liegt eine Leckstelle vor. Fahrzeug in diesem Fall auf eine trockene Stelle fahren, um festzustellen, wo das Kühlmittel herausläuft.

4.3 Wasserpumpe

Die Wasserpumpe sollte nicht überholt werden und ist bei Ausfall oder Beschädigung zu erneuern. Zur Kontrolle die Wasserpumpenwelle auf Spiel im Lager kontrollieren und eine neue Wasserpumpe oder eine Austauschpumpe montieren, falls das Lager ausgeschlagen ist.

4.3.1 Aus- und Einbau der Pumpe

Der Aus- und Einbau der Pumpe ist aufgrund des Antriebs nicht bei beiden Motoren gleich.

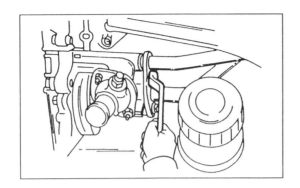

Bild 123
Abschrauben des Wasserrohres an der Seite des Motors.

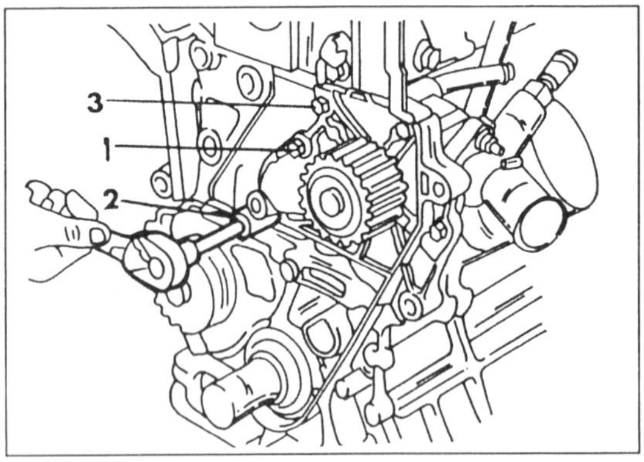

Bild 124
Die Schrauben der Pumpe in der gezeigten Reihenfolge lösen. Beim Anziehen in umgekehrter Reihenfolge vorgehen.

1,6 Liter-Motor

● Kühlanlage entleeren, wie es in Kapitel 4.1 beschrieben ist.

● Die vier Schrauben der Riemenscheibe für die Wasserpumpe lockern solange der Keilriemen noch aufgelegt ist.

● Befestigungsschrauben der Drehstromlichtmaschine an der Maschine und am Stellbügel lockern und den Keilriemen abnehmen.

● Riemenscheibe vollkommen von der Pumpe abschrauben und herunterziehen.

● Wasserschläuche vom Wasserrohr an der Pumpe abschliessen.

● Das Wasserrohr an der Seite des Motors abschrauben. Dieses wird durch eine Schraube am Zylinderblock und zwei Muttern an der Rückseite der Wasserpumpe gehalten. Den ''O''-Dichtring abnehmen.

● Das Führungsrohr für den Ölmessstab abschrauben und zusammen mit dem Messstab abnehmen. Sofort einen Lappen in die offene Bohrung einsetzen, damit nichts in den Motor fallen kann.

● Den oberen Zahnriemenschutzdeckel abschrauben.

● Die drei Schrauben der Pumpe lösen und die Pumpe abnehmen. Darauf achten, dass kein auslaufendes Kühlmittel den Motor verschmutzen, und vor allem nicht an den Zahnriemen kommen kann. Falls die gleiche Pumpe wieder verwendet werden soll, die Dichtfläche der Pumpe reinigen. Beim Einbau der Wasserpumpe neue ''O''-Dichtringe verwenden. Die Schrauben der Pumpe mit 12 - 17 Nm anziehen. Alle anderen Arbeiten in umgekehrter Reihenfolge durchführen.

Abschliessend die Kühlanlage wieder auffüllen und auf Leckstellen hin kontrollieren. Die Keilriemenspannung für die Drehstromlichtmaschine und die Wasserpumpe einstellen, wie es in Kapitel 4.3.2 beschrieben ist.

2,0 Liter-Motor

● Kühlanlage entleeren, wie es in Kapitel 4.1 beschrieben ist. Frostschutzmittel auffangen, falls es noch nicht lange in der Anlage ist.

● Wasserschlauch vom Wassereinlassstutzen abschliessen.

● Alle Teile der Steuerung ausbauen, wie es in Kapitel 2.8 für den betreffenden Motor beschrieben ist. Dazu gehört der Keilriemen für die Drehstromlichtmaschine.

● Heizungsrohr abschrauben (Schraube und Muttern).

● Die beiden Muttern des Wasserumleitrohres von der Wasserpumpe an der in Bild 123 gezeigten Stelle lösen.

● Die drei Schrauben der Wasserpumpe in der in Bild 124 gezeigten Reihenfolge lösen und die Pumpe mit dem ''O''-Dichtring und der Dichtung abnehmen. Ebenfalls den ''O''-Dichtring vom Ende des Umleitrohres entfernen.

● Falls erforderlich, den Deckel der Pumpe abschrauben (dies ist das Teil der Pumpe mit dem Wassereinlass, in welchem sich der Thermostat in der Innenseite befindet) und die Dichtung zwischen Deckel und Pumpengehäuse abnehmen.

Der Zusammenbau und Einbau der Pumpe geschieht in umgekehrter Reihenfolge. Eine neue Dichtung zwischen dem Gehäuse und dem Deckel einlegen und die beiden Teile mit den beiden Schrauben zusammenbringen. Schrauben mit 9 Nm anziehen.

Einen neuen ''O''-Dichtring am Umleitrohr der Wasserpumpe und in die Rille des Pumpendeckels einlegen. Eine neue Dichtung auflegen und die Pumpe am Motor ansetzen. Die Schrauben in umgekehrter Reihenfolge zu Bild 124 mit 9 Nm anziehen. Den Steuerriemen einbauen und spannen, wie es beim Einbau des Zylinderkopfes für den 2,0 Liter-Motor beschrieben wurde. Spannung des Keilriemens der Drehstromlichtmaschine einstellen und die Kühlanlage auffüllen.

4.3.2 Reparatur der Wasserpumpe

Technisch gesehen kann die Wasserpumpe eines 1,6 Liter-Motors zwar überholt werden, jedoch werden Spezialwerkzeuge zum Auspressen der Riemenscheibennabe, des Wasserpumpenlagers und des Flügelrades gebraucht. Aus diesem Grund empfehlen wir eine neue Pumpe einzubauen, falls Leckstellen sichtbar sind oder das Lager der Welle fühlt sich beim Durchdrehen der Nabe (1,6 Liter) oder des Antriebsrades (2,0 Liter) rauh an. Das Wasserpumpengehäuse eines 2,0 Liter-Motors kann vom Pumpendeckel abgeschraubt werden. Dies ist zum Beispiel bei Erneuerung der Wasserpumpe durchzuführen. Bei dieser Pumpe die Gelegenheit wahrnehmen den Thermostat aus dem Wassereinlass auszubauen, besonders falls man Schwierigkeiten mit der Kühlanlage hat. Den Thermostat kann man dann kontrollieren (Kapitel 4.4). Bild 126 zeigt ein Montagebild dieser Wasserpumpe woraus auch die Einbaulage des Thermostaten ersichtlich ist.

4.3.3 Keilriemenspannung der Wasserpumpe einstellen (1,6 Liter-Motor)

Je nach eingebauten Aggregaten an der Stirnseite des Motors ist die Verlegung des Keilriemens beim 1,6 Liter und auch beim 2,0 Liter-Motor unterschiedlich. Der Keilriemen muss so gespannt sein, dass sich der Riemen in der Mitte der Laufstrecke zwischen der Kurbelwellenriemenscheibe und der Wasserpumpe um ca. 8,5 - 10 mm durchdrücken lässt, wenn man mit einem Druck von 10 kg auf den Riemen drückt. Der Wert ist unterschiedlich für einen neuen oder gebrauchten Keilriemen. Der angegebene Wert gilt für einen neuen Riemen. Bei einem gebrauchten Riemen reicht es aus, wenn man den Riemen bis zu 10 - 12 mm durchdrücken kann.
Die Spannung der verbleibenden Riemen wird im betreffenden Abschnitt behandelt.
Zum Einstellen die Befestigungsschrauben der Drehstromlichtmaschine und des Stellbügels lockern und die Lichtmaschine mit einem kräftigen Schraubenzieher nach aussen drücken, bis die vorschriftsmässige Spannung zustandekommt. Die Schrauben nach der Einstellung fest anziehen. Das Drehmoment am Stellbügel beträgt 12 - 15 Nm; die Schrauben an der Unterseite auf 20 - 25 Nm anziehen.

4.4 Thermostat

Der Thermostat des 1,6 Liter-Motors befindet sich im Zylinderkopf hinter dem Wassereinlassstutzen, an welchem der obere Wasserschlauch angeschlossen ist. Der Thermostat des 2,0 Liter-Motors ist in der Innenseite des Deckels der Wasserpumpe eingebaut. Bilder 125 und 126 zeigen wo die Thermostaten sitzen.

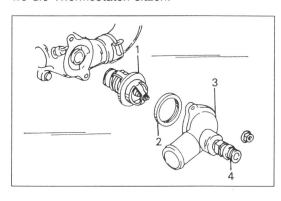

Bild 125
Einbaulage des Thermostaten beim 1,6 Liter-Motor.
1 Thermostat
2 Dichtung
3 Wassereinlassgehäuse
4 Temperaturschalteranschluss

Zum Ausbau die Kühlanlage teilweise entleeren, die beiden Muttern des angeschraubten Stutzens lösen und den oberen Wasserschlauch entfernen. Den Thermostat herausziehen.
Die durchschnittliche Öffnungstemperatur ist in den Thermostat eingestanzt. "82" bedeutet, dass der Thermostat für mitteleuropäische Länder verwendet wird. Eine "88" bedeutet, dass es sich um einen Thermostaten für Nordeuropa handelt. Der Thermostat kann überprüft werden, indem man ihn in einen mit kaltem Wasser gefüllten Behälter an einem Stück Draht festgebunden einhängt. Darauf achten, dass der Thermostat nicht den Boden oder die Seiten des Behälters berüh-

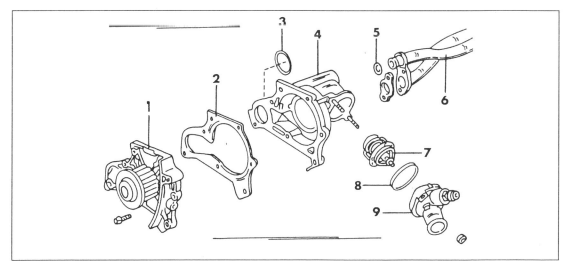

Bild 126
Einzelheiten zum Aus- und Einbau der Wasserpumpe und Lage des Thermostaten beim 2,0 Liter-Motor.
1 Wasserpumpe
2 Dichtung
3 "O"-Dichtring
4 Wasserpumpendeckel
5 "O"-Dichtring
6 Umleitrohr
7 Thermostat
8 Dichtung
9 Wassereinlassgehäuse

Bild 127
Thermostatkontrolle

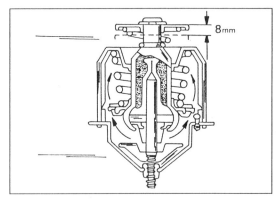

Bild 128
Nachdem der Thermostat geöffnet hat, muss der Stift um 8 mm herausgetreten sein (Mass zwischen den Pfeilen).

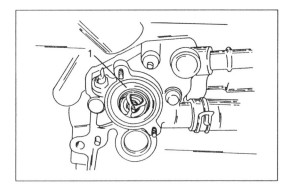

Bild 129
Die Lage des Stiftes (1) im Thermostat nach dem Einbau, gezeigt beim 1,6 Liter-Motor. Beim 2,0 Liter-Motor sieht es ähnlich aus.

ren kann. Ein Thermometer in ähnlicher Weise einhängen (siehe Bild 127). Das Wasser allmählich erhitzen und kontrollieren, bei welcher Temperatur der Thermostat zu öffnen beginnt. Dies sollte bei ca. 80 - 84° C stattfinden. Der Thermostat sollte bei einer Temperatur von 95° C vollkommen geöffnet sein. Das Thermostatventil muss sich dabei vom Thermostat abgehoben haben, wie es in Bild 128 gezeigt ist. Diese Messung ist äusserst wichtig, da sie die reibungslose Umwälzung des Kühlmittels beeinflusst.

Beim Einbau des Thermostats beide Seiten einer neuen Dichtung mit Dichtungsmasse einschmieren. Der Stift im Thermostat muss an der Oberseite liegen und in die Aussparung in der Innenseite des Stutzens eingreifen, wie es aus Bild 129 ersichtlich ist, d.h. der Stift muss an der Oberseite liegen, nachdem der Thermostat in die Öffnung eingesetzt wurde.

Den Kühlmittelstand berichtigen oder vollkommen füllen und die Anlage auf Leckstellen hin überprüfen.

4.5 Kühlungsventilator

4.5.1 Ventilatorfunktion überprüfen

Falls der Kühlungsventilator nicht ein- oder ausschaltet, kann der Fehler entweder im Relais oder Thermoschalter liegen. Als erstes die Leitungsverbindungen auf Unterbrechung und lose Anschlüsse kontrollieren. Falls es sich nicht um eine einfache Erneuerung von Schalter oder Relais handelt, empfehlen wir, dass man die gesamte Anlage in einer Werkstatt überprüfen lässt, da einige Prüfungen erforderlich sind.

Die Arbeitsweise des Temperaturschalters kann man jedoch kurz folgendermassen kontrollieren:

● Verbindungsstecker des Temperaturschalters von der Anschlussklemme abschliessen. Bei beiden Motoren befindet sich der Stecker am Wassereinlassgehäuse (4 in Bild 125 beim 1,6 Liter-Motor, 9 in Bild 126 beim 2,0 Liter-Motor).

● Zündung einschalten und kontrollieren, dass der Ventilator läuft. Dies ist ein Beweis, dass das Relais in Ordnung ist. Andernfalls das Ventilatorrelais, den Ventilatormotor oder das Hauptrelais untersuchen.

● Motor anlassen und auf eine Temperatur von mehr als ca. 88° C bringen (Thermometer in den Kühlereinfüllstutzen einsetzen — Deckel erst nach Abblasen des Dampfes abnehmen). Die Temperatur darf während der folgenden Prüfung nicht unter 78° C absinken.

● Zündung einschalten.

● Kontrollieren, dass sich der Ventilator dreht.

● Warten bis sich das Kühlmittel auf unter 78° C abgekühlt hat und kontrollieren, ob der Ventilator abstellt. Falls dies nicht der Fall ist, den Temperaturschalter erneuern.

● Falls der Ventilator weiterhin seine Funktion nicht erfüllt, sollte man sich an eine Werkstatt wenden.

4.5.2 Ventilator aus- und einbauen

● Kühlanlage ablassen (Kapitel 4.1).
● Batterie abklemmen.
● Steckverbinder des Temperaturschalters auseinanderziehen. Um den Schalter zu finden, folgt man dem Kabelstrang in der Nähe des Ventilators.
● Ventilatorverkleidung abschrauben und die Verkleidung zusammen mit dem Ventilator herausheben.
● Ventilatormotor von der Verkleidung abschrauben und den Ventilatorflügel nach Lösen der Mutter von der Motorwelle abziehen.

Der Einbau geschieht in umgekehrter Reihenfolge wie der Ausbau. Batterie nach Einbau wieder anklemmen.

5 Die Kraftstoffanlage — Vergaser

Der 1,6 Liter-4AF-F-Motor arbeitet entweder mit einem mechanisch arbeitenden Zweistufen-Registervergaser und oder ist mit einem ähnlichen Vergaser versehen, welcher jedoch elektronisch gesteuert wird. Bei der folgenden Beschreibung beziehen wir uns auf den mechanischen Vergaser, welcher am Anfang der in dieser Anleitung behandelten Baujahre eingebaut wurde. Arbeiten am elektronisch gesteuerten Vergaser sollten, ausser dem Aus- und Einbau vermieden werden. Je nach Zulassungsland liegen auch Unterschiede innerhalb der Vergasereinbauten vor.

5.1 Vergaser — Alle Motoren

5.1.1 Aus- und Einbau

Beim Ausbau des Vergasers bei eingebautem Motor darauf achten, dass keine Fremdkörper in die Öffnung des Ansaugkrümmers fallen. Um nur die Schwimmerkammer zu öffnen, braucht man nicht den gesamten Vergaser auszubauen.
● Luftfilter abmontieren. Dazu den Luftansaugschlauch abmontieren, die Schläuche der Abgasregulierung abschliessen, die Befestigungsschrauben des Filters lösen und die Flügelmutter abschrauben. Den Luftfilter herunterheben und sofort einen Lappen auf die Ansaugöffnung auflegen.
● Alle am Vergaser angeschlossenen Stecker trennen.
● Kraftstoffleitung vom Vergaser abschrauben.
● Schläuche der Abgasregulierung abschliessen (wo vorhanden), nachdem sie alle mit einem Anhänger zwecks Kennzeichnung versehen wurden.
● Unterdruckschlauch des Zündverteilers vom Vergaser abziehen.
● Gasbetätigungszug abschliessen und bei eingebauter Getriebeautomatik ebenfalls das Drosselklappenseil abschliessen.
● Schlauch von der Startvorrichtungs-Unterdruckdose und vom Drosselklappendämpfer abziehen.
● Den Steckverbinder für das Leerlaufabsperrventil trennen, die Vergasermuttern lösen und den Vergaser herunterheben.
● Einen Lappen auf die Ansaugöffnung des Krümmers legen oder die Motorhaube schliessen, damit nichts in den Motor fallen kann.
Der Einbau des Vergasers geschieht in umgekehrter Reihenfolge wie der Ausbau. Den Leerlauf nach dem Einbau kontrollieren.

5.1.2 Vergaser überholen

Zur Zerlegung des Vergasers sollte der Spezial-Schlüsselsatz (09860-11011) zur Verfügung stehen, um alle Teile des Vergasers ohne Beschädigung auszubauen. Alle Teile entsprechend der Ausbaureihenfolge auf einer mit Papier abgedeckten Werkbank ablegen. Die Teile nach dem Ausbau in sauberem Kraftstoff reinigen und, falls möglich, mit Pressluft trockenblasen. Beim Zusammenbau alle Dichtungen und Dichtringe erneuern. Falls möglich, einen Reparatursatz für den Vergaser beziehen. Die Zerlegung und der Zusammenbau des Vergasers sind verhältnismässig einfach und sobald man den Vergaser auf der Werkbank hat, wird man schnell feststellen wie er zerlegt werden kann. Wichtiger sind vielleicht bestimmte Einstellungen, welche untenstehend beschrieben sind.

5.2 Vergasereinstellungen

Schwimmerstand
Der Schwimmerstand muss im angehobenen Zustand und im gesenkten Zustand kontrolliert werden. Zur ersten Prüfung kann ein Stück Stahlstab benutzt werden. Zur zweiten Prüfung eine Fühlerlehre von 1,67 - 1,99 mm verwenden. Folgendermassen vorgehen:
● Vergaser umkehren, damit der Schwimmer flach aufliegen kann und den Abstand zwischen der Unterkante des Schwimmers und der Vergaserdeckelfläche ausmessen. Einen Stahlstab (z.B. Spiralbohrerschaft) von 7,2 mm benutzen und den Stahlstab in den Spalt einschieben, wie es aus Bild 130 ersichtlich ist. Die Deckeldichtung

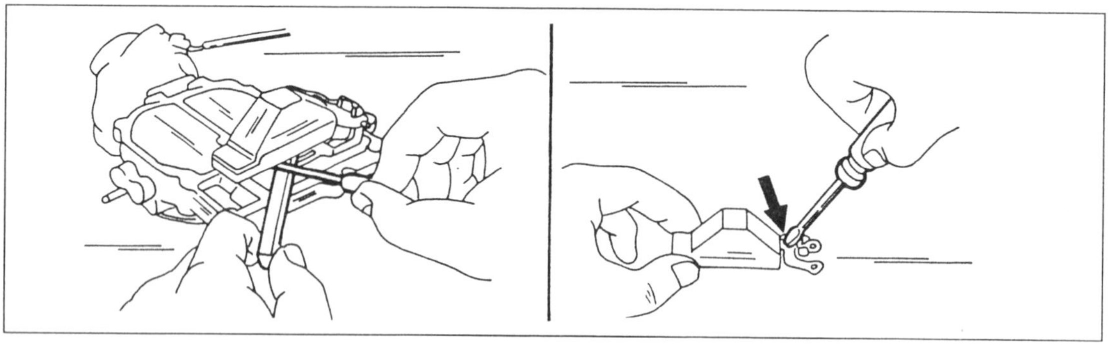

Bild 130
Zur Einstellung des Schwimmerstandes im angehobenen Zustand, d.h. er liegt auf dem Deckel auf. Zur Einstellung die Zunge im rechten Bild verbiegen.

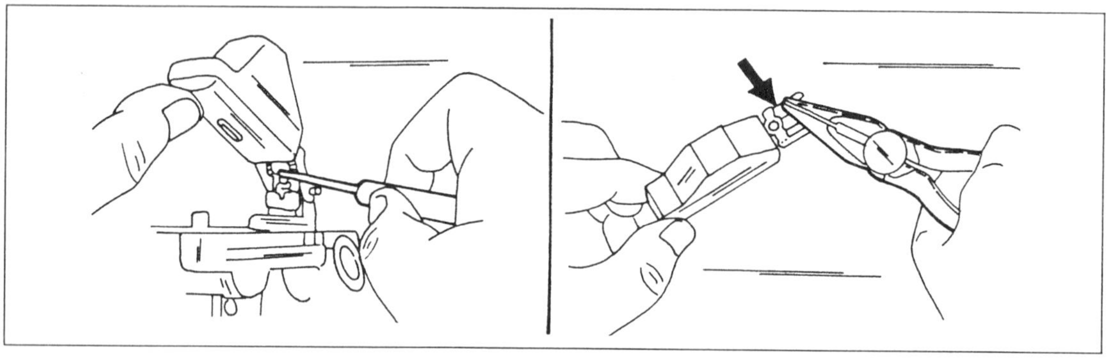

Bild 131
Zur Einstellung des Schwimmerstandes im gesenkten Zustand, d.h. er wird vom Deckel abgehoben. Zur Einstellung die Zunge im rechten Bild verbiegen.

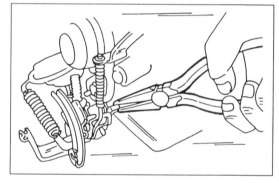

Bild 132
Verbiegen der Anschlagzunge zum Einstellen der Drosselklappenöffnung für die erste Stufe.

Bild 133
Verbiegen der Anschlagzunge zum Einstellen der Drosselklappe der zweiten Stufe.

darf nicht aufgelegt sein. Falls erforderlich, die Zunge in Bild 130 verbiegen, um die Einstellung zu korrigieren. Den Schwimmerstand nochmals nachprüfen. Der Stahlstab sollte soeben hineinrutschen und den Schwimmer auf einer Seite und die Deckelfläche auf der anderen Seite berühren.

● Zur zweiten Prüfung den Schwimmer wie in Bild 131 gezeigt halten und die oben erwähnte Fühlerlehre zwischen den Stift der Schwimmernadel und der Lippe am Schwimmer einschieben, wie es im Bild gezeigt ist. Falls erforderlich, die Zunge in Bild 133 verbiegen, um den Schwimmerstand zu berichtigen. Nach dieser Einstellung die erste Einstellung nochmals nachprüfen.

Öffnung der Drosselklappe

● Zuerst die Leerlaufeinstellschraube im Unterteil des Vergasers zusammen mit der Feder einschrauben. Schraube hineindrehen, bis sie soeben anstösst und aus dieser Stellung um 3 Umdrehungen herausschrauben.

● Vergaser mit dem Flansch nach oben weisend aufsetzen und die Drosselklappe der ersten Stufe öffnen, indem man den Hebel nach links dreht. Kontrollieren, dass die Drosselklappe genau im rechten Winkel zur Bohrung steht.

● Falls dies nicht der Fall ist, die Anschlagzunge des Drosselklappenhebels verbiegen, wie es Bild 132 zeigt.

● Drosselklappe der ersten Stufe vollkommen öffnen und mit der anderen Hand den Drosselklappenhebel der zweiten Stufe nach links drücken. Kontrollieren, dass die Drosselklappe der zweiten Stufe einen Winkel von 80° bildet. Falls die Drosselklappe der zweiten Stufe nicht richtig steht, mit einer Zange den kleinen Anschlag am Drosselklappenhebel der zweiten Stufe vorsichtig verbiegen, wie es in Bild 133 gezeigt ist.

Schnelleerlauf

Zum Einstellen des Schnelleerlaufs ist ein Drehzahlmesser erforderlich, welchen man entsprechend den Anweisungen des Herstellers anschliessen muss.

- Motor warmlaufen lassen und wieder abstellen.
- Luftfilter ausbauen.
- Die Schlauchanschlüsse des Warmluftanschlusses zustopfen. Ist ein Katalysator eingebaut, muss man die Abgasrückführungsanlage ausser Betrieb setzen. Bei diesen Ausführungen ist ein Thermostat-Unterdruckschaltventil eingebaut, an welchem vier nach oben weisende Schläuche angeschlossen sind. Der zweite Schlauch von aussen muss abgeschlossen werden; der Anschluss am Ventil ist in geeigneter Weise zu verschliessen.
- Die Drosselklappe in leicht geöffneter Stellung halten, den Schnelleerlaufnocken nach oben ziehen und die Drosselklappe loslassen, während der Nocken gehalten wird.
- Motor wieder anlassen, ohne das Gaspedal zu berühren (oder den Drosselklappenhebel) und den beschleunigten Leerlauf am Drehzahlmesser ablesen. Falls dieser nicht innerhalb 3000 ± 200/min. liegt, die Einstellschraube (1) in Bild 134 verstellen, bis die Anzeige stimmt. Der Kühlungsventilator darf während der Einstellung nicht laufen.

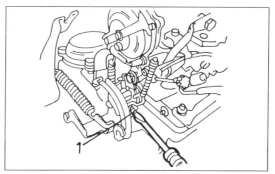

Bild 134
Einstellen des beschleunigten Leerlaufs.

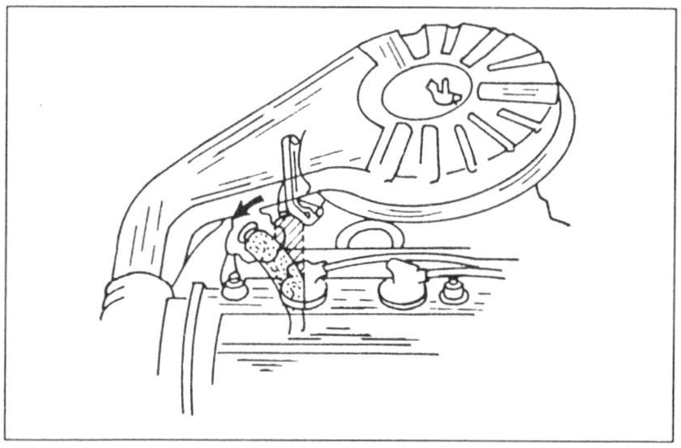

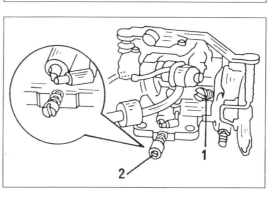

Bild 135
Unterdruckschlauch der Luftansauganlage abschliessen und mit einer Schraube verschliessen (Fahrzeug mit Katalysator).

Leerlaufeinstellung
- Zuerst die Luftklappe auf leichte Bewegung kontrollieren.
- Leerlaufgemischeinstellschraube in der Seite des Drosselklappengehäuses vollkommen hineinschrauben, ohne sie zu übermässig anzuziehen und aus dieser Stellung um 3 Umdrehungen herausdrehen.

Bild 136
Die Lage der Leerlaufeinstellschraube (1) und der Leerlaufgemischregulierschraube (2).

Hinweis: Ein Spezialschlüssel ist zum Verstellen der Leerlaufgemischregulierschraube erforderlich. Der Schlüssel drückt die Schutzkappe nach unten und die Schraube kann danach verstellt werden. Unter normalen Bedingungen sollte es ausreichen, wenn man den Leerlauf an der Drosselklappenanschlagschraube verstellt.

Der Leerlauf muss unter den folgenden Bedingungen eingestellt werden:
- Den Schlauch vom Luftfilter abziehen und das Schlauchende in geeigneter Weise verschliessen (Schraube einsetzen).
- Der Luftfilter muss aufgesetzt sein.
- Bei einem Fahrzeug mit Katalysator den in Bild 135 gezeigten Unterdruckschlauch abziehen und mit einer Schraube verschliessen.
- Der Motor muss seine normale Betriebstemperatur haben.
- Die Starterluftklappe muss vollkommen geöffnet sein.
- Alle Stromverbraucher müssen ausgeschaltet sein. Auch der Ventilator darf nicht laufen.
- Alle Unterdruckleitungen müssen angeschlossen sein.
- Automatisches Getriebe muss in Stellung "N" geschaltet sein.
- Die Zündung muss einwandfrei eingestellt sein.
- Die Schwimmerkammer muss mit Kraftstoff gefüllt sein (der Motor muss vorher in Betrieb gewesen sein).
- Ein Drehzahlmesser muss entsprechend den Anweisungen des Herstellers angeschlossen werden.

Bei der eigentlichen Einstellung folgendermassen vorgehen:
- Motor warmlaufen lassen.
- Schraube (1) in Bild 136 verstellen, bis der Motor mit den folgenden Drehzahlen läuft:

Mit Schaltgetriebe	800/min
Mit Getriebeautomatik	900/min

- Motor kurz beschleunigen und den Leerlauf erneut kontrollieren. Falls erforderlich, weitere

Einstellungen durchführen.
- CO-Anteil der Auspuffgase mit einem CO-Messer kontrollieren. Dazu Motor 30 Sekunden lang mit 2000 /min. laufen lassen, 1 Minute warten und die Anzeige ablesen. Diese Arbeit muss innerhalb 3 Minuten beendet sein.
- Falls der CO-Anteil nicht innerhalb 1,0 - 2,0% bei einem Fahrzeug ohne Katalysator oder 0 - 0,5 % bei eingebautem Katalysator liegt, die Gemischregulierschraube (2) in Bild 136 Stück für Stück verstellen, bis die Anzeige stimmt.

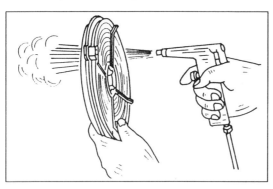

Bild 137
Ausblasen des Luftfiltereinsatzes in der gezeigten Richtung.

Falls kein CO-Messer zur Verfügung steht, die Leerlaufgemischregulierschraube verstellen bis der Motor mit der höchsten Drehzahl läuft und danach die Leerlaufeinstellschraube verdrehen, bis der Motor mit der folgenden Drehzahl läuft:

Mit Schaltgetriebe 860/min
Mit Getriebeautomatik 960/min

Sobald dies der Fall ist, die *Leerlaufgemischregulierschraube* hineinschrauben, bis der Motor mit der normalen Leerlaufdrehzahl läuft.

5.3 Kraftstoffpumpe

5.3.1 Aus- und Einbau

- Schlauch und Leitung von der Pumpe abschliessen.
- Muttern der Pumpe lösen.
- Pumpe mit dem Zwischenflansch und den Dichtungen vom Zylinderkopf abnehmen.

Der Einbau der Kraftstoffpumpe geschieht in umgekehrter Reihenfolge wie der Ausbau. Dichtungen, falls erforderlich, erneuern.

5.3.2 Reparatur der Pumpe

Die Kraftstoffpumpe kann nicht repariert werden und ist im Schadensfalle zu erneuern.

5.4 Luftfilter

Der Luftfilter sollte alle 30 000 km erneuert werden, wenn das Fahrzeug unter sauberen Betriebsbedingungen gefahren wird. Eine häufigere Erneuerung ist unter staubigen Bedingungen erforderlich.

Der Filtereinsatz kann bis zu einem gewissen Ausmass gereinigt werden, indem man mit einem Luftschlauch von innen nach aussen durchbläst (Bild 137). Dadurch wird jedoch nur die äussere Staubschicht entfernt und der Einsatz muss zu einem späteren Zeitpunkt doch erneuert werden. Auf keinen Fall den Einsatz in irgendwelchen Flüssigkeiten reinigen.

5.5 Abgasregulierung — Positive Belüftung

Durch diese Anlage werden die Blow-by-Gase durch den Ansaugkrümmer und den Luftfilter zurückgeführt. Ein Ventil ist in die Anlage eingesetzt, um die Gase aus dem Kurbelgehäuse wieder in den Ansaugkrümmer zurückzuführen.

Die zur Belüftung erforderliche Luft wird durch den Vergaserluftfilter angesaugt und durch den Schlauch zwischen Luftfilter und Zylinderkopfhaube in die Oberseite des Zylinderkopfes und von da in das Kurbelgehäuse geleitet.

Bei Vollast reicht der Unterdruck im Ansaugkrümmer aus, die Blow-by-Gase durch das Ventil und den Schlauch wieder in umgekehrter Richtung abzusaugen.

Um die einwandfreie Arbeitsweise der Belüftung zu gewährleisten, sollten die folgenden Arbeiten alle 20 000 km durchgeführt werden:

- Motor im Leerlauf laufen lassen und den Schlauch vom Ventil abziehen. Falls das Ventil einwandfrei arbeitet, wird ein Luftgeräusch vernommen werden, wenn die Luft durchströmt. Legt man einen Finger über die Ventilöffnung, kann man den Unterschied fühlen.

6 Einspritzanlage — 4A-FE- und 3S-FE-Motor

6.1 Kurze Beschreibung

Die Kraftstoffeinspitzanlage setzt sich aus drei Hauptgruppen zusammen, dem Kraftstoffteil, dem Luftansaugteil und den elektronischen Steuerorganen. Bestimmte Unterschiede sind in der Anlage der beiden in Frage kommenden Motoren vorhanden.

Eine elektrische Kraftstoffpumpe liefert genügend Kraftstoff unter einem konstanten Druck zu den Einspritzventilen. Diese Ventile spritzen in Abhängigkeit von den Signalen des elektronischen Steuergeräts eine genau dosierte Menge Kraftstoff in den Ansaugkrümmer ein. Der Kraftstoff wird gleichzeitig von jeder Einspritzdüse eingespritzt. Bei niedriger Drehzahl findet dies einmal bei jeder Umdrehung statt, bei hoher Drehzahl (über 6000/min) einmal bei jeder zweiten Umdrehung. Die Luftansauganlage liefert genügend Ansaugluft unter allen Bedingungen.

Das elektronische Steuersystem steuert mit einem Computer die folgenden Funktionen:

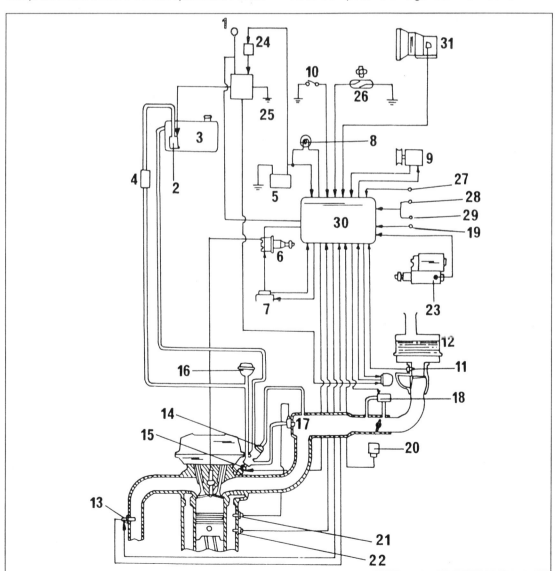

Bild 138
Elektrisches und Kraftstoff-Diagramm der Kraftstoffeinspritzanlage bei einem 2,0 Liter-Motor.
1 Zündschalter
2 Kraftstoffpumpe
3 Kraftstofftank
4 Kraftstoffilter
5 Batterie
6 Zündverteiler
7 Zündspule
8 "Check"-Warnleuchte
9 Kompressor, Klimaanlage
10 Prüfsteckdose, (T - E1)
11 Temperaturfühler, Ansaugluft
12 Luftfilter
13 Lambda-Sonde
14 Kraftstoffdruckregler
15 Einspritzdüse
16 Pulsierdämpfer
17 Kaltstartventil
18 Unterdruckschaltventil für Leerlaufregulierung
19 Kraftstoff-Steuerschalter
20 Fühler, Drosselklappenstellung
21 Zeitschalter für Kaltstartventil
22 Wassertemperaturschalter
23 Anlasser
24 Hauptrelais
25 Öffnungsrelais für elektrischen Stromkreis
26 Fühler für Fahrgeschwindigkeit
27 Zum Bremslichtschalter
28 Scheinwerferschalter
29 Schalter der beheizten Heckscheibe
30 Elektronisches Steuergerät
31 Leergangschalter am Getriebe

1. Die elektronische Kraftstoffeinspritzung. Das Steuergerät erhält Signale von den verschiedenen Fühlern, welche Daten über die Betriebsbedingungen zuführen, darunter den Druck im Ansaugkrümmer, die Temperatur der Ansaugluft, die Temperatur des Kühlmittels, die Drehzahl des Motors und Beschleunigung oder Abbremsung des Motors. Diese Daten werden im Computer verwertet, um die genaue Einspritzzeit für ein optimales Kraftstoff/Luftgemisch herzustellen.
2. Die elektronische Zündungsverstellung. Das Steuergerät ist mit Daten für den besten Zündzeitpunkt unter allen Betriebsbedingungen programmiert. Durch die verschiedenen, bereits oben angegebenen Fühler wird der Zündfunken im richtigen Moment an die Zündkerze gegeben.
3. Diagnose Funktion. Das Steuergerät bemerkt jegliche Fehler und Störungen in der Anlage und erleuchtet eine Warnleuchte in der Instrumententafel. Gleichzeitig wird die Störung durch den Computer herausgefunden. Ihre Vertragswerkstatt ist dadurch sofort in der Lage den Fehler ohne langes Suchen festzustellen.
4. Ausfallüberwachung. Im Fall, dass der Computer ausfällt, übernimmt ein Reserveschaltkreis die einzelnen Funktionen, um das Fahrzeug bis zur nächsten Werkstatt zu fahren. Die Warnleuchte in der Instrumententafel leuchtet dabei auf.

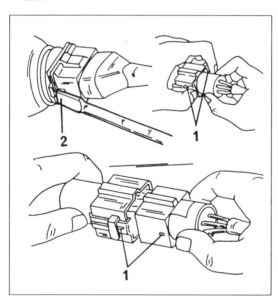

Bild 139
Beim Trennen von Steckverbindern die Sicherungsfeder (2) wie oben gezeigt anheben und auseinanderziehen. Beim Zusammenschieben muss die Sicherung (1) einwandfrei eingreifen.

Bild 138 zeigt ein Schema der Anlage bei einem 2,0 Liter-System, mit der Lage und der Verbindung der einzelnen Teile. Das Bild zeigt eine mit einem Katalysator arbeitende Anlage, wie sie bei den meisten in dieser Anleitung behandelten Fahrzeugen eingebaut sein wird. Ähnliche Teile werden beim 1,6 Liter-Motor mit eingebautem Katalysator verwendet.

6.2 Vorsichtsmassnahmen bei Arbeiten an der Kraftstoffeinspritzanlage

Die folgenden Vorsichtsmassnahmen sind zu treffen wenn irgendwelche Arbeiten durchgeführt werden, welche die Einspritzanlage beeinflussen könnten:

● Vor Arbeiten an der Anlage die Batterie immer abklemmen.
● Nicht in der Nähe des Motorraums rauchen oder mit offenen Flammen arbeiten.
● Kraftstoff von Gummi- oder Lederteilen fernhalten.
● Nur die Batterie zum Anschliessen von Blitzlichtlampen, Drehzahlmesser, usw. benutzen.
● Beim Reinigen des Motorraums nicht mit Wasser auf die Teile der Einspritzanlage spritzen.
● Ehe irgendwelche Stecker von den elektrischen Teilen der Anlage abgezogen werden entweder die Zündung ausschalten oder noch besser die Batterie abklemmen.
● Beim Einbau einer Batterie unbedingt darauf achten, dass die Polarität nicht verwechselt wird.
● Während dem Ausbau von Teilen (wir raten, dass man dies in einer Toyota-Werkstatt durchführen lässt) alle Komponenten, besonders das Steuergerät, mit der grössten Vorsicht behandeln.
● Alle Teile müssen als ganze Einheit erneuert werden.
● Beim Abziehen von Steckern die Sicherung öffnen, wie es auf der linken Seite von Bild 139 gezeigt ist und danach den Stecker wie auf der rechten Seite gezeigt abziehen. Beim Aufstecken die beiden Teile zusammenbringen, bis die Sicherungsfeder einschnappt.
● Beim Abschliessen einer Kraftstoffleitung einen Behälter unter den Anschluss halten. Die Überwurfmutter langsam lösen und die Leitung vorsichtig herausziehen. Offene Leitungen in geeigneter Weise zustopfen, um das Eindringen von Schmutz zu vermeiden. Beim Anschrauben die Überwurfmuttern oder Hohlschrauben zuerst mit den Fingern anziehen und danach mit einem Anzugsdrehmoment von 32 - 44 Nm anziehen. Die Dichtringe (falls verwendet) müssen immer erneuert werden.
● Falls Einspritzventile ausgebaut wurden, müssen die "O"-Dichtringe immer erneuert werden. Die Dichtringe mit Kraftstoff einschmieren, niemals mit Motoröl.

6.3 Leerlauf- und CO-Anteil-Einstellung

Der Leerlauf kann nur bei Fahrzeugen ohne Katalysator eingestellt werden. In den meisten

Fällen ist es nur erforderlich den Leerlauf einzustellen, ohne dass man den CO-Anteil verändern muss. Ist das letztere der Fall muss man unbedingt einen CO-Messer zur Verfügung haben. Bei eingebautem Katalysator wird der CO-Anteil elektrisch gesteuert und nur eine Toyota-Werkstatt sollte die Einstellung durchführen. Die folgenden Voraussetzungen müssen zum Einstellen des Leerlaufs gegeben sein:
- Der Luftfilter muss eingebaut sein.
- Der Motor muss seine normale Betriebstemperatur haben.
- Alle Leitungen und Schläuche der Kraftstoffanlage müssen angeschlossen sein.
- Alle Stromverbraucher müssen ausgeschaltet sein.
- Alle Unterdruckschläuche müssen vorschriftsmässig angeschlossen sein.
- Alle Stecker der Kraftstoffeinspritzanlage müssen vorschriftsmässig aufgesteckt sein.
- Der Zündzeitpunkt muss stimmen.
- Das Getriebe muss in Leergang geschaltet sein.

Bei der Einstellung folgendermassen vorgehen:
- Einen Drehzahlmesser entsprechend den Anweisungen des Herstellers anschliessen.
- Motor auf Betriebstemperatur bringen.
- Das einwandfreie Schliessen des Luftventils spielt eine wichtige Rolle beim Leerlauf und das Ventil sollte vorher kontrolliert werden, falls der Motor schlecht im Leerlauf läuft. Dazu folgende Arbeiten durchführen:
— Den Luftfilterschlauch vom Drosselklappengehäuse abschliessen.
— Motor anlassen und mit einem Finger, wie in Bild 140 gezeigt, den Luftventilkanal verschliessen. Die Drehzahl darf nicht um mehr als 100/min. abfallen. Andernfalls das Ventil erneuern.
— Den Luftfilterschlauch wieder aufstecken.
- Motor wieder anlassen und den Leerlauf ablesen. Dieser sollte innerhalb 800 ± 50/min bei einem 1,6 Liter-Motor oder 700 ± 50/min bei einem 2,0 Liter-Motor liegen. Andernfalls die Einstellschraube im Drosselklappengehäuse verstellen. Bei einem 1,6 Liter-Motor liegt sie an der in Bild 141 gezeigten Stelle; bei einem 2,0 Liter-Motor an der in Bild 142 gezeigten Stelle.

Die Einstellung des CO-Anteils gilt nur für Modelle mit 1,6 Liter-Motor ohne Katalysator:
- Einen CO-Messer entsprechend den Anweisungen des Herstellers anschliessen, den Motor anlassen und ihn ca. 90 Sekunden mit einer Drehzahl von 2500/min. laufen lassen.
- Die Messonde des CO-Messers mindestens 60 cm in das Auspuffrohr einschieben und die Anzeige 1 bis 3 Minuten nach Beschleunigen des Motors ablesen. Die Anzeige sollte 1,5 ±0,5% betragen.

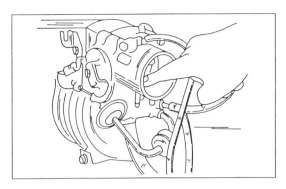

Bild 140
Verschliessen des Luftventilkanals im Drosselklappengehäuse.

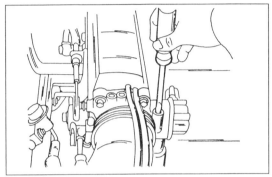

Bild 141
Verstellen der Leerlaufdrehzahl bei der Einspritzanlage eines 1,6 Liter-Motors.

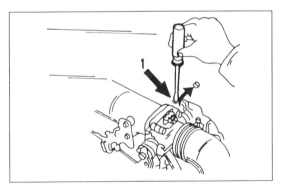

Bild 142
Verstellen der Leerlaufdrehzahl bei der Einspritzanlage eines 2,0 Liter-Motors (ohne Katalysator). Verstellt wird die Schraube (1).

Bild 143
Verstellen des CO-Anteils am veränderlichen Widerstand (1,6 Liter-Motor).

- Falls die Anzeige nicht stimmt, den Gummistopfen in Bild 143 herausziehen (ausser bei Fahrzeugen mit Katalysator) und das Leerlaufgemisch einstellen, indem man die Schraube im veränderlichen Widerstand verstellt. Die Schraube lässt sich nur um ca. ¾ Umdrehung verstellen. Der Motor sollte jetzt einwandfrei im Leerlauf laufen. Andernfalls liegen weitere Fehler vor.
- Leerlauf nochmals ablesen und ggf. korrigieren. In diesem Fall ebenfalls den CO-Anteil berichtigen.

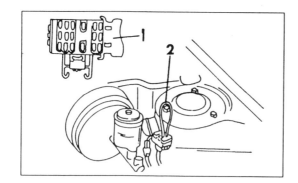

Bild 144
Einen Überbrückungsdraht (2) in die beiden gezeigten Klemmen der Prüfdose (1) einsetzen.

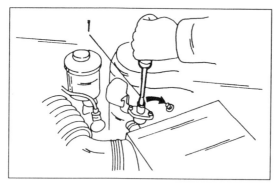

Bild 145
Die Einstellschraube (1) zum Einstellen des CO-Anteils bei einem 2,0 Liter-Motor ohne Katalysator verstellen.

Die folgenden Anweisungen gelten nur für ein Fahrzeug mit 2,0 Liter-Motor ohne Katalysator:

- Einen CO-Messer entsprechend den Anweisungen des Herstellers anschliessen.
- Mit einem Überbrückungsdraht die beiden Klemmen "T" und "E1" in der Innenseite der an der in Bild 144 gezeigten Stelle angebrachten kleinen Dose verbinden.
- Motor anlassen und ihn ca. 90 Sekunden lang mit einer Drehzahl von 2500/min laufen lassen.
- Die Messonde des CO-Messers mindestens 40 cm in das Auspuffrohr einschieben und die Anzeige 1 bis 3 Minuten nach Beschleunigung des Motors ablesen. Die Anzeige sollte 1,5 ± 0,5 % betragen.
- Falls die Anzeige nicht stimmt, den Gummistopfen in Bild 145 herausziehen und das Leerlaufgemisch einstellen, indem man die Schraube im veränderlichen Widerstand verstellt. Die Schraube lässt sich nur um ca. ¾ Umdrehung verstellen. Der Motor sollte jetzt einwandfrei im Leerlauf laufen. Andernfalls liegen weitere Fehler vor.
- Leerlauf nochmals kontrollieren und falls erforderlich etwaige Nachstellungen vornehmen. Falls man damit keinen Erfolg hat, muss man sich an eine Toyota-Werkstatt wenden, die in der Lage ist die gesamte Anlage zu überprüfen.

7 Die Zündanlage

Der Zündverteiler beider Motoren wird von der Nockenwelle aus angetrieben. Ein Antriebsschlitz ist in eine der Nockenwellen eingearbeitet und die Verteilerwelle ist mit einem Mitnehmer versehen, welcher in diesen Schlitz eingreift. Beim 1,6 Liter-Motor wird der Verteiler durch die Auslassnockenwelle angetrieben, beim 2,0 Liter-Motor dagegen durch die Einlassnockenwelle. Der Verteiler sitzt an der Rückseite des Zylinderkopfes.

Die Zündanlage selbst ist ebenfalls von unterschiedlicher Arbeitsweise. Sie kann entweder im Zusammenhang mit dem elektronischen Steuergerät der Zündanlage arbeiten oder ein herkömmliches, wie bei früheren Toyota-Modellen eingebautes System wird verwendet. Bilder 146 und 147 zeigen die Stromkreise der beiden Zündanlagen.

7.1 Zündverteiler

7.1.1 Wartung des Zündverteilers

Der Verteilerdeckel ist innen und aussen in regelmässigen Abständen zu reinigen, um Kohlereste, Staub oder Feuchtigkeit zu entfernen. Verteilerläufer ebenfalls reinigen. Zum Reinigen einen in Benzin angefeuchteten Lappen verwenden. Beim Reinigen gleichzeitig den Verteilerdeckel auf Rissstellen kontrollieren. Den Verteilerläufer erneuern, wenn die Kontakte sehr abgeschliffen sind. Die Messingkontakte dürfen auf keinen Fall nachgefeilt oder nachgeschliffen werden.

Bei abgenommenem Verteilerdeckel zwei oder drei Tropfen Öl in die Innenseite der Verteilerwelle träufeln, um die Verteilerlager zu schmieren.

Die Aussenflächen aller Hochspannungskabel sauber und frei von Feuchtigkeit halten, um eine einwandfreie Stromführung durch die Zündanlage zu garantieren. Gelegentlich alle Leitungen aus dem Zündverteiler ziehen, die Anschlussenden reinigen und kontrollieren. Die Leitungen dürfen nicht verkürzt werden, um schlechte Anschlussenden zu berichtigen. Leitungen immer erneuern.

7.1.2 Aus- und Einbau des Zündverteilers

Wenn der Verteiler aus dem Motor ausgebaut wird, muss er wieder in der gleichen Stellung eingebaut werden, um die Zündeinstellung beizuhalten. Alle Teile aus diesem Grund in geeigneter Weise kennzeichnen und, ohne den Motor durchzudrehen, den Zündverteiler wieder so einsetzen, dass der Mitnehmer in der gleichen Stellung in Eingriff kommt. Folgende Arbeiten durchführen:

- Batterie abklemmen.
- Die Zündkabel vom Verteilerdeckel abziehen,

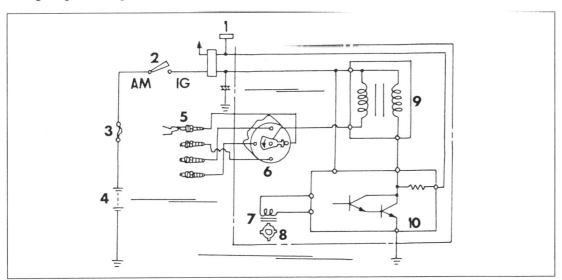

Bild 146
Zündstromkreis beim 4A-F-Motor.
1 Anschlussklemme
2 Zündschalter
3 Schmelzsicherung, 30A
4 Batterie
5 Zündkerzen
6 Verteilerdeckel und Verteilerläufer
7 Spulenwicklung
8 Signalgeber
9 Zündspule
10 Zündfunkengenerator

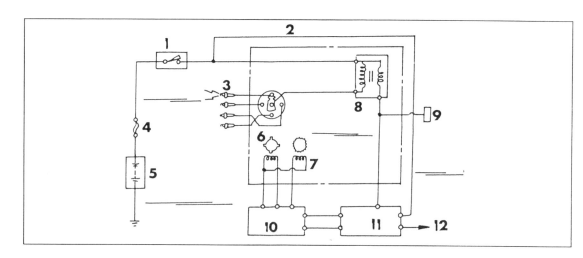

Bild 147
Zündstromkreis beim 3F-SE-Motor.
1 Zündschalter
2 Zündverteiler
3 Zündkerzen
4 Schmelzsicherung, 30 A
5 Batterie
6 Signalgenerator
7 Spulenwicklung
8 Zündspule
9 Anschlussklemme
10 Elektronisches Steuergerät
11 Zündfunkengenerator
12 Zum Drehzahlmesser

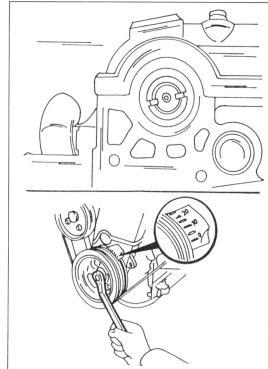

Bild 148
Stellung des Mitnehmers an der Nockenwelle in der Innenseite des Zylinderblocks bei einem 1,6 Liter-Motor. Die Kurbelwelle wird durchgedreht, bis die Kerbe mit der "0"-Marke ausgerichtet ist.

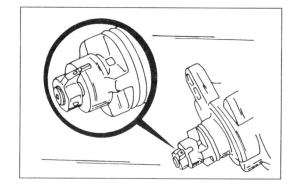

Bild 149
Stellung des Mitnehmers an der Nockenwelle in der Innenseite des Zylinderblocks bei einem 2,0 Liter-Motor. Die Kurbelwelle wird durchgedreht, bis die Kerbe mit der "0"-Marke ausgerichtet ist.

oder den Verteilerdeckel vom Zündverteiler abschrauben. Besser ist es den Deckel abzuschrauben, ohne die Kerzenkabel davon abzuklemmen.
● Den Kabelstecker an der Seite des Zündverteilers abziehen; bei einem Vergasermotor den Unterdruckschlauch abziehen.

● Motor durchdrehen, bis der Kolben des ersten Zylinders auf dem oberen Totpunkt des Verdichtungshubes steht und die Stellung der Läuferspitze mit einer Reissnadel in der Aussenkante des Verteilergehäuses anzeichnen.
● Verteiler abschrauben und den Verteiler gerade aus dem Zylinderkopf herausziehen.
Falls der Motor nicht durchgedreht oder keine Reparaturen am Verteiler durchgeführt wurden, den Verteiler wieder in der ursprünglichen Lage einbauen. Falls der Verteiler zerlegt wurde, oder er soll nach einer Überholung des Motors eingebaut werden, ist folgendermassen vorzugehen:
● Kolben des ersten Zylinders auf den oberen Totpunkt im Verdichtungshub bringen, d.h. beide Ventile dieses Zylinders müssen geschlossen sein (Zylinderkopfhaube dazu abnehmen — alle Ventile müssen Spiel haben). In dieser Motorstellung die Ausrichtung des Antriebsschlitzes in der Nockenwelle kontrollieren. Diese ist bei den beiden Motoren unterschiedlich. Falls die Stellung der Nockenwelle den Bildern 148 bzw. 149 entspricht, steht der Kolben auf dem oberen Totpunkt im Verdichtungshub.
● Einen neuen "O"-Dichtring auf den Verteiler auflegen und den Verteiler einschieben, bis die Verteilerwelle folgendermassen ausgerichtet ist:
— *Beim 1,6 Liter-Motor* die Verteilerwelle verdrehen, bis der Vorsprung am Verteilergehäuse in einer Linie mit der Rille im Mitnehmer liegt, wie es aus Bild 150 ersichtlich ist.
— *Beim 2,0 Liter-Motor* die Verteilerwelle durchdrehen, bis der Ausschnitt im Mitnehmer in einer Flucht mit der im Verteilergehäuse eingezeichneten Linie steht.
● Zündverteiler einsetzen und kontrollieren, dass der Verteilerläufer auf die eingezeichnete Marke im Rand des Verteilergehäuses weist. Verteiler verdrehen, bis die Mitte des Flansches in einer Linie mit der Gewindebohrung im Zylinderkopf steht. Die Schraube einsetzen und einstweilen provisorisch festziehen, um beim Einstellen der Zündung einen Einstellbereich nach beiden Seiten

zu haben, d.h. je nach Erforderlichkeit kann man den Verteiler nach links oder rechts verdrehen.
● Alle Kabel wieder anschliessen und den Unterdruckschlauch auf den Verteiler aufstecken (falls vorhanden).
● Abschliessend den Zündzeitpunkt kontrollieren, wie es in Kapitel 7.2 beschrieben ist.

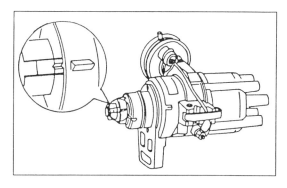

Bild 150
Richtige Stellung der Verteilerwelle im Verhältnis zum Verteilergehäuse beim Einbau des Zündverteilers eines 1,6 Liter-Motors.

7.2 Zündzeitpunkt einstellen

Die Zündung wird eingestellt, wenn der Motor im Leerlauf läuft. Die Leerlaufdrehzahl und der Zündzeitpunkt sind der Mass- und Einstelltabelle zu entnehmen. Das Getriebe, gleich welche Ausführung, muss in Leergang geschaltet sein.
Die Riemenscheibe der Kurbelwelle ist an der Kante mit einer Kerbe versehen, welche bei richtiger Einstellung gegenüber der Markierung am Zündeinstellblech stehen muss. Die Einstellung ist nicht bei allen Motoren gleich.

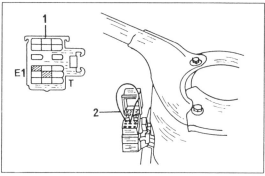

Bild 151
Überbrückung der beiden Klemmen beim Einspritzmotor.
1 Stecker
2 Überbrückungsdraht

1,6 Liter-Motor
● Motor auf Betriebstemperatur bringen und einen Drehzahlmesser entsprechend den Anweisungen des Herstellers anschliessen.
● Bei einem Fahrzeug mit Benzineinspritzung unter Bezug auf Bild 151 den gezeigten Stecker abziehen und mit einem Draht die beiden Klemmen "T" und "E1" kurzschliessen.
● Den Unterdruckschlauch bei einem Vergasermotor von der Unterdruckdose des Verteilers abziehen und das Ende des Schlauches in geeigneter Weise verschliessen.
● Bei einem Vergasermotor mit Katalysator den Oktanversteller auf die richtige Stellung setzen. Dazu die Kappe entfernen und den Knopf am Zündverteiler auf die SUPER- (rote) Stellung setzen (Bild 152). Die Kappe wieder anbringen. In dieser Oktaneinstellung muss bleifreies Benzin mit einer Oktanzahl von 95 oder höher gefahren werden. Wird der Oktanwähler auf die blaue Marke (Normalbenzin) gesetzt, muss bleifreies Benzin mit einer Oktanzahl von 91 oder höher gefahren werden.
● Eine Stroboskoplampe entsprechend den Anweisungen des Herstellers anschliessen und den Lichtstrahl gegen die Kante der Kurbelwellenriemenscheibe richten.
● Bei im Leerlauf laufendem Motor kontrollieren, ob die Kerbe in der Riemenscheibe mit der entsprechenden Gradeinteilung am Steuerdeckel übereinstimmt (Bild 153).
● Beim Vergasermotor den Unterdruckschlauch wieder auf den Verteiler aufstecken. Den Zündzeitpunkt erneut kontrollieren. Der Zündzeitpunkt sollte bei aufgestecktem Unter-

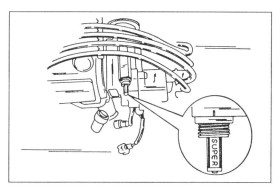

Bild 152
Zur Einstellung des Zündzeitpunktes bei Fahrzeugen mit 1,6 Liter-Vergasermotor und Katalysator.

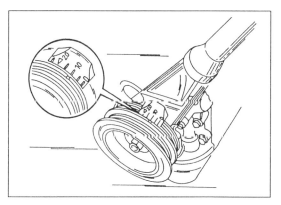

Bild 153
Kontrolle des Zündzeitpunktes an der Riemenscheibe unter Verwendung einer Lichtblitzlampe.

druckschlauch jetzt 12 - 18° betragen. Der Kühlungsventilator darf dabei nicht laufen.
● Falls Einstellungen erforderlich sind, die Schraube des Zündverteilers lockern und den Verteiler verdrehen.
● Schraube wieder festziehen und den Zündzeitpunkt erneut kontrollieren.
● Bei einem Einspritzmotor das Überbrückungskabel wieder entfernen und die Stecker zusammenstecken.

2,0 Liter-Motor

- Motor auf Betriebstemperatur bringen und einen Drehzahlmesser entsprechend den Anweisungen des Herstellers anschliessen. Unbedingt sicherstellen, dass sich der Drehzahlmesser für die eingebaute Anlage eignet.
- Wie bereits in Bild 144 gezeigt, einen Überbrückungsdraht zwischen die beiden gezeigten Klemmen anschliessen, um den Stromkreis kurzzuschliessen.
- Motor im Leerlauf laufen lassen (Schalthebel eines automatischen Getriebes in Leergangstellung) und eine Stroboskoplampe entsprechend den Anweisungen des Herstellers anschliessen. Den Lichtstrahl der Lampe gegen die Kante der Kurbelwellenscheibe richten, wie es in Bild 153 gezeigt ist. Falls die Kerbe nicht sichtbar ist, den Motor abstellen, die Kerbe mit Kreide anzeichnen und den Zündzeitpunkt erneut kontrollieren.
- Falls der Zündzeitpunkt nicht den Angaben in der Mass- und Einstelltabelle entspricht, die beiden Verteilerschrauben lockern und den Verteiler langsam verdrehen. Durch leichtes Anschlagen mit dem Griff eines Schraubenziehers kann man den Verteiler langsam stückweise verdrehen.
- Verteiler festziehen und den Zündzeitpunkt nachkontrollieren, wie es beschrieben wurde.
- Den Überbrückungsdraht von den Klemmen "E1" und "T" abschliessen und den Deckel des Kastens schliessen.
- Motor wieder anlassen und den Zündzeitpunkt erneut kontrollieren. Dieser sollte jetzt 14 - 19° vor dem oberen Totpunkt liegen. Der Kühlungsventilator darf nicht laufen. Falls ein Katalysator eingebaut ist, muss der Zündzeitpunkt 13 - 22° betragen. Beide Werte gelten bei im Leerlauf laufendem Motor.

7.3 Zündkerzen

Die Zündkerzen haben einen Gewindedurchmesser von 14 mm. Vom japanischen Hersteller werden die in der Mass- und Einstelltabelle angegebenen Kerzentypen empfohlen, jedoch können geeignete Kerzen mit dem entsprechenden Wärmewert anderer Hersteller verwendet werden.

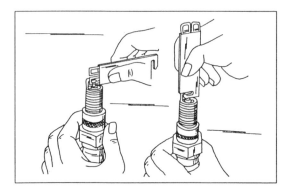

Bild 154
Kontrolle des Elektrodenabstandes auf der linken Seite und Verstellen des Abstandes auf der rechten Seite.

Der Elektrodenabstand der Kerzen beträgt 0,7 - 0,8 mm bei den Kerzen eines 1,6 Liter-Vergasermotors oder 1,1 mm bei den anderen Motoren.
Zündkerzen sollten mindestens alle 10 000 km mit einem Sandstrahlgebläse gereinigt werden. Dabei den Elektrodenabstand auf den entsprechenden Wert stellen. Beim Einstellen des Abstandes niemals die mittlere Elektrode verbiegen, da dadurch der Porzellanisolator platzen kann. Am besten eignet sich dazu eine von den Kerzenherstellern lieferbare Kombination aus Messlehre und Einstelllehre, welche wie in Bild 154 benutzt wird.
Vor dem Ausschrauben der Kerzen kontrollieren, ob sich keine Fremdkörper in den Kerzenaufnahmevertiefungen befinden. Eine beim Ausschrauben der Kerze in die Kerzenbohrung fallende Scheibe, Schraube, ein Stein oder ähnliches kann Ventile, Ventilsitze oder den Zylinderkopf beim ersten Lauf des Motors zerstören.
Aus dem Kerzengesicht lassen sich Schlüsse auf Eignung und einwandfreies Arbeiten der Kerzen, auf die Vergasereinstellung, den Gemischzustand und den Zustand des Motors (Kolben, Kolbenringe, etc.) ziehen. Allgemein gilt dafür:

Kerzen einwandfrei

Isolatorfuss mit schwachem, graugelben bis braunen, meist pulverförmigen Niederschlag bedeckt. Die Elektroden weisen, abgesehen von der Abbrandfläche, graugelben bis braunen pulverförmigen Belag auf. Das Gehäuseinnere hat hellbraunen oder gelblichen bis schwarzbraunen Belag. Der Motor ist in Ordnung. Der Wärmewert der Kerze ist richtig gewählt.

Kerze verrusst

Isolatorfuss, Elektroden und Gehäuseinneres mit meist dickerem, pulvrigen, schwarzgrauen, samtartigen Belag bedeckt. Die Ursache dafür liegt an zu fettem Gemisch, zu wenig Luft, Starterklappe zu lange betätigt, zu grosser Elektrodenabstand, Kerze hat zu hohen Wärmewert und bleibt im Betrieb zu kalt. Zur Abhilfe eine Kerze mit unterschiedlichem Wärmewert einbauen.

Kerze verölt

Isolatorfuss, Elektroden und Kerzengehäuse mit fettem, ölglänzendem Russ bedeckt. Ölkohlebildung. Die Ursache dafür kann im Eindringen von Motoröl in den Verbrennungsraum oder an verschlissenen Zylindern und Kolben liegen.

Kerze überhitzt

Isolatorfuss mit dunkelbraunem bis grau-schwarzem, gläsigem oder rauhem festgebackenen Niederschlag bedeckt, meist starke Krusten und Perlenbildung am Isolatorfussende. Elektroden, besonders Mittelelektrode, angegriffen. Oberfläche meist aufgerauht, aufgequollen oder zerfressen. Als Ursache kann man ein zu mageres Gemisch, eine lose Kerze, schlecht schliessende Ventile oder eine Kerze mit zu niedrigem Wärmewert verantwortlich machen, die dadurch zu heiss wird. Bei Verwendung von Kraftstoffen mit Bleizusatz ist der Isolatorfuss bei ordnungsgemässem Zustand grau gebrannt. Ablagerungen zwischen dem Porzellanisolator der mittleren Elektrode und dem Kerzengehäuse sind möglichst durch Sandstrahl des Kerzenprüfgeräts zu reinigen. Beim Einschrauben der Kerzen ist unbedingt darauf zu achten, dass das Kerzengewinde vorher gründlich gereinigt wird.

Da die Lebensdauer der Kerzen normalerweise bei mindestens 15 000 km liegt, reicht eine Reinigung alle 10 000 km aus. Beim Einschrauben der Kerzen achten, dass diese nicht zu übermässig angezogen werden, da dadurch nur die Dichtscheibe beschädigt wird. Ein Anzugsdrehmoment von 20 bis 30 Nm sollte nicht überschritten werden. Ein langer Kerzenschlüssel ist erforderlich, um an die Kerzen zu kommen.

8 Die Kupplung

Die Kupplung ist eine Einscheibentrockenkupplung mit einer Tellerfederdruckplatte. Die Betätigung der Kupplung erfolgt mit Hilfe einer hydraulischen Anlage mit Geber- und Nehmerzylinder.
Die Kupplung kann nur nach Ausbau des Motors oder Ausbau des Getriebes erneuert werden. Diese Arbeiten sind in in den betreffenden Kapiteln beschrieben. Das Getriebe, falls erforderlich, vom Motor abflanschen.

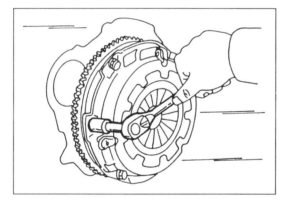

Bild 155
Die Schrauben der Kupplungsdruckplatte gleichmässig über Kreuz lockern oder anziehen.

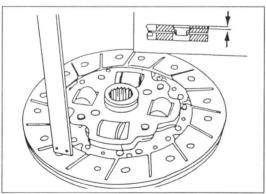

Bild 156
Ausmessen der Kupplungsbelagstärke.

8.1 Kupplung ausbauen

Falls der Motor oder das Getriebe ausgebaut werden müssen, sollte die Kupplung immer abgeschraubt werden, so dass man sie kontrollieren kann. Beim Ausbau der Kupplung nach Ausbau von Motor oder Getriebe folgendermassen vorgehen:

● Einbaulage der Kupplung im Verhältnis zum Schwungrad kennzeichnen. Dazu verwendet man einen Körner, mit welchem man in den Kupplungsdeckel und die Aussenseite des Schwungrades schlägt.
● Kupplungsschrauben gleichmässig über Kreuz lösen (Bild 155), bis der Federdruck entlastet ist.
● Kupplungsdeckel abnehmen und die Mitnehmerscheibe herausnehmen.
● Mit einem Lappen sofort die Innenseite des Schwungrades auswischen und die Reibfläche des Schwungrades überprüfen. Falls die Mitnehmerscheibe bis auf die Nietenköpfe abgenutzt ist, könnte es sein, dass sich die Niete in die Schwungradfläche eingearbeitet haben.

8.2 Kupplung überholen

Druckplatte und Deckel auf Beschädigung oder Verzug kontrollieren. Bei Schäden beide Teile im Satz erneuern.

Kontrollieren, ob die Federn der Mitnehmerscheibe noch einwandfrei sind und dass die Keilverzahnungen der Scheibe nicht übermässig ausgeschlagen sind. Da verölte Kupplungsbeläge nicht gereinigt werden können, ist die Mitnehmerscheibe in derartigen Fällen zu erneuern.

Kupplungsbeläge auf Wiederverwendbarkeit kontrollieren, indem man mit einer Tiefenlehre von der Oberfläche der Beläge bis auf die Oberseite der Nietenköpfe ausmisst (Bild 156). Falls das Mass weniger als 0,30 mm beträgt, muss die Scheibe erneuert werden. Die Scheibe ebenfalls erneuern, falls das Mass bald erreicht ist.

Um Mitnehmerscheiben auf Schlag zu kontrollieren, spannt man sie auf einem passenden Dorn oder einer Kupplungswelle zwischen die Spitzen einer Drehbank und setzt eine Messuhr mit einem geeigneten Halter neben der Scheibe auf, so dass der Messfinger gegen den Rand der Scheibe anliegt. Scheibe langsam durchdrehen und die Anzeige der Messuhr ablesen (Bild 157). Falls die Anzeige grösser als 0,8 mm ist, kann man die Scheibe, falls erwünscht, vorsichtig mit einer Zange richten. Andernfalls die Scheibe erneuern. Die Gleitpassung der Mitnehmerscheibennabe auf den Keilverzahnungen der Kupplungswelle kontrollieren. Dazu die Scheibe aufstecken und an der Aussenkante zwischen Daumen und Zeigefinger erfassen. Die Scheibe im Drehsinn hin- und herbewegen. Falls ein Spiel von mehr als 0,4 mm festgestellt werden kann, liegt Verschleiss in den Keilverzahnungen vor, welcher meistens in der Mitnehmerscheibe zu finden ist.

Die inneren Enden der Tellerfeder auf Abnutzung kontrollieren. Falls tiefe Einlaufstellen festgestellt werden können, muss man die komplette Kupplung erneuern.

Die Spitzen der Tellerfeder müssen alle innerhalb 0,5 mm auf der gleichen Höhe liegen. Verbogene Spitzen können wieder geradegebogen werden. Dazu wird normalerweise ein Spezialwerkzeug verwendet (Bild 158), jedoch kann man einen Stahlstreifen mit einem Schlitz versehen und die Enden biegen.

Die Berührungsstellen des Ausrückhebels und der Ausrückmuffe mit Fett einschmieren.

Bei ausgebauter Kupplung sollte man ebenfalls das Schwungrad auf Verschleiss der Reibfläche kontrollieren, besonders wenn die Kupplung durchgerutscht ist. Falls eine Messuhr zur Verfügung steht, die Reibfläche auf Verzug kontrollieren. Dazu die Uhr wie in Bild 159 gezeigt ansetzen und das Schwungrad langsam durchdrehen. Falls der Unterschied bei einer Umdrehung mehr als 0,10 mm beträgt, muss man das Schwungrad abschrauben, um es zu erneuern.

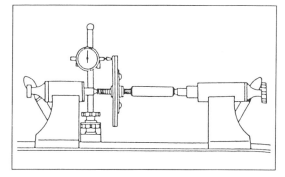

Bild 157
Kontrolle der Mitnehmerscheibe auf Schlag zwischen den Spitzen einer Drehbank.

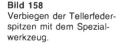

Bild 158
Verbiegen der Tellerfederspitzen mit dem Spezialwerkzeug.

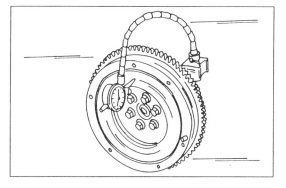

Bild 159
Die Reibfläche des Schwungrades mit einer Messuhr auf Schlag ausmessen.

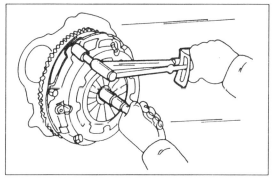

Bild 160
Festziehen der Kupplungsschrauben unter gleichzeitigem Herausziehen und Hineinschieben des Zentrierdorns.

8.3 Kupplung einbauen

Der Einbau der Kupplung geschieht in umgekehrter Reihenfolge wie der Ausbau. Die folgenden Punkte sollten besonders beachtet werden:

● Zum Zentrieren der Mitnehmerscheibe ist normalerweise ein Zentrierdorn erforderlich. Eine zur Verfügung stehende Kupplungswelle kann dazu verwendet werden, die man sich vielleicht in einer Werkstatt besorgen kann. Nicht bei allen Motoren wird jedoch die gleiche Welle verwendet.

● Falls keine Welle zur Verfügung steht, ist es möglich, dass man die Mitnehmerscheibe mit einem Dorn ausrichtet, dessen Aussendurchmesser dem Innendurchmesser der Keilverzahnungen entspricht. An diesen Dorn einen Zapfen andrehen lassen, der den gleichen Innendurchmesser wie das Führungslager in der Kurbelwelle hat. Geschickte Hände können die Scheibe auch nach Augenmass ausrichten. Beim Einsetzen der Mitnehmerscheibe die längere Seite der Kupplungsscheibennabe nach aussen, d.h. zum Getriebe bringen.

● Vor Montage der Kupplung die Keilverzahnungen der Kupplungswelle mit etwas Fett einschmieren. Falls die ursprüngliche Kupplung wieder montiert wird, den Kupplungskörper entsprechend den Kennzeichnungen wieder ansetzen und am Schwungrad montieren.

● Kupplungsschrauben über Kreuz in mehreren Durchgängen auf das endgültige Anzugsdrehmoment von 20 Nm anziehen, während der Zentrierdorn (oder die Welle) häufig herausgezogen und hineingeschoben wird, wie es Bild 160 zeigt, um zu kontrollieren, ob die Flucht noch stimmt.

8.4 Kupplungseinstellungen

Zwei Einstellungen könnten erforderlich sein. Einmal ist dies die Einstellung der Pedalhöhe und zum anderen Mal die Einstellung des Kupplungspedalspieles.

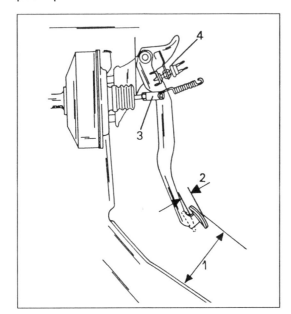

Bild 161
Einzelheiten zum Einstellen der Kupplungspedalhöhe.
1 Pedalhöhe
2 Pedalspiel
3 Stösselstange
4 Bremslichtschalter

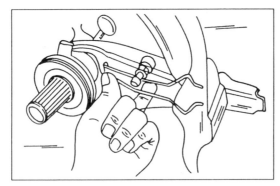

Bild 162
Zum Ausbau des Kupplungsausrücklagers.

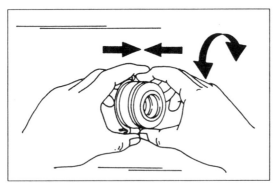

Bild 163
Kontrolle des Ausrücklagers der Kupplung.

8.4.1 Pedalhöhe einstellen

Die Pedalhöhe "1" in Bild 161 muss ca. 150 - 160 mm betragen. Zur Einstellung als erstes die untere Verkleidung der Instrumententafel ausbauen (im allgemeinen nur bei eingebautem Dieselmotor) und den Luftschlauch entfernen. Danach die Kontermutter des Pedalanschlages (4) lockern und den Anschlag verstellen, bis die Höhe stimmt.

8.4.2 Pedalspiel einstellen

Das Pedalspiel muss eingestellt werden wenn die Kupplung nicht einwandfrei ausrückt oder falls neue Teile eingebaut worden sind. Ein Spiel von 13 - 23 mm (Benzinmotor) oder 5 - 15 mm (Dieselmotor) muss an der Stelle (2) vorhanden sein, wenn man das Pedal zwischen Daumen und Zeigefinger hin- und herbewegt. Bei der Einstellung die Kontermutter (3) lockern und die Stösselstange verstellen, bis das Spiel stimmt. Die Kontermutter wieder anziehen. Das Kupplungspedal mehrere Male durchtreten und das Spiel nachkontrollieren. Falls man die Spitze des Pedals vorsichtig mit Finger und Daumen hin- und herbewegt, sollte man ein Spiel von 1 - 5 mm verspüren. Dies ist das eigentliche Spiel an der Stösselstange. Falls es nicht vorhanden ist, muss die Einstellung nochmals durchgeführt werden.

8.5 Kupplungsausrücklager

Die Kupplungsausrückung ist in Bild 164 zusammen mit den Teilen der Kupplung gezeigt. Zum Ausbau des Ausrücklagers die Federspange mit einem Finger vom Kugelkopf abziehen, wie es in Bild 162 gezeigt ist und das Lager mit der Muffe herunterziehen. Die Gummimanschette abziehen und die Ausrückgabel aus dem Getriebe herausziehen. Das Kupplungsausrücklager ist verkapselt und darf nicht in irgendwelchen Reinigungsflüssigkeiten eingelegt werden. Kontrollieren, dass das Lager kein Axialspiel aufweist und dass man es durchdrehen kann, ohne dass Klemmstellen spürbar sind. Dazu die Nabe des Ausrücklagers mit einer Hand halten und mit der anderen Hand das eigentliche Lager nach links und rechts verdrehen und hin- und herbewegen, wie es durch die Pfeile in Bild 163 gezeigt ist. Drehen und Drücken müssen gleichzeitig durchgeführt werden.
Das Lager muss zusammen mit der Nabe erneuert werden.
Vor Einbau die Innenseite der Schiebemuffe, die Stirnfläche des Ausrücklagers, das Drehgelenk der Ausrückgabel und die Berührungsstellen der beiden Gabelenden mit Mehrzweckfett einschmieren. Die Schiebemuffe auf die Welle schieben, die Gabel von der Seite über die Muffe setzen und mit der Federspange befestigen. Unbedingt kontrollieren, dass die Ausrückgabel einwandfrei von der Federspange gehalten wird, damit sie sich wieder lösen kann. Das Getriebe kann danach wieder eingebaut werden.

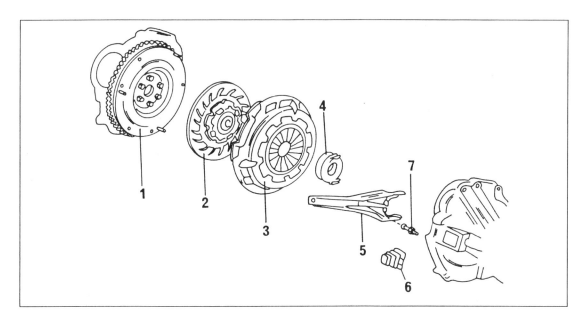

Bild 164
Montagebild der Kupplung und des Ausrückmechanismus.
1 Schwungrad
2 Mitnehmerscheibe
3 Kupplung
4 Ausrücklager und Nabe
5 Ausrückgabel
6 Gummimanschette
7 Gelenkbolzen

8.6 Hydraulische Anlage

8.6.1 Kupplungsgeberzylinder

Aus- und Einbau

Bild 165 zeigt ein Montagebild des Geberzylinders. Beim Ausbau, Zerlegen, Zusammenbau und Einbau unter Bezug auf dieses Bild vorgehen:

• Flüssigkeit aus dem Vorratsbehälter entleeren. Dazu eignet sich am besten ein Sauger, wie er zum Beispiel zur Kontrolle von Batteriesäure benutzt wird (nach Verschmutzung mit Bremsflüssigkeit muss er natürlich wieder gut gereinigt werden).

• Flüssigkeitsleitung (11) an der Seite des Zylinders abschrauben. Auslaufende Flüssigkeit mit einem Lappen auffangen. Die Leitung vorsichtig zur Seite biegen,

• Untere Verkleidung des Armaturenbretts bei eingebautem Dieselmotor ausbauen. Bei allen Modellen den Luftschlauch unter dem Armaturenbrett ausbauen.

• Rückzugfeder des Kupplungspedals aushängen und den Splintbolzen (5) zwischen dem Kupplungspedal und dem Gabelkopf der Stösselstange des Geberzylinders (7) entfernen, nachdem die Haarnadelfeder (6) herausgezogen wurde.

• Muttern des Zylinders (2) von der Stirnwand lösen.

• Zylinder vorsichtig abheben, ohne dass dabei Bremsflüssigkeit auf die Lackstellen des Fahrzeuges tropfen kann. Am besten ist es, wenn man einen Lappen beim Herausheben unter den Zylinder hält. Das Ende der Kupplungsleitung sollte mit Klebband umwickelt werden, damit kein Schmutz in die Bohrung eindringen kann.

Der Einbau des Zylinders geschieht in umgekehrter Reihenfolge wie der Ausbau. Die Muttern des Zylinders mit 20 - 30 Nm anziehen. Eine neue

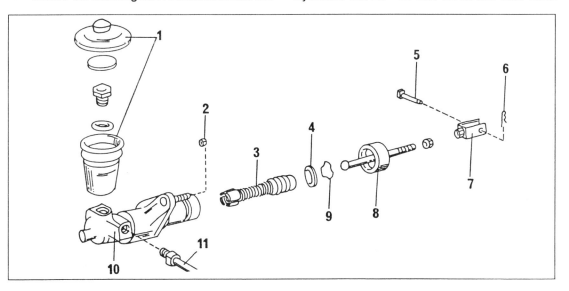

Bild 165
Montagebild des Kupplungsgeberzylinders.
1 Vorratsbehälter
2 Befestigungsmutter
3 Kolben
4 Stösselstange
5 Splintbolzen
6 Federspange
7 Gabelkopf
8 Gummikappe
9 Sicherungsring
10 Geberzylindergehäuse
11 Kupplungsleitung

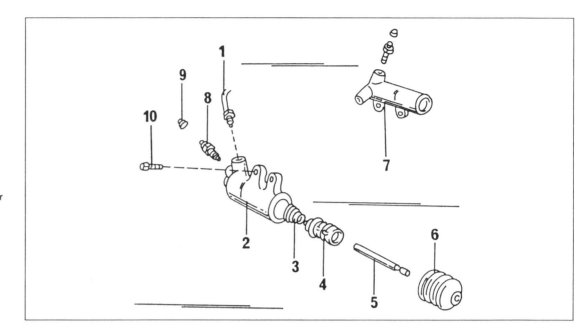

Bild 166
Montagebild des Kupplungsnehmerzylinders. Der Zylinder kann entweder wie (2) oder (7) aussehen.
1 Kupplungsleitung
2 Zylinder (S50-Getriebe)
3 Feder
4 Kolben
5 Stösselstange
6 Gummikappe
7 Zylinder
8 Entlüftungsschraube
9 Staubschutzkappe
10 Befestigungsschraube

Haarnadelfeder für den Splintbolzen verwenden. Die Kupplungsanlage muss entlüftet werden (Kapitel 8.7).

Kupplungsgeberzylinder zerlegen und zusammenbauen
Unter Bezug auf Bild 165:
● Staubschutzkappe vom Zylinder herunterziehen und den Zylinder senkrecht mit Blechbacken in einen Schraubstock einspannen.
● Mit der Stösselstange den Kolben nach innen drücken und den Sicherungsring (9) aus dem Ende der Bohrung entfernen. Die Scheibe abnehmen und die Stösselstange herausziehen.
● Den kompletten Kolben aus der Bohrung herausschütteln. Falls erforderlich, eine Druckluftleitung ansetzen. Das Ende des Zylinders dabei jedoch mit einem Lappen umwickeln.
● Falls erforderlich den Vorratsbehälter vom Zylinder abschrauben. Dazu die Verschraubung aus der Innenseite des Behälters ausschrauben. Ein Dichtring ist unter der Verschraubung untergelegt. Alle Teile gründlich in Bremsflüssigkeit oder Spiritus reinigen. Den Aussendurchmesser des Kolbens und den Innendurchmesser der Bohrung ausmessen. Falls der Unterschied grösser als 0,15 mm ist, muss ein neuer Zylinder eingebaut werden.
Kolbenmanschetten mit den Fingern vom Kolben entfernen und eine neue Manschette, gut in Bremsflüssigkeit getränkt, am Kolben anbringen.
Der Zusammenbau geschieht in umgekehrter Reihenfolge wie die Zerlegung. Beim Einsetzen des Sicherungsringes in die Rille der Zylinderbohrung die Stösselstange mit der aufgesteckten Manschette in den Kolben einsetzen und den Kolben nach innen schieben. Kolben in dieser Lage halten, und den Sicherungsring mit einer Sprengringzange und einem Schraubenzieher in die Rille einfedern. Die Manschette danach auf das Zylindergehäuse aufsetzen.

8.6.2 Kupplungsnehmerzylinder

Aus- und Einbau
Unter Bezug auf Bild 166:
● Überwurfmutter an der Seite des Zylinders abschrauben und die Leitung vorsichtig herausziehen. Das Leitungsende zustopfen, um Eindringen von Schmutz zu vermeiden.
● Schrauben des Zylinders lösen.
● Zylinder abnehmen.
Der Einbau des Zylinders geschieht in umgekehrter Reihenfolge wie der Ausbau. Nach dem Einbau die Kupplungsanlage entlüften (Kapitel 8.7). Keine Einstellungen sind am Stössel des Zylinders erforderlich.

Kupplungsnehmerzylinder zerlegen und zusammenbauen
Unter Bezug auf Bild 166:
● Staubschutzkappe (6) vom Zylinder abziehen und die Stösselstange (5) herausnehmen.
● Den Kolben (4) aus der Bohrung ziehen und die Feder (3) herausschütteln.
Alle Teile in sauberer Bremsflüssigkeit reinigen. Neue Manschette verwenden und die Teile nach Eintauchen in Bremsflüssigkeit wieder montieren. Die Entlüftungsschraube (9) herausdrehen und kontrollieren, dass sie sich einwandfrei einschrauben und ausschrauben lässt. Entlüftungsschrauben müssen sich leicht drehen lassen, da damit die Anlage entlüftet wird.

8.7 Entlüften der hydraulischen Anlage

• Die Staubschutzkappe vom Entlüftungsventil des Nehmerzylinders ziehen.
• Vorratsbehälter des Nehmerzylinders mit Bremsflüssigkeit auffüllen. Die Verschlusskappe einstweilen nicht aufschrauben.
• Einen durchsichtigen Kunststoffschlauch auf das Entlüftungsventil aufstecken und das andere Ende in ein Glasgefäss einhängen, welches bis zur Hälfte mit Bremsflüssigkeit gefüllt sein muss, wie es in Bild 167 dargestellt ist.
• Entlüftungsventil ungefähr um eine Drittelumdrehung öffnen.
• Kupplungspedal von einer zweiten Person mit langsamen Pumpenhüben bis zum Anschlag durchtreten lassen (Bild 168).
• Das Pedal langsam zurückkehren lassen und die Pumpbewegung erneut durchführen, bis keine Luftblasen mehr aus dem Ende des Kunststoffschlauches herauskommen.
• Das Entlüftungsventil anziehen, während das Pedal auf dem Boden gehalten wird.
• Den Entlüftungsschlauch vom Ende des Ventils ziehen und die Staubschutzkappe wieder aufstecken.
• Nach dem Entlüften den Motor anlassen, das Pedal durchtreten und den Rückwärtsgang einschalten. Falls dies ohne Kratzgeräusche geschieht, arbeitet die Kupplung einwandfrei.
• Nach fertiger Entlüftung den Flüssigkeitsstand im Vorratsbehälter berichtigen und den Verschlussdeckel aufschrauben. Alle Reste der Flüssigkeit abwischen.

Während der Entlüftungsarbeiten unbedingt darauf achten, dass der Vorratsbehälter des Hauptzylinders immer gefüllt bleibt, da andernfalls wieder Luft in die Anlage gesaugt wird. Der Flüssigkeitsstand im Vorratsbehälter sollte ausserdem routinemässig einer Kontrolle unterzogen werden, da nur so vermieden kann, dass wieder Luft in die Anlage kommt.

8.8 Störungen an der Kupplung

Wie bereits erwähnt, kann eine Kupplung durchrutschen. Ausserdem kann eine Kupplung rupfen. Bei einer rupfenden Kupplung setzt sich das Fahrzeug ruckweise in Bewegung, d.h. die Übertragung der Motordrehzahl auf die Antriebsräder erfolgt nicht gleichmässig. Verschiedene Ursachen können für diese Störung verantwortlich sein.
• Die Motor- oder Getriebeaufhängung ist defekt oder die Befestigungsschrauben sind locker.

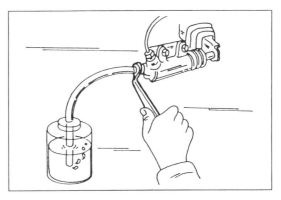

Bild 167
Darstellung der Entlüftung der hydraulischen Anlage für die Kupplungsbetätigung.

Bild 168
Das Kupplungspedal mit gleichmässigen Hüben durchtreten, um die Luft aus der hydraulischen Anlage auszustossen.

Dies bedeutet, dass das Triebwerk beim Einkuppeln ins Schwingen kommt.
• Der Kupplungsbelag auf der Mitnehmerscheibe ist verbrannt oder verhärtet, d.h. keine gleichmässige Reibwirkung zwischen Kupplung und Schwungrad ist möglich. Falls man z.B. ein anderes Fahrzeug über eine längere Strecke abgeschleppt hat, kann dies passieren.
• Die Druckplatte hat sich aufgrund von starker Wärmebildung verzogen, d.h. die Reibfläche ist nicht mehr einwandfrei glatt.
In allen Fällen müssen die Kupplung und Mitnehmerscheibe ausgebaut werden, um die Störungsquelle herauszufinden.
Sollte die Kupplungsanlage unterwegs ausfallen oder die Kupplung nicht mehr aus- oder einkuppeln, kann man die Reise zumindest in die nächste Werkstatt oder zu einem nahen Endziel fortsetzen. Es ist sogar möglich, dass man das Getriebe mit etwas Gefühl hoch- und runterschaltet.
Falls die Kupplung ausfällt, während der Wagen rollt und der Gang eingeschaltet ist, und der Gang soll ausgeschaltet werden, das Gas wegnehmen und den Schalthebel in die Leergangstellung schalten. Klemmt der Gang, kann man ein wenig Gas geben, bis der Schalthebel frei wird.
Um ohne Kupplung anzufahren, folgendermassen vorgehen:
• Motor ausschalten und den ersten Gang einlegen.
• Den Anlasser betätigen. Ihr Wagen wird sich stotternd in Bewegung setzen, bis die Motordrehzahl sich dem Antrieb angeglichen hat. Falls der

Motor kalt ist, sollte man ihn vorher warmlaufen lassen, damit er nicht sofort wieder stehenbleibt. Fährt man auf ebener Strasse im zweiten Gang an, kann man auf diese Weise bis zur nächsten Werkstatt weiterkommen.

● Will man das Hochschalten versuchen, wie oben beschrieben im ersten Gang anfahren und den Motor bis auf ca. 1000/min. beschleunigen. Das Gas etwas zurücknehmen und den Schalthebel in die Leergangstellung ziehen. Das Gaspedal jetzt vollkommen zurücklassen und den Schalthebel in Richtung der Stellung für den zweiten Gang drücken. Bei angeglichener Motor- und Getriebedrehzahl wird der Gang einspringen. Ist die Zwischenzeit der Schaltung zu lange, muss man wieder etwas Gas geben, damit sich der Gang einlegen lässt. Das Hochschalten nur bei niedrigen Geschwindigkeiten vornehmen, so etwa in den zweiten Gang bei ca. 20 km/h, in den dritten Gang bei ca. 25 km/h und in den 4. Gang bei etwa 35 km/h schalten. Es wird kaum angenommen, dass man in den fünften Gang schalten will.

● Beim Zurückschalten muss die Motordrehzahl beschleunigt werden, damit sich der nächste Gang einlegen lässt. Gas etwas zurücklassen, den Gang herausnehmen und mit Gefühl auf den Gashebel treten. Im gleichen Augenblick den Schalthebel in die Stellung des nächstniedrigeren Ganges drücken. Bei richtiger Motordrehzahl wird der Gang ohne Zögern einspringen. Auch beim Zurückschalten sollte man die Fahrgeschwindigkeit entsprechend abbremsen, um die Schaltung unter Kontrolle zu halten. Bei kratzenden Gängen muss man das Schalten erneut kontrollieren. Durch die Synchronisierung wird das Schalten leicht gemacht.

9 Das Schaltgetriebe

Carina II-Fahrzeuge sind mit einem Fünfganggetriebe versehen. Je nach eingebautem Motor ist das Getriebe unterschiedlich aufgebaut. Ein wichter Unterschied zwischen den Getriebebauarten ist die Art des Schmiermittels, da beim "S50"-Getriebe Flüssigkeit eingefüllt ist, wie man sie in einem automatischen Getriebe verwendet, während im anderen Getriebe normales Getriebeöl eingefüllt ist. Es gilt also als erstes, dass man sich vergewissert, welches Getriebe eingebaut ist. Die Getriebeübersetzungen der drei in dieser Ausgabe behandelten Motoren, d.h. 1,6 Liter- und 2,0 Liter-Benzinmotor und der Dieselmotor, sind unterschiedlich.

9.1 Aus- und Einbau des Getriebes

Der Aus- und Einbau des Getriebes geschieht bei allen Getrieben in ähnlicher Weise.
- Masseband der Batterie abklemmen.
- Kühlanlage durch Öffnen des Wasserhahnes an der Unterseite des Kühlers ablassen, bis der Kühlmittelstand unterhalb des oberen Wasserschlauchs steht.
- Luftfilter zusammen mit dem Luftfilterschlauch ausbauen (Einspritzmotor).
- Kabel vom Schalter der Rückfahrleuchten abklemmen.
- Tachometerspirale abschliessen. Dazu die Kordelmutter mit einer Zange lösen.
- Schaltseil unter Bezug auf Bild 169 abschliessen. Dazu die Federspange und die Scheibe entfernen und die Federspange aus der Seilbefestigung herausziehen.
- Den Wassereinlass ausbauen. Dieser wird mit einer Schraube und Mutter gehalten.
- Bei eingebautem S50-Getriebe die Federspange an der Verbindung zwischen dem Kupplungszylinderschlauch und der Leitung herausziehen und die Halterung vom Getriebe lösen. Bei eingebautem C52-Getriebe kann man den Nehmerzylinder vom Getriebe abschrauben und ihn, ohne die Leitung abzuschliessen, vorsichtig zur Seite biegen. Dadurch erspart man sich das Entlüften der hydraulischen Anlage nach Einbau des Getriebes.
- Unterzugsblech unter dem Fahrzeug abschrauben (links und rechts).
- Vordere und hintere Getriebeaufhängung ausbauen. Falls ein Schutzblech eingebaut ist, dieses zuerst abschrauben. Danach die beiden in Bild 170 gezeigten Schrauben auf jeder Seite lösen und die Aufhängung herausnehmen.
- Mittleren Träger der Motoraufhängung ausbauen (Bild 171). Der Träger wird an den Aussenseiten und in der Mitte gehalten.

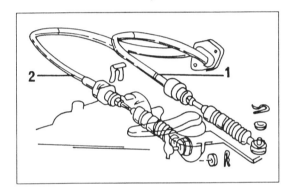

Bild 169
Die Befestigungsweise von Gangwahlseil (1) und Schaltseil (2).

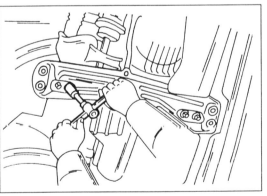

Bild 170
Die vordere und hintere Getriebeaufhängung an den gezeigten Stellen abschrauben.

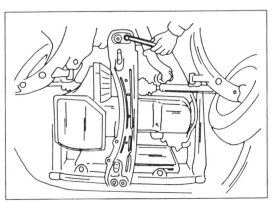

Bild 171
Der mittlere Motorträger wird an den Aussenseiten und in der Mitte befestigt.

● Antriebswellen vom Getriebe abschliessen, wie es in Kapitel 11.1 beschrieben ist. Die Wellen sind entweder am Abtriebsflansch der Differentialachsen verschraubt oder in die Seitenräder des Differentials eingesteckt.
● Anlasserkabel abklemmen und den Anlasser ausbauen.
● Massekabel abschliessen.
● Ausser bei eingebautem S50-Getriebe die Platte an der Rückseite des Motors abschrauben.
● Getriebe mit einem Wagenheber anheben (Holzblock zwischen Wagenheber und Getriebe) und die linke Motoraufhängung ausbauen.
● Die Verbindungsschrauben zwischen Motor und Getriebe entfernen, die linke Seite des Motors absenken und das Getriebe auf einem Wagenheber ruhend vom Motor abziehen.

Der Einbau des Getriebes geschieht in umgekehrter Reihenfolge, unter Beachtung der folgenden Punkte:
● Getriebe auf einem Wagenheber ruhend gegen den Motor fahren und die Kerbverzahnungen der Kupplungswelle mit der Nabe der Mitnehmerscheibe in Eingriff bringen. Die 12 mm-Schrauben zwischen Motor und Getriebe mit einem Anzugsdrehmoment von 65 Nm, die 10 mm-Schrauben beim S50-Getriebe mit 40 Nm, bei den anderen Getrieben mit 47 Nm anziehen.

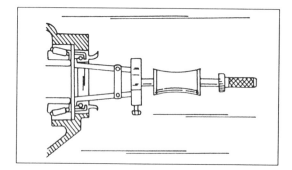

Bild 172
Ausziehen eines Öldichtringes in der Seite des Getriebes. Auf der linken Seite eines S50-Getriebes muss der Seitendeckel abgeschraubt werden.

● Die linke Motoraufhängung einbauen. Die Schrauben mit 53 Nm anziehen.
● Die Anlasserschrauben mit 40 Nm anziehen.
● Antriebswellen an der Seite des Getriebes mit 37 Nm anziehen, falls die Wellen verschraubt sind.
● Mittleren Träger der Motoraufhängung mit den vier Schrauben auf 40 Nm anziehen.
● Vordere und hintere Aufhängungen mit 40 Nm anziehen.
● Getriebe mit Öl füllen. Beim S50-Getriebe 2,6 Liter Flüssigkeit für automatische Getriebe einfüllen; beim C52-Getriebe 2,6 Liter SAE 75W - 90- oder 80W - W-90-Öl einfüllen.

9.2 Getriebereparaturen

Da viele Spezialwerkzeuge zum Zerlegen, Zusammenbau und Einstellen des Getriebes erforderlich sind und verschiedene Getriebeausführungen im Carina II eingebaut werden, sehen wir von einer Beschreibung der Getriebereparaturen ab. Falls das Getriebe einen Schaden erlitten hat, sollte man ein Austauschgetriebe einbauen. Toyota-Getriebe halten erfahrungsgemäss auf Lebenszeit des Fahrzeuges, jedoch ist es schonmal möglich, dass der Öldichtring der Antriebswellen in der Seite des Getriebes nach langer Betriebszeit undicht wird, wie dies eben mit Dichtringen manchmal der Fall ist. Einen derartigen Dichtring kann man folgendermassen erneuern, ohne das Getriebe dazu auszubauen.

● Getriebeöl ablassen. Daran denken, dass entweder Flüssigkeit für automatische Getriebe oder Getriebeöl eingefüllt sein kann.
● Die Antriebswelle entsprechend den Anweisungen in Kapitel 11.1 an der Innenseite des Getriebes abschliessen. Je nach eingebautem Motor muss auch die mittlere Antriebswelle ausgebaut und vom Zylinderblock abgeschraubt werden.
● Auf der linken Seite und eingebautem "S50"-Getriebe den Seitendeckel vom Getriebe abschrauben und den Öldichtring aus dem Deckel pressen.
● Auf der linken Seite und eingebautem "C52"-Getriebe und auf der rechten Seite aller Getriebeausführungen den Öldichtring mit einem Schlaghammer und einem geeigneten Abzieher herausziehen, an welchem man einen Schlaghammer anschrauben kann. Bild 172 zeigt die Benutzung der gezeigten Werkzeuge. Falls diese nicht zur Verfügung stehen, kann man eine oder zwei Blechschrauben in den Dichtring einschrauben und den Dichtring durch Ansetzen eines Schraubenziehers unter dem Kopf der Schraube heraushebeln.
● Neuen Dichtring an der Dichtlippe mit Fett einschmieren und den Ring wieder in das Getriebe oder in den abgeschraubten Deckel einschlagen, ohne ihn dabei zu beschädigen.
● Antriebswelle und, falls eingebaut die Zwischenwelle, wieder einbauen, wie es in Kapitel 11.1 beschrieben wird. Kontrollieren, dass der Sicherungsring einwandfrei in der Rille der Welle sitzt. Nach Einbau der inneren Welle diese nach aussen ziehen. Ein fühlbares Spiel von 2 - 3 mm muss vorhanden sein. Ausserdem darf sich die Welle nicht herausziehen lassen, wenn man mit der blossen Hand daran zieht.
● Bei eingebauter Zwischenwelle die Lagerung am Zylinderblock anschrauben.
● Das Getriebe mit Öl (C52-Getriebe) oder Flüssigkeit (S50-Getriebe) füllen, bis dieses wieder aus der Öffnung für den Einfüllstopfen herausläuft. Eine Öl- oder Flüssigkeitsmenge von ca. 2,6 Litern wird bei beiden Getriebeausführungen gebraucht. Den Einfüllstopfen wieder einschrauben.

10 Automatisches Getriebe

Das automatische Getriebe sollte nicht zerlegt, eingestellt oder instandgesetzt werden, wenn die dafür notwendigen Fachkenntnisse nicht vorhanden sind. Ihre Toyota-Werkstatt oder Spezialreparaturwerkstätten haben die erforderlichen Spezialwerkzeuge und Kenntnisse, um alle am automatischen Getriebe anfallenden Arbeiten durchzuführen und wir raten ihnen, ein Austauschgetriebe einzubauen, falls Ihr Getriebe Ihnen Schwierigkeiten macht.

10.1 Aus- und Einbau

Das Getriebe kann nur zusammen mit dem Achsantrieb ausgebaut werden.
● Massekabel der Batterie abklemmen.
● Kühlanlage durch Öffnen des Wasserhahns an der Unterseite entleeren, bis der Kühlmittelstand unterhalb des oberen Wasserschlauchs steht.
● Leitungsanschlüsse vom Anlasssperrschalter abklemmen.
● Überwurfmutter der Leitung für den Ölkühler lösen. Die zweite Mutter dabei mit einem Gabelschlüssel gegenhalten.
● Wassereinlassstutzen ausbauen.
● Unterzugsbleche ausbauen und die Getriebeflüssigkeit ablassen. Der zum Auffangen dienende Behälter muss mindestens 3,0 Liter aufnehmen.
● Die Abdeckbleche von den Aufhängungskonsolen entfernen und die vordere und hintere Getriebeaufhängung ausbauen. Die Befestigungen sind den in Bild 170 gezeigten ähnlich.
● Mittleren Träger der Motoraufhängung ausbauen. Dieser ist in der in Bild 171 gezeigten Weise befestigt.
● Beide Antriebswellen von der Seite des Getriebes abschliessen, wie es in Kapitel 11.1 beschrieben ist.
● Achsschenkel ausbauen wie es im betreffenden Kapitel beschrieben ist und den Achsschenkel nach aussen ziehen.
● Anlasser abklemmen und ausbauen.
● Tachometerspirale vom Getriebe abschliessen (Kordelmutter abschrauben und Spirale herausziehen).
● Das Schaltseil vom Getriebe abschliessen. Dazu eine Spange und Sicherung entfernen und das Widerlager vom Getriebe abschrauben.

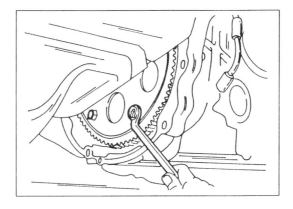

Bild 173
Lösen der Schrauben zwischen Drehmomentwandler und Mitnehmerscheibe beim Ausbau des automatischen Getriebes.

● Bei eingebautem Benzinmotor die drei Schrauben des Abdeckblechs für den Drehmomentwandler entfernen und das Blech abnehmen. Bei eingebautem Dieselmotor einen Stopfen entfernen, um eine Öffnung freizulegen, durch welche man an die Schrauben der Antriebsscheibe des Drehmomentwandlers kommen kann.
● Die Schrauben des Drehmomentwandlers entfernen. Dazu die Kurbelwelle durchdrehen, bis die sechs Schrauben der Reihe nach an der Unterseite des Getriebes oder in der Öffnung, bei einem Dieselmotor, erscheinen. Die Schrauben danach wie in Bild 173 gezeigt, von der Unterseite aus lösen. Die Kurbelwelle muss dabei an der Riemenscheibe gegengehalten werden, d.h. ein Helfer ist zur Arbeit erforderlich.
● Einen Wagenheber unter das Getriebe untersetzen und dieses leicht anheben. Einen Holzklotz zwischen Getriebe und Wagenheber einlegen, um das Getriebe nicht zu beschädigen.
● Die linke Motoraufhängung ausbauen.
● Die Befestigungsschrauben zwischen Motor und Getriebe abschrauben. Darauf achten, dass keine Schrauben vergessen werden.
● Eine Stiftschraube des gleichen Durchmessers wie die Schrauben für die Antriebsscheibe besorgen und einen Schlitz in das Ende der Stiftschraube einsägen und die Stiftschraube an der in Bild 174 gezeigten Stelle einschrauben. Jetzt einen kräftigen Schraubenzieher wie im Bild ge-

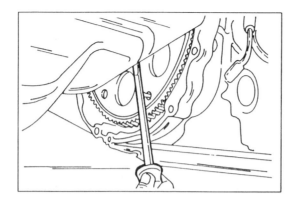

Bild 174
Abdrücken des automatischen Getriebes vom Motor unter Verwendung einer Stiftschraube und eines Schraubenziehers.

10.2 Flüssigkeitsstand

Da ein automatisches Getriebe bei fehlender Flüssigkeit nicht einwandfrei durchschalten kann, sollte der Stand der Flüssigkeit häufig kontrolliert werden. Bei der Kontrolle folgendermassen vorgehen:
● Fahrzeug auf einer ebenen Fläche abstellen und die Handbremse anziehen.
● Motor anlassen und den Schalthebel einige Male durch die Gangbereiche schalten. Abschliessend den Hebel in Stellung "P" (Parken) lassen.
● Motor weiterhin laufen lassen und den Flüssigkeitsstand bei im Leerlauf laufendem Motor kontrollieren.
● Den Messstab herausziehen.
● Bei betriebswarmem Getriebe muss sich der Flüssigkeitsstand zwischen der "Cold"- und "Hot"-Markierung befinden. Ist das Getriebe kalt, darf das Öl nur ca. 10 mm unter der "Cold"-Marke stehen, jedoch nicht unterhalb der Kerbe im "Cold"-Bereich des Messstabes.
● Falls erforderlich, Flüssigkeit durch die Messstaböffnung nachfüllen. Dazu ist ein Trichter erforderlich. Auf keinen Fall das Getriebe überfüllen. Dexron-Flüssigkeit wird für das Getriebe vorgeschrieben.

Um die Flüssigkeit zu wechseln:
● Zuerst das Getriebe auf Betriebstemperatur bringen.
● Den Wagen vorn auf Böcke setzen und einen Behälter unter den Ablassstopfen des Getriebes untersetzen. Der Behälter muss mindestens 2,5 Liter aufnehmen.
● Den Ablassstopfen aus der Unterseite des Getriebes ausschrauben und die Flüssigkeit ablassen. Falls diese sehr heiss ist, muss man die notwendige Vorsicht walten lassen.
● Die Schrauben der Ölwanne des Getriebes entfernen und die Ölwanne sowie die Dichtung abnehmen.
● Die freigelegten Teile gut reinigen und die Ölwanne wieder mit einer neuen Dichtung anschrauben. Den Ablassstopfen wieder einschrauben.
● Flüssigkeit wie oben beschrieben einfüllen, bis diese an vorgeschriebener Stelle des Ölmessstabs steht. Eine Menge von ca. 2,5 Liter wird ausreichen, da nicht alle Flüssigkeit aus dem Getriebe auslaufen kann.
● Fahrzeug wieder auf den Boden ablassen und der Reihe nach alle Gänge bei laufendem Motor durchschalten. Die gleiche Arbeit während einer Probefahrt durchführen.

zeigt gegen die Stiftschraube ansetzen und das Getriebe vom Motor abdrücken, bis es frei ist.
● Das Getriebe herausheben sobald es frei ist. Der Einbau des Getriebes geschieht in umgekehrter Reihenfolge. Folgende Punkte beachten:
● Etwas Mehrzweckfett an die Nabe des Drehmomentwandlers und die Führungsbohrung in der Antriebsplatte schmieren.
● Eine Stiftschraube ist in eine Gewindebohrung des Wandlers einzuschrauben, so dass diese als Führung benutzt werden kann. Das Getriebe so ansetzen, dass die Stiftschraube in ein Loch der Antriebsplatte kommt, ähnlich wie es in Bild 174 zu sehen ist.
● Das Getriebe gegen den Motor drücken und kontrollieren, dass der Wandlerzapfen in die Aufnahmebohrung der Kurbelwelle eingreift.
● Den Führungsstift herausdrehen und den Wandler vorübergehend mit zwei 10 mm langen Schrauben fingerfest anziehen.
● Die Schrauben zwischen Motor und Getriebe einsetzen und mit 65 Nm (M12) und 35 Nm (M10) anziehen.
● Die Wandlerschrauben der Reihe nach einsetzen und mit 27 Nm anziehen. Die Kurbelwelle dabei wieder gegen Mitdrehen gegenhalten.
● Abdeckblech für den Wandler anschrauben oder den Verschlussstopfen eindrücken (Dieselmotor).
● Leitungen des Ölkühlers anziehen.
● Antriebswellen und Achsschenkel montieren.
● Mittleren Motorträger und die vorderen und hinteren Aufhängungen montieren.
● Das Getriebe mit ca 2,5 Liter Getriebeflüssigkeit für automatische Getriebe füllen. Das Getriebe nimmt normalerweise 5,5 Liter auf, jedoch läuft die Hauptmenge der Flüssigkeit beim Ablassen nicht ab.
● Motor anlassen, das Getriebe durchschalten und abschliessend den Flüssigkeitsstand nochmals kontrollieren.

11 Antriebswellen

Jede Antriebswelle ist mit zwei Gleichlaufgelenken versehen. Das äussere Gelenk kann nicht getrennt werden und die gesamte Welle muss erneuert werden, falls das Gelenk ausgeschlagen ist. Der Gelenkstern und das innere Gelenk, sowie beide Gummimanschetten können bei ausgebauter Welle erneuert werden.

11.1 Aus- und Einbau einer Antriebswelle

11.1.1 Ausbau

- Handbremse anziehen.
- Nach Abnehmen der Radkappe den Splint aus der Achswellenmutter herausziehen und die Mutter mit einer geeigneten Stecknuss lösen. Die Radmuttern ebenfalls lösen.
- Fahrzeug anheben und Vorderseite auf sichere Böcke setzen.
- Rad abnehmen.
- Das Unterschutzblech unter der Vorderseite des Fahrzeuges abschrauben.
- Getriebeöl oder -flüssigkeit ablassen.
- Mutter lösen und Spurstangenkugelgelenk vom Hebel am Achsschenkel mit einem geeigneten Abzieher trennen.
- Bei einem Fahrzeug mit 2,0 Liter-Benzinmotor an der Innenseite des Getriebes die Flanschschrauben der Welle lösen. Das Bremspedal dabei durchtreten lassen, um die Welle gegen Mitdrehen zu halten, während jede Mutter gelöst wird. Den Flansch der Welle von den Stiftschrauben des Antriebsflansches wegdrücken.
- An der Unterseite des Querlenkers die Schrauben und Muttern lösen und den Querlenker vom Federbein abdrücken.
- Bremssattel vom Federbein abschrauben und mit einem Stück Draht an einer Wicklung der Schraubenfeder festbinden, damit er nicht am Schlauch herunterhängen kann.
- Bremsscheibe von der Radnabe abnehmen (Scheibe und Nabe vorher in Einbaulage kennzeichnen).
- Die Antriebswelle aus der Radnabe herausdrücken. Dazu muss man höchstwahrscheinlich einen Abzieher benutzen, welchen man entsprechend Bild 175 ansetzen muss. Die mittlere Schraube anziehen, bis die Welle aus der Nabe herauskommt. Die Gummimanschette der Achswelle dabei mit dicken Lappen umwickeln, falls

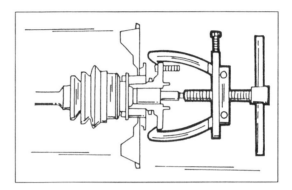

Bild 175
Eine Antriebswelle kann in der gezeigten Weise aus der Radnabe ausgedrückt werden.

Bild 176
Ausbau einer linken Antriebswelle bei eingebauter Getriebeautomatik. Den Hammer und den Radmutternschlüssel in gezeigter Weise ansetzen.

sie noch in gutem Zustand ist. Bei einem Fahrzeug mit 2,0 Liter-Benzinmotor kann die Welle jetzt herausgezogen werden.

- Bei den anderen Motoren ist der Ausbau etwas schwieriger und ist auch bei eingebautem Schaltgetriebe und Getriebeautomatik unterschiedlich:
— Um die linke Welle bei eingebauter Getriebeautomatik auszubauen, einen Hammer und den Radmutternschlüssel des Fahrzeuges in der in Bild 176 gezeigten Weise ansetzen und mit der Faust gegen den Schlüssel schlagen, bis die Welle aus dem Getriebe herauskommt.
— Bei eingebautem Schaltgetriebe in ähnlicher Weise vorgehen, jedoch den Radmutternschlüssel an der in Bild 177 gezeigten Stelle ansetzen.
— Zum Ausbau der rechten Welle mit einem

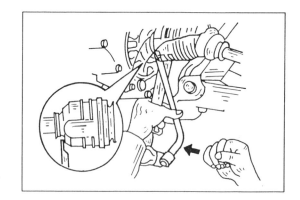

Bild 177
Ausbau einer linken Antriebswelle bei eingebautem Schaltgetriebe.

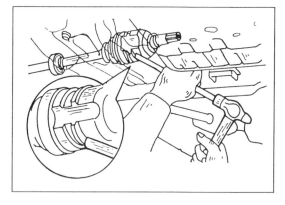

Bild 178
Ausbau einer rechten Antriebswelle (Welle ohne Antriebsflansch).

Bild 179
Montagebild einer Antriebswelle. Teile 15 bis 18 sind nur bei einem Fahrzeug mit Flanschbefestigung an der Innenseite eingebaut.
1 Befestigungsschelle, gross
2 Gummimanschette
3 Befestigungsschelle, klein
4 Schwingungsdämpfer
5 Befestigungsschelle, klein
6 Gummimanschette
7 Befestigungsschelle, gross
8 Sicherungsring
9 Staubschutzring
10 Dämpferschelle
11 Dreiarmgelenk
12 Inneres Gleichlaufgelenk
13 Sicherungsring
14 Antriebswelle mit äusserem Gleichlaufgelenk
15 Abtriebswelle vom Differential
16 Inneres Gleichlaufgelenk
17 Staubschutzring
18 Sicherungsring

Hammer und einem langen Dorn, wie in Bild 178 gezeigt, die Welle von der Innenseite des Fahrzeuges aus dem Getriebe ausschlagen.
— Ganz gleich wie die Welle ausgebaut wird, immer darauf achten, dass man die Manschetten oder Gelenke nicht beschädigt.

11.1.2 Achswellen reparieren

Das äussere Gelenk der Achswelle kann nicht repariert werden und die gesamte Welle muss erneuert werden, falls es übermässiges Spiel aufweist. Der Gelenkstern und das innere Gelenk sowie die Gummimanschetten können jedoch erneuert werden. Wenn eine Welle ausgebaut wurde, muss der Sicherungsring am inneren Ende immer erneuert werden, ganz gleich ob irgendwelche anderen Arbeiten an der Welle erforderlich sind.

Dies trifft nicht auf die Wellen eines Fahrzeuges mit einem Flansch am inneren Ende der Welle zu, da diese mit Schraubflanschen versehen sind.
Bild 179 zeigt ein Montagebild einer Antriebswelle. Die rechte Welle einiger Fahrzeuge ist mit einem Schwingungsdämpfer versehen.
Bei der Reparatur einer Antriebswelle ist unter Bezug auf das Montagebild vorzugehen:
● Klemmbänder beider Manschetten entfernen.
● Manschette (6) zur Mitte der Welle zu schieben.
● Welle in einen Schraubstock spannen und mit Farbe das Verhältnis zwischen der Welle und dem inneren Gelenk an gegenüberliegenden Stellen kennzeichnen, wie es in Bild 180 gezeigt ist. Im Bild ist eine Welle mit Antriebsflansch gezeigt.
● Gelenk von der Welle ziehen.
● Sicherungsring (8) entfernen und mit einem Körner an gegenüberliegenden Stellen in das Ende der Welle und das Dreiarmgelenk schlagen, um die Teile auf Zusammengehörigkeit zu zeichnen. Das Gelenk nach aussen abschlagen, ohne jedoch gegen die Rollen zu schlagen (Bild 181).
● Die beiden Gummimanschetten (2) und (6) von der Welle streifen.
● Mit einem Schraubenzieher die Befestigungsschelle des Schwingungsdämpfer entfernen (falls eingebaut) und den Dämpfer herunterziehen.
● Alle Teile gründlich reinigen. Falls erforderlich ein ausgeschlagenes Gelenk komplett erneuern. Verbogene Wellen müssen ebenfalls ersetzt werden. Gummimanschetten mit Löchern oder Rissen immer erneuern, damit kein Schmutz an die Gelenke kommen kann. Falls das Dreisterngelenk erneuert wird, das alte Gelenk einstweilen aufbewahren, da es beim Zusammenbau gebraucht wird.
Achswelle wieder unter Bezug auf Bild 179 in folgender Weise zusammenbauen:
● Grosse Schelle (7), Manschette (6), kleine Schelle (5), die anderen Schellen (10) und (3), die Manschette (2) sowie grosse Schelle (1) auf die Welle schieben und Welle in einen Schraubstock einspannen. Die Keilverzahnungen der Welle mit Klebband umwickeln, damit sie die Manschetten nicht zerschneiden. Die Schellen sollten immer er-

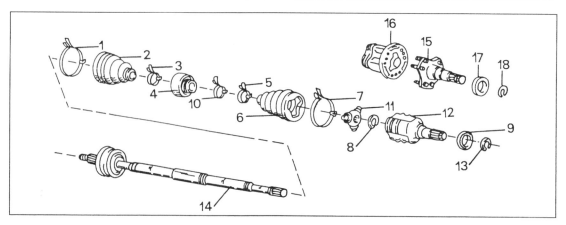

neuert werden. Die Anbringungsweise der Schellen ist wichtig, da die Enden der Schellen jeweils in Drehrichtung der Wellen weisen müssen.

● Gelenkstern zur Hand nehmen und feststellen welche Seite eine Anschrägung an der Innenseite besitzt. Diese Seite muss zum äusseren Gelenk weisen. An der Aussenseite kontrollieren, ob die Körnerzeichen gegenüberliegen, falls die gleichen Teile verwendet werden. Ein neues Gelenk so aufstecken, dass eine Rolle des Gelenks in die gleiche Lage kommt, als wenn man das alte Dreisterngelenk einbauen würde.

● Gelenk mit einem Dorn (gleichmässig ringsherum ansetzen) auf die Welle schlagen.

● Neuen Sprengring vor dem Gelenk in die Nut der Welle einfedern.

● Bei der Serie "AT" (1,6 Liter) 120 - 130 g des im Reparatursatz mitgelieferten Fettes in das äussere Gelenk und die Manschette einschmieren.

● Das innere Gelenk und die Manschette mit dem mitgelieferten Fett füllen. Bei einer Welle der Serie "ST" (2,0 Liter) oder "CT" (Diesel) werden 212 - 222 g gebraucht, bei einer Welle der Serie "AT" (1,6 Liter) 190 g.

● Gelenkgehäuse mit dem Farbzeichen der Welle in eine Linie bringen, wie es Bild 180 zeigt, und die Teile zusammenschieben.

● Gummimanschetten auf die Gelenke schieben. Die Wulst muss in die Rille der Welle und Gelenke eingreifen.

● Schellen auflegen und die Enden stramm ziehen. Danach die Enden der Schellen umbiegen und sichern. Kleine Schellen in gleicher Weise befestigen. Nach dem Anbringen der Manschetten dürfen diese nicht unter Spannung stehen oder zu weit zusammengeschoben sein.

11.1.3 Einbau

● Welle durch die Öffnung im Achsschenkel schieben und die Nabe auf die Welle drücken. Darauf achten, dass die Gummimanschette nicht beschädigt wird. Falls eine Welle mit Flansch eingebaut ist, den Flansch an der Abtriebswelle des Differentials anschliessen, ohne die Muttern in diesem Arbeitsgang vollkommen anzuziehen.

● Bei der anderen Wellenausführung die Innenseite der Welle (mit einem neuen Sprengring versehen, mit der Sprengringöffnung nach unten weisend) in das Getriebe einführen, so dass die Keilverzahnungen in Eingriff kommen, und einen Weichmetalldorn am inneren Gelenk ansetzen. Das Gelenk in das Getriebe einschlagen, bis man am Klang der Schläge feststellen kann, dass das innere Ende der Welle an der Innenseite anschlägt.

● Die Welle mit einer Hand erfassen und hin- und herbewegen. Falls man ein Spiel von 2 - 3

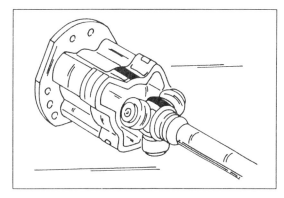

Bild 180
Vor Abnehmen der Gelenkglocke das Dreisterngelenk und die Glocke an gegenüberliegenden Stellen mit Farbe zeichnen.

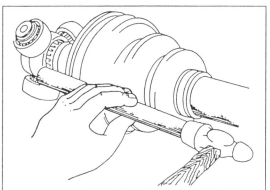

Bild 181
Gelenkstern mit einem Weichmetalldorn von der Welle schlagen. Den Dorn an den drei Armen des Gelenks ansetzen.

mm feststellen kann, bedeutet dies, dass der Sprengring einwandfrei sitzt. Zur Sicherheit die Welle mit einem kurzen Ruck nach aussen ziehen. Sie darf nicht herauskommen.

● Unteres Kugelgelenk mit dem unteren Querlenker verbinden und die Befestigung mit einem Anzugsdrehmoment von 142 Nm anziehen.

● Die Bremsscheibe entsprechend der Kennzeichnung auf die Radnabe aufstecken.

● Spurstangengelenk anschliessen. Die Mutter mit 50 Nm anziehen.

● Bremssattel anschrauben und mit 90 Nm anziehen.

● Rad anbringen und Fahrzeug auf den Boden ablassen.

● Mutter der Achswelle mit 190 Nm anziehen und einen neuen Splint in Welle und Mutter einsetzen. Mutter etwas fester anziehen, falls der Splint nicht sofort passt. Niemals die Mutter lockern, um den Splint einzusetzen. Ebenfalls das Rad anziehen und den Nabenzierdeckel aufsetzen.

● Falls ein Schraubflansch an der Innenseite der Welle vorhanden ist, das Bremspedal von einem Helfer durchtreten lassen und die Muttern des Wellenflansches der Reihe nach mit 36 Nm anziehen. Die Welle muss Stück für Stück durchgedreht werden, d.h. das Bremspedal muss zurückgelassen und wieder betätigt werden, ehe die nächste Mutter angezogen wird. Ausserdem zieht man die Muttern über Kreuz an, d.h. mehrere Durchgänge sind erforderlich um alle Muttern der Reihe nach anzuziehen.

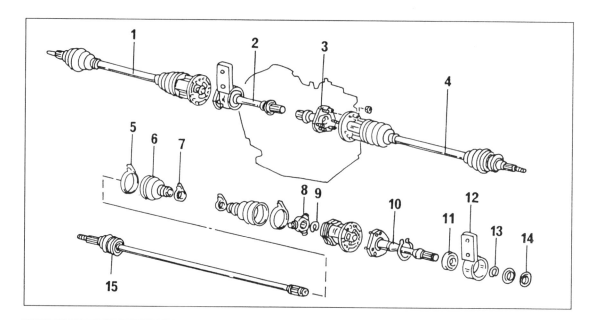

Bild 182
Die Einzelteile der Antriebswellen wenn Zwischenwellen eingebaut sind.
1 Rechte Antriebswelle
2 Zwischenwelle
3 Differentialabtriebswelle
4 Linke Antriebswelle
5 Manschettenschelle
6 Gummimanschette
7 Manschettenschelle
8 Gelenkstern
9 Sicherungsring
10 Zwischenwelle
11 Kugellager
12 Lagerkonsole
13 Sicherungsring
14 Staubschutzring
15 Äusseres Gelenk und Antriebswelle

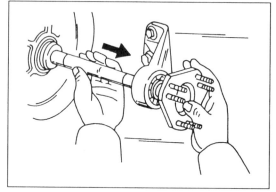

Bild 183
Zwischenwelle in gezeigter Weise aus dem Getriebe herausziehen.

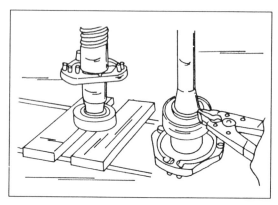

Bild 184
Der Sprengring hält das Kugellager auf der Zwischenwelle. Auf der linken Seite wird das Lager auf die Welle gepresst.

11.2 Aus- und Einbau einer Differentialabtriebswelle

Bestimmte Ausführungen haben eine kurze Antriebswelle, welche mit dem Seitenrad des Differentials verbunden ist und den Antrieb vom Getriebe auf die eigentliche Welle herstellt. Schrauben werden benutzt, um die Flansche der Differentialabtriebswelle und der Achswelle zu verbinden. Wie bei der normalen Antriebswelle wird ein Sicherungsring auf der kurzen Abtriebswelle verwendet. Ein Schlaghammer ist erforderlich um diese Welle aus dem Getriebe herauszuziehen, nachdem die Antriebswelle ausgebaut wurde.
Vor dem Einbau den Sicherungsring am Ende der Welle erneuern. Die kurze Welle in das Getriebe einsetzen und dann mit einem Weichmetallhammer dagegenschlagen, bis der Sprengring in seine Rille eingeschnappt ist. Die Welle danach hin- und herziehen, um den Sicherungsring auf einwandfreien Sitz zu kontrollieren. Die Welle muss ein Spiel von mindestens 2-3 mm haben.

11.3 Zwischenwelle

Mit 2,0 Liter-Einspritzmotor versehene Modelle sind auf der rechten Seite mit einer Zwischenwelle versehen, welche die Antriebswelle mit dem Getriebe verbindet. Die Anordnung der Wellen ist in Bild 182 gezeigt.
Falls die Welle ausgebaut werden soll, ist in der bereits beschriebenen Weise vorzugehen, jedoch muss die Flanschverbindung der Zwischenwelle auf einer Seite gelöst werden. Danach das Lager der Welle vom Zylinderblock abschrauben und die Welle wie in Bild 183 herausziehen.
Die Zwischenwelle kann in die in Bild 182 gezeigten Teile zerlegt werden. Als erstes die Lagerkonsole vom mittleren Lager entfernen (Bild 184) und danach den inneren und den äusseren Staubschutzring auspressen. Den Sprengring vor dem Lager ausfedern und das Lager von der Welle abpressen.
Das neue Lager über die Welle pressen und mit dem kleinen Sprengring befestigen. Abschliessend die Staubschutzabdichtungen wieder in die Lagerkonsole einpressen.
Die Lagerkonsole wieder an der Zwischenwelle anbringen, falls sie abmontiert wurde.

12 Vorderradaufhängung

Zwei Federbeine mit Schraubenfedern und darin befindlichen, hydraulischen Stossdämpfern dienen zur Abfederung der Vorderachse, unterstützt durch einen Kurvenstabilisator. Ein Kurvenstabilisator ist zwischen die unteren Querlenker und dem Aufhängungsquerträger eingesetzt. Verbindungsgestänge mit Kugelgelenken an beiden Enden verbinden die Stabilisatorstange mit den Querlenkern.

Die hydraulischen Teleskopstossdämpfer wirken dämpfend in beiden Richtungen. Die Stossdämpfer können nicht zerlegt werden, um den Stossddämpfereinsatz zu erneuern.

Die Vorderradnaben laufen auf einem einzelnen Lager, welches sich in der Innenseite des Achsschenkels befindet.

12.1 Federbeine

12.1.1 Ausbau

Der folgende Text beschreibt den Ausbau des Federbeins zusammen mit der Schraubenfeder.
- Vorderseite des Fahrzeuges auf Böcke setzen und das Rad abnehmen.
- Bremsschlauch am Befestigungswinkel gegenhalten und die Überwurfmutter der Bremsleitung lösen und abschrauben. Die Federspangen aus der Schlauchhalterung ausschlagen und den Schlauch von der oberen Befestigung trennen.
- Bremssattel vom Achsschenkel abschrauben und abnehmen. Der Schlauch kann am Bremssattel gelassen werden. Den Bremssattel mit einem Stück Draht an der Vorderradaufhängung festbinden, damit er nicht am Schlauch herunterhängen kann.
- An der Unterseite des Federbeins die beiden in Bild 185 gezeigten Muttern lösen und die Schrauben vorsichtig herausschlagen.
- Mit einem Weichmetallhammer den Achsschenkel nach unten schlagen, bis er vom Federbein getrennt ist. Falls erforderlich kann man einen Schraubenzieher in den Klemmschlitz einsetzen und diesen leicht öffnen.
- Die Staubschutzkappe aus dem Aufhängungsturm entfernen und die Mutter in der Mitte der Kolbenstange lockern, falls die Schraubenfeder ausgetauscht werden soll. Diese Mutter nicht entfernen.

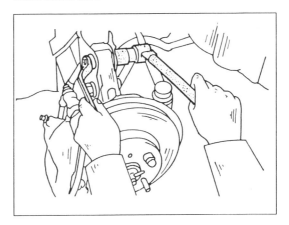

Bild 185
Abschrauben oder Anschrauben eines Federbeins vom Achsschenkel.

- Die drei Muttern des oberen Federbeinlagers lösen. Eine zweite Person muss das Federbein von unten halten, da es andernfalls herunterfällt.
- Federbein nach unten herausziehen.

12.1.2 Federbein zerlegen

Falls man ein Federbein zerlegen will, so sind die folgenden Punkte vor dem Beginn der Arbeiten zu beachten:
- Die Schraubenfedern der verschiedenen Carina II-Modelle sind unterschiedlich. Beim Bestellen von neuen Teilen ist dies zu beachten. Ebenfalls dürfen die Federn nicht verwechselt werden, falls beide ausgebaut wurden.
- Federbein niemals in einen Schraubstock einspannen, sondern eine Platte anfertigen, an die man das Federbein anschrauben kann. Die Platte kann dann eingespannt werden.

Voraussetzung zur Zerlegung ist die Verwendung eines Federspanners, um den Druck der Feder beim Abschrauben der Kolbenstangenmutter zu entlasten.
- Unter Bezug auf Bild 186 die Schraubenfeder in geeigneter Weise zusammendrücken, bis sich die Feder von beiden Sitzen abheben lässt.
- Mutter der Kolbenstange in der Innenseite des oberen Lagers lösen oder entfernen, falls sie bereits gelöst wurde.

83

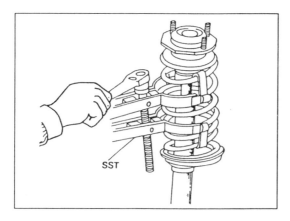

Bild 186
Zusammenspannen der Schraubenfeder mit dem Federspanner.

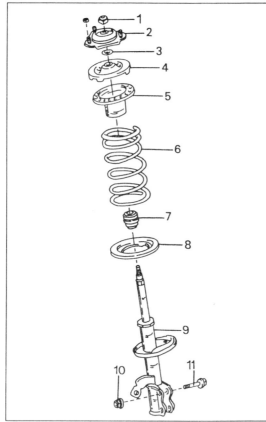

Bild 187
Die Teile eines vorderen Federbeins.
1 Kolbenstangenmutter, 47 Nm
2 Federbeinlager
3 Staubschutzring
4 Federsitz, oben
5 Oberes Gummilager
6 Schraubenfeder
7 Rückprallgummi
8 Unteres Gummilager
9 Federbein
10 Mutter, 263 Nm
11 Schraube

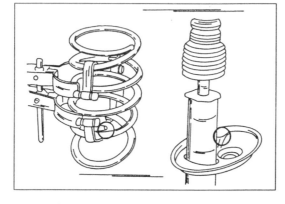

Bild 188
Beim Aufsetzen der Feder darauf achten, dass die Feder mit dem unteren Wicklungsende in den Federsitz eingreift.

● Alle Teile des oberen Lagers und danach die Schraubenfeder vom Federbein abnehmen. Die Teile sind in Bild 187 gezeigt.
● Den Stossdämpfer senkrecht in einen Schraubstock einspannen und die Kolbenstange herausziehen und wieder hineinschieben. Falls "tote" Stellen festgestellt werden können, oder die Kolbenstange kehrt nach Hineinschieben nicht wieder gleichmässig zurück, muss das gesamte Federbein erneuert werden.

Alle Teile gründlich mit Waschbenzin reinigen und mit Pressluft trockenblasen. Darauf achten, dass alle Teile frei von Staub oder Schmutz sind. Verschlissene oder beschädigte Teile durch Neuteile ersetzen. Besonders zu kontrollieren sind: der Rückprallgummi auf Verformung oder Bruchstellen, die Staubschutzabdichtung auf Verformung, das Stossdämpfergehäuse auf Beschädigung, die Kolbenstange auf Verbiegung. Der Achsschenkel kann nur einwandfrei in einer Werkstatt kontrolliert werden.

12.1.3 Federbein zusammenbauen

Federbein und Stossdämpfer in folgender Reihenfolge wieder zusammenbauen:

● Alle Luft aus dem Stossdämpfer ausscheiden, indem man den Kolben mehrere Male nach oben und unten bewegt, wobei darauf zu achten ist, dass der Kolben jedesmal über den gesamten Hub betätigt wird. Die Kolbenstange herausziehen, wenn sich die Achsschenkelseite an der Unterseite befindet; die Kolbenstange hineinschieben, wenn sich die Achsschenkelseite an der Oberseite befindet.
● Unteren Gummifedersitz und den Rückprallgummi in der in Bild 187 gezeigten Richtung auf das Federbein bzw. die Kolbenstange aufsetzen.
● Vorderfeder aufsetzen, aber darauf achten, dass sie richtig auf dem Federsitz aufliegt. Wie aus Bild 188 ersichtlich ist, muss das Ende der Feder genau in die mit dem Kreis bezeichnete Führung eingreifen.
● Oberen Federsitz mit den Flächen des Lochs in Eingriff mit den Führungsflächen der Kolbenstange bringen. Die mit "Out" gezeichnete Seite des Federsitzes muss nach aussen weisen. Falls beide Federbeine gleichzeitig zerlegt wurden, darf man die beiden Federsitze nicht verwechseln. Der rechte Federsitz ist mit mit dem Buchstaben "R", der linke Federsitz mit dem Buchstaben "L" gezeichnet, um Fehler zu vermeiden.
● Staubschutzring an der Aussenseite mit Mehrzweckfett einschmieren und anbringen.
● Schraubenfeder mit dem in Bild 186 gezeigten Spezialwerkzeug zusammendrücken, das obere Federbeinlager aufsetzen und eine neue Mutter auf die Kolbenstange schrauben. Der Federsitz muss in geeigneter Weise gegengehalten werden, wenn man die Mutter anzieht. Toyota-Werkstätten benutzen dazu einen Spezialgegenhalter, welcher an den Ansätzen des oberen Federsitzes ("4" in

Bild 187) angesetzt wird. Aus Bild 189 kann man ersehen wie das Werkzeug verwendet wird, d.h. man wird in der Lage sein eine entsprechende Hilfsvorrichtung zu benutzen. Die Mutter wird mit einem Anzugsdrehmoment von 50 Nm angezogen.
- Lager im Federbeinlager mit Fett füllen und die Kappe aufsetzen.

12.1.4 Federbein einbauen

Der Einbau des Federbeins geschieht in umgekehrter Reihenfolge wie der Ausbau, unter Beachtung der folgenden Punkte:
- Federbein von unten hineinheben und einstweilen die drei Muttern des oberen Federlagers lose anschrauben.

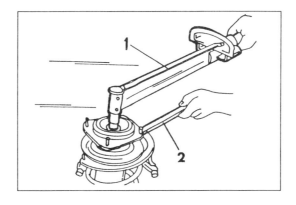

Bild 189
Beim Anziehen der Kolbenstangenmutter eines Federbeins mit dem Drehmomentschlüssel muss der Federsitz gegen Mitdrehen gehalten werden.
1 Drehmomentschlüssel
2 Gegenhalter

12.2 Achsschenkel und Vorderradnaben

Bild 190 zeigt die beim Aus- und Einbau des

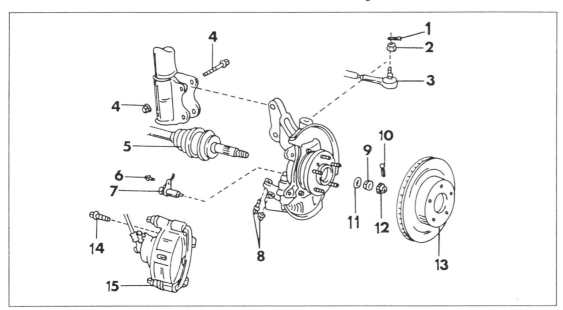

Bild 190
Einzelheiten zum Aus- und Einbau der Radnaben und des Achsschenkels.
1 Splint
2 Kronenmutter, 50 Nm
3 Spurstangenkopf
4 Schraube und Mutter, 255 Nm
5 Antriebswelle
6 Schraube, 12 Nm
7 Drehzahlfühler des Vorderrades, ABS
8 Schrauben und Muttern, 127 Nm
9 Radlagermutter, 190 Nm
10 Splint
11 Scheibe
12 Mutternsicherung
13 Bremsscheibe
14 Bremssattelschraube, 95 Nm
15 Bremssattel

- Querlenker mit dem Achsschenkel nach oben drücken und das Federbein mit dem Achsschenkel in Eingriff bringen. Die Schrauben von hinten nach vorn einsetzen.
- Die beiden in Bild 185 gezeigten Schraubenköpfe gegenhalten und die Muttern mit einem Anzugsdrehmoment von 142 Nm anziehen, wenn ein 1,6 Liter-Motor eingebaut ist oder mit 255 Nm, wenn ein 2,0 Liter-Motor oder ein Dieselmotor eingebaut ist.
- Muttern der oberen Federbeinlagerung auf 65 Nm anziehen.
- Bremssattel wieder anschrauben (siehe Kapitel "Bremsen").
- Bremsschlauch wieder anschliessen und die Anschlussschraube des Bremsschlauches am Bremssattel mit 30 Nm anziehen.
- Rad anschrauben, das Fahrzeug auf den Boden ablassen und die Räder anziehen.
- Vorderwagen vermessen.

Achsschenkels und der Vorderradnabe betroffenen Teile.

12.2.1 Aus- und Einbau

- Fahrzeug vorn auf Böcke setzen.
- Nabenzierdeckel entfernen und die Radmuttern lösen.
- Splint aus der Mutter der Achswelle herausziehen und die Mutter lösen. Dazu das Bremspedal von einem Helfer durchtreten lassen. Andernfalls die Mutter lösen, während das Rad noch auf dem Boden aufsteht.
- Rad abmontieren.
- Bremssattel vom Federbein abschrauben ohne aber die Bremsleitung zu trennen. Den Sattel an einem Stück Draht hängend auf eine Seite legen.
- Aussenseite der Nabe und Bremsscheibe mit

Farbe oder einem Filzstift kennzeichnen und die Bremsscheibe von der Nabe herunternehmen.

● Vor Ausbau der Radnabe das Axialspiel der Radlager kontrollieren. Dazu eine Messuhr mit einem geeigneten Halter in der in Bild 191 gezeigten Weise anordnen und den Messstift auf das Ende der Antriebswelle aufsetzen. Den Nabenflansch hin- und herbewegen und die Anzeige ablesen. Falls das Spiel mehr als 0,05 mm beträgt, müssen die Radlager erneuert werden.

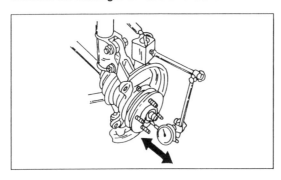

Bild 191
Kontrolle des Axialspiels eines Vorderradlagers.

festigungsschraube des Drehzahlfühlers für das Vorderrad am Achsschenkel lösen und den Fühler herausziehen. Das Ende des Fühlers mit Klebband umwickeln, damit er nicht verschmutzt werden kann.

● Von der Unterseite des Querlenkers eine Schraube und zwei Muttern entfernen und den Querlenker vom Aufhängungskugelgelenk trennen.

Federbein an der Unterseite vom Achsschenkel trennen, wie es in Kapitel 12.1.1 beschrieben wurde. Die beiden Schrauben einstweilen nicht ausschlagen.

● Die Radnabe von der Achswelle herunterziehen und die Nabe zusammen mit dem Achsschenkel herausnehmen. Normalerweise wird die Nabe frei, wenn man mit einem Weichmetallhammer gegen das Ende der Welle schlägt. Andernfalls könnte ein Abzieher dazu erforderlich sein, welchen man wie in Bild 175 gezeigt ansetzen kann.

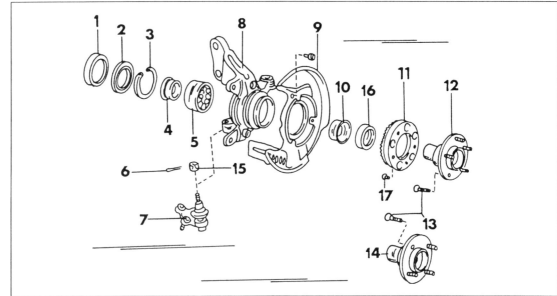

Bild 192
Montagebild eines Achsschenkels zusammen mit der Vorderradnabe.
1 Gummistaubschutzring
2 Innerer Öldichtring
3 Sprengring
4 Innerer Lagerlaufring
5 Radlager
6 Splint
7 Kugelgelenk
8 Achsschenkel
9 Spritzblech
10 Innerer Lagerlaufring
11 Zahnkranz (ABS)
12 Radnabe, 14 Zoll-Räder
13 Radbolzen
14 Radnabe, 13 Zoll-Räder
15 Kronenmutter, 105 Nm
16 Äusserer Öldichtring
17 Schraube, 14 Nm

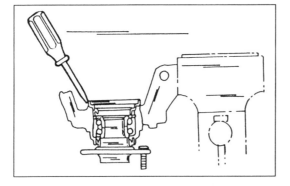

Bild 193
Den Achsschenkel in gezeigter Lage in den Schraubstock einspannen und den Staubschutzring ausheben.

● Splint aus der Kronenmutter des Spurstangengelenks herausziehen, die Mutter entfernen und das Gelenk mit einem geeigneten Abzieher vom Lenkhebel trennen.

● Falls eine ABS-Anlage eingebaut ist, die Be-

● Die beiden Schrauben der Verbindung zwischen Federbein und Achsschenkel ausschlagen und die Radnabe zusammen mit dem Achsschenkel aus dem Fahrzeug herausheben.

12.2.2 Radlager erneuern

Die Erneuerung der Vorderradlager erfordert einige Abzieher, um die Nabe aus dem Achsschenkel und den inneren Lagerring an der Aussenseite des Radlagers von der Radnabe abzuziehen. Die Radnabe und der Achsschenkel sind in ihren Einzelteilen in Bild 192 gezeigt.

● Achsschenkel wie in Bild 193 gezeigt vorsichtig in einen Schraubstock einspannen und den Staubschutzring (1) mit einem Schraubenzieher aus dem

Achsschenkel herausheben. Der Staubschutzring wird dabei zerstört.
- Inneren Öldichtring (2) aus dem Achsschenkel heben. Den Schraubenzieher dazu unter die Dichtlippe ansetzen.
- Rückseite des Achsschenkels reinigen und den grossen Sprengring (3) mit einer Sprengringzange zusammendrücken und ausfedern.
- Radnabe entweder unter einer Presse aus dem Achsschenkel herausdrücken oder vorsichtig mit einem Weichmetalldorn ausschlagen. Dabei nicht den Achsschenkel oder die Radnabe beschädigen.
- Öldichtring (16) aus der Aussenseite des Achsschenkels herausheben.
- Der innere Lagerring des Lagers (10) verbleibt auf der Nabe und kann mit einem Zweiarmabzieher, wie in Bild 194 gezeigt, von der Nabe abgezogen werden. Den abgezogenen Lagerlaufring in das Radlager einlegen und das Radlager nach hinten aus dem Achsschenkel auspressen. Der Achsschenkel ist dabei in der in Bild 195 gezeigten Lage auf den Pressentisch aufzulegen. Der Druck darf nur auf den äusseren Lagerlaufring ausgeübt werden.
- Staubschutzblech der Bremsscheibe (9) abschrauben.
- Falls das Fahrzeug mit einem Anti-Blockier-System (ABS) ausgerüstet ist, muss der Zahnkranz von der Innenseite der Bremsscheibe abgeschraubt werden. Dazu die Scheibe mit Blechbacken in einen Schraubstock einspannen, wie es Bild 196 zeigt, und die vier mit Spezialköpfen versehenen Schrauben lösen. Ein Spezialschlüsseleinsatz (Typ "Torx") ist dazu erforderlich.
- Lager gründlich in Waschbenzin reinigen und mit Pressluft trockenblasen, ohne dass sich die Lager dabei durchdrehen können. Das Lager erneuern, falls es Zeichen von Verschleiss, Fressstellen oder Verfärbung aufweisen. Falls die Radnabe eingelaufen ist, bedeutet dies, dass sich die inneren Lagerringe mitgedreht haben. In diesem Fall die Nabe erneuern. Leichte Kratzer können mit feinem Schmirgelleinen entfernt werden, welches man in Öl eintauchen sollte.

Beim Zusammenbau des Achsschenkels unter Bezug auf Bild 192 folgendermassen vorgehen:
- Achschenkel mit der Stirnfläche auf einen Pressentisch auflegen und das Radlager (5) von der Rückseite einpressen oder einschlagen. Den Dorn nur am Aussenumfang des Lagers ansetzen.
- Den inneren Lagerring (10) in das Lager einsetzen und leicht anschlagen.
- Einen neuen Dichtring (16) an der Lippe mit Fett einschmieren und von aussen in den Achsschenkel einschlagen, bis er bündig abschneidet.
- Die Flächen von Achsschenkel und Staub-

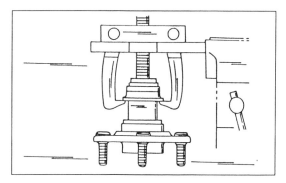

Bild 194
Abziehen des inneren Radlagerringes von der ausgebauten Radnabe.

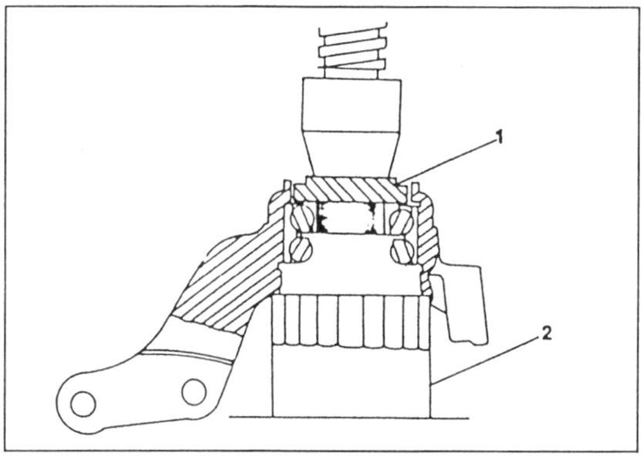

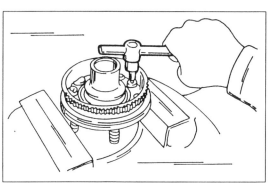

Bild 195
Auspressen des Radlagers. Ein geeignetes Druckstück (1) einsetzen. Den Achsschenkel auf ein Rohrstück (2) auflegen.

Bild 196
Lösen oder Montieren des Zahnkranzes an der Rückseite der Radnabe (mit ABS).

schutzblech mit Dichtungsmasse einstreichen und das Blech anschrauben.
- Falls das Fahrzeug mit ABS ausgerüstet ist und der Zahnkranz wurde abgeschraubt, den Kranz wieder an der Rückseite der Nabe anbringen und die Schrauben einsetzen. Die Radnabe in einen Schraubstock einspannen, wie es in Bild 196 gezeigt ist, und die Schrauben mit dem "Torx"-Schlüsseleinsatz auf ein Anzugsdrehmoment von 14 Nm anziehen. Darauf achten, dass die Radnabe beim Einspannen nicht beschädigt wird.
- Den Radnabenflansch auf einen Pressentisch auflegen und den Achsschenkel mit dem eingepressten Lager über die Nabe setzen. Einen Pressdorn gegen den Aussenring des Lagers ansetzen und den Achsschenkel über die Radnabe pressen.
- Von der Rückseite des Achsschenkels den grossen Sprengring (3) in die Rille einfedern.
- Einen neuen Dichtring (2) an der Lippe einfetten und in die Rückseite des Achsschenkels

einschlagen, bis er gegen die Achsschenkelfläche anliegt.

● Einen neuen Staubschutzdichtring in die Rückseite des Achsschenkels einpressen oder vorsichtig mit einem passenden Dorn einschlagen.

12.2.3 Radnabe einbauen

Der Einbau der Radnabe geschieht in umgekehrter Reihenfolge wie der Ausbau. Die Radlager brauchen nicht eingestellt zu werden. Folgende Punkte beachten:

● Den Achsschenkel mit der Radnabe über das Ende der Antriebswelle schieben und das Kugelgelenk provisorisch am Querlenker anbringen. Einen dicken Lappen um die Gummimanschette wickeln, damit sie bei den weiteren Arbeiten nicht beschädigt wird. Den oberen Ansatz des Achsschenkels gleichzeitig zwischen die Klemmstücke des Federbeins bringen. Den Achsschenkel falls erforderlich mit einem Weichmetallhammer aufschlagen.

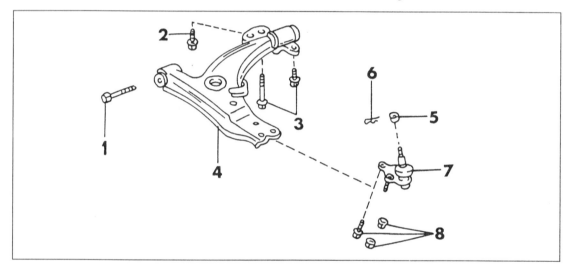

Bild 197
Die Einzelteile eines unteren Querlenkers zusammen mit dem Aufhängungskugelgelenk.
1 Schraube, 240 Nm
2 Schraube, 62 Nm
3 Schraube, 14 Nm
4 Querlenker
5 Kronenmutter, 105 Nm
6 Splint
7 Kugelgelenkplatte
8 Muttern und Schrauben, 130 Nm

● Schrauben von hinten in das Federbein und durch den Achsschenkel einschlagen (nicht das Gewinde dabei beschädigen) und die Muttern mit einem Anzugsdrehmoment von 255 Nm anziehen. Die Schraubenköpfe dabei mit einem Ringschlüssel gegenhalten.

● Bremsscheibe unter Beachtung der vor dem Einbau eingezeichneten Markierungen auf die Radnabe aufstecken.

● Den Bremssattel montieren und die beiden Schrauben mit einem Anzugsdrehmoment von 94 Nm anziehen. Kontrollieren, dass der Bremsschlauch nicht verdreht ist.

● Spurstangenkugelgelenk am Lenkhebel anschliessen und die Mutter mit einem Anzugsdrehmoment von 50 Nm anziehen. Einen neuen Splint einsetzen.

● Die beiden Muttern und die Schraube an der Unterseite des Querlenkers mit 127 Nm anziehen. Die Schraubenköpfe dabei mit einem Ringschlüssel gegenhalten.

● Nabenmutter aufschrauben und provisorisch anziehen.

● Rad anbringen und Fahrzeug auf den Boden ablassen. Die Handbremse anziehen.

● Nabenmutter mit einem Drehmoment von 190 Nm anziehen, die Mutternsicherung aufstecken und einen neuen Splint einsetzen. Falls der Splint nicht passt, die Mutter etwas nachziehen. Niemals die Mutter lockern, um den Splint einzusetzen.

● Nach Einbau der Radnabe die Vorderradeinstellung kontrollieren.

12.3 Querlenker

12.3.1 Ausbau

Der Querlenker kann leicht ausgebaut werden, da es nicht notwendig ist, das Federbein aus dem Fahrzeug herauszunehmen. Bild 197 zeigt die Teile des Querlenkers und die Arbeiten sind unter Bezug auf das Bild durchzuführen. Ein Verbindungsgestänge mit einem Kugelgelenk an jedem Ende und Muttern werden verwendet, um den Kurvenstabilisator an einer an den Querlenkern angeschweissten Halterung zu befestigen. Beim Ausbau eines Querlenkers oder Kugelgelenks folgendermassen vorgehen:

● Vorderseite des Fahrzeuges aufbocken und das Rad abschrauben.

● An der Unterseite des Querlenkers die beiden Schrauben und eine Mutter lösen, die das Kugelgelenk am Querlenker halten und das Kugelgelenk vom Querlenker abdrücken.

● Das Gestänge der Stabilisatorverbindung vom Querlenker lösen, indem man die Mutter löst und den Kugelbolzen herausdrückt.

Der weitere Ausbau der Querlenker ist bei Fahrzeugen mit Schaltgetriebe und Getriebeautomatik unterschiedlich und wird folgendermassen je nach Ausführung durchgeführt:

Ausser linker Welle bei Getriebeautomatik
- An der Rückseite des Querlenkers die drei Schrauben lösen.
- An der Vorderseite des Querlenkers die Schraube von der Aussenseite ausschrauben. Um die Schraube leichter zu entfernen, den Querlenker erfassen und ihn hin- und herbewegen, bis man die Schraube mit einer Zange herausziehen kann. Da der Querlenker unter Spannung sitzt, kann die Schraube klemmen.
- Querlenker herausnehmen. Bild 198 zeigt die Befestigung des Querlenkers an der Vorderseite (Schraube und Mutter) und an der Rückseite (drei Schrauben).

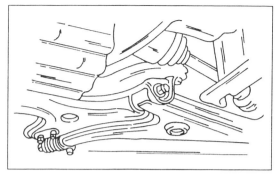

Bild 198
Querlenker sind in der gezeigten Weise vorn und hinten befestigt.

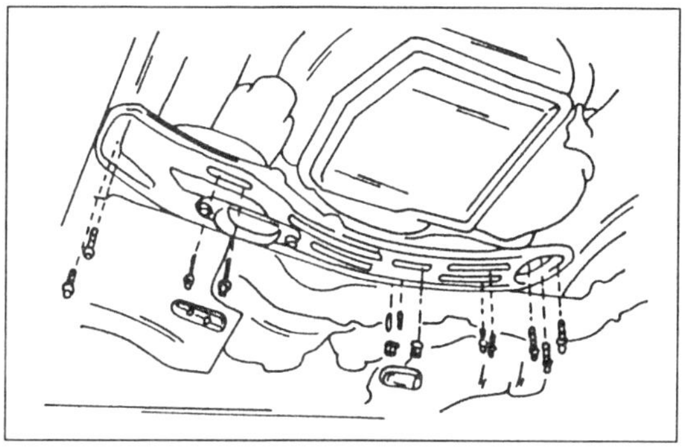

Linke Welle bei Getriebeautomatik
- Die Lenkzwischenwelle von der Lenkung abschliessen. Einzelheiten darüber sind im Abschnitt "Lenkung" zu finden.
- Den Splint und die Kronenmutter der beiden Spurstangengelenke entfernen und den Kugelbolzen mit einem geeigneten Abzieher aus dem Lenkhebel herausdrücken.
- Alle Bleche unter dem Vorderwagen abschrauben.
- Die in Bild 199 gezeigten 11 Schrauben und zwei Muttern lösen, die den mittleren Träger am Wagenboden halten und den Träger herausnehmen. Die beiden Gummistopfen müssen an den gezeigten Stellen herausgenommen werden, damit man an die Schrauben, bzw. Muttern in der Mitte kommen kann.
- Auspuffrohr vom Auspuffkrümmer abschliessen. Die Dichtungen abnehmen. Die Dichtungen müssen beim Einbau immer erneuert werden. Das Auspuffrohr am anderen Ende lösen (falls vorhanden ein elektrisches Kabel abklemmen) und das komplette Auspuffrohr herausnehmen.
- Bei eingebauter Servolenkung die Zufuhr- und Rückfuhrleitungen für die Flüssigkeit an der Lenkung abschrauben. Auslaufende Flüssigkeit auffangen, um den Arbeitsplatz nicht zu verschmutzen.
- Von der Unterseite der beiden Querlenker die in Bild 200 mit den Pfeilen gezeigten Schrauben und Muttern lösen und das Kugelgelenk vom Querlenker trennen.
- Die unteren Querlenker zusammen mit dem Aufhängungsquerträger von der Unterseite des Fahrzeuges abschrauben. Ein Rollwagenheber muss unter den Querträger untergesetzt werden, ehe man die Schrauben und Muttern löst. Zu-

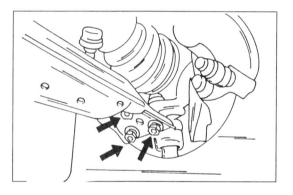

Bild 199
Die gezeigten Schrauben und Muttern lösen, um den mittleren Träger vom Wagenboden abzuschrauben (11 Schrauben, 2 Muttern). Die beiden Gummistopfen vorher herausdrücken.

Bild 200
Die Pfeile zeigen wo das Aufhängungskugelgelenk am Querlenker verschraubt ist.

erst die Mutter und Schraube der hinteren Motoraufhängung lösen und danach die sechs Befestigungsschrauben des Querträgers entfernen. Den Querträger auf dem Wagenheber absenken.
- Die untere Mutter des Verbindungsgestänges für den Kurvenstabilisator am linken Querlenker abschrauben und das Gestänge aushängen.
- Eine Schraube an der Vorderseite und an der Rückseite des Querlenkers entfernen und den Querlenker vom Querträger abnehmen.

12.3.2 Reparatur des Querlenkers

Die Büchse am hinteren Ende des Querlenkers kann erneuert werden. Dazu den Querlenker in einen Schraubstock einspannen und die Schraube im Ende der Lagerung lösen. Die Scheibe und die Büchse vom Lagerbolzen abziehen. Auf die genaue Einbauweise der Büchse achten. Eine neue Büchse in gleicher Einbaulage aufstecken, die Scheibe darüberlegen und die Schraube mit einem Drehmoment von 137 Nm anziehen.

Den Querlenker auf sichtbare Schäden kontrollieren. Falls Zweifel vorhanden sind (z.B. nach einem Unfall), sollte der Querlenker in einer Toyota-Werkstatt kontrolliert werden.

Aufhängungskugelgelenke können nicht zerlegt werden. Kugelgelenke sollten kein Axialspiel haben. Zur Kontrolle des Kugelgelenks, den Schaft ca. 5 bis 6 Mal hin- und herwackeln. Die Mutter auf das Gewinde schrauben und die Mutter fortlaufend mit einem Drehmomentschlüssel durchdrehen. Eine Umdrehung muss innerhalb 2 bis 4 Sekunden durchgeführt werden. Bei der fünften Umdrehung das Drehmoment ablesen. Falls dieses nicht zwischen 10 - 30 kgcm liegt, muss das Gelenk erneuert werden.

Falls erforderlich das am Achsschenkel verbliebene Kugelgelenk nach Lösen der Mutter mit einem passenden Abzieher abziehen.

12.3.3 Einbau

Unter Bezug auf Bild 197:
- Falls das Kugelgelenk ausgebaut wurde, den Schaft in den Achsschenkel einsetzen und mit der ursprünglichen Mutter auf 20 Nm anziehen. Danach die Mutter wieder entfernen und eine neue Mutter mit 127 Nm anziehen. Mutter mit einem neuen Splint sichern. Mutter etwas fester anziehen, falls der Splint nicht passen sollte.

Den Querlenker entsprechend der Fahrzeugausführung einbauen:

Ausser linke Welle mit Getriebeautomatik
- Den Querlenker wieder am Querträger des Fahrgestells montieren. Die Schraube an der Vorderseite und die drei Schrauben an der Rückseite einstweilen nur fingerfest anziehen. Sie werden festgezogen wenn das Fahrzeug wieder mit den Rädern auf dem Boden aufsteht.
- Den Querlenker mit dem Achsschenkel verbinden. Dazu die beiden Schrauben von oben nach unten einsetzen und die Muttern mit einem Anzugsdrehmoment von 130 Nm anziehen. Die Mutter aufschrauben und mit dem gleichen Anzugsdrehmoment anziehen. Bild 200 zeigte bereits die Befestigungsstellen.
- Das Verbindungsgestänge des Kurvenstabilisators mit dem Querlenker verbinden und die Mutter des Kugelbolzens mit 35 Nm anziehen.
- Fahrzeug auf die Räder ablassen und die Vorderseite einige Male auf- und abschwingen, damit sich die Radaufhängung setzen kann.
- Die Querlenkerbefestigung am Aufhängungsquerträger kann jetzt angezogen werden. Dazu muss unbedingt unter Bezug auf Bild 201 vorgegangen werden, da die einzelnen Muttern und Schrauben unterschiedliche Anzugsdrehmomente haben.
- Abschliessend die Geometrie der Vorderräder ausmessen und ggf. die Vorspur einstellen, wie es in Kapitel 12.5 beschrieben ist.

Linke Welle mit Getriebeautomatik
- Den Querlenker provisorisch am Querträger montieren. Die beiden Schrauben und Muttern fingerfest anziehen.
- Querträger mit den daran angebrachten Querlenkern mit einem Wagenheber in die richtige Lage heben. Dabei gleichzeitig die Lenkungszwischenwelle mit dem Lenkritzel in Eingriff bringen. Die Schrauben einsetzen und mit einem Anzugsdrehmoment von 160 Nm anziehen.
- Die Verbindungsschraube zwischen Lenkungszwischenwelle und Lenkritzel einschlagen, die Mutter aufschrauben und Schraube und Mutter mit 35 Nm anziehen.
- Schraube und Mutter der hinteren Motoraufhängung anbringen und mit 80 Nm anziehen.
- Falls eine Servolenkung eingebaut ist die Zufuhr- und Rücklaufleitung für die Flüssigkeit an der Lenkung anschliessen und die Lenkung entlüften, wie es im betreffenden Kapitel beschrieben ist.
- Auspuffrohr am Auspuffkrümmer und die Verbindung am anderen Ende montieren. Die Verbindung am Flansch mit 62 Nm, die Verbindung am hinteren Rohr mit 20 Nm anziehen. Das Rohr an der Halterung am Getriebe anschrauben und mit 20 Nm festziehen.
- Verbindungsgestänge des Kurvenstabilisators mit dem Kugelgelenk am Querlenker verbinden. Mutter aufschrauben und mit 35 Nm anziehen.
- Die weiteren Arbeiten in gleicher Weise durchführen wie es bei den anderen Fahrzeugen beschrieben wurde.

12.4 Kurvenstabilisator

12.4.1 Ausbau und Einbau

Die Befestigung der Teile ist in Bild 202 gezeigt.

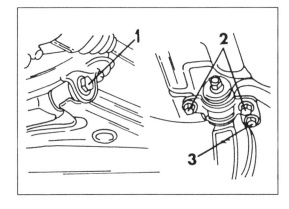

Bild 201
Die Anzugsdrehmomente einer Querlenkerbefestigung.
1 240 Nm
2 140 Nm
3 62 Nm

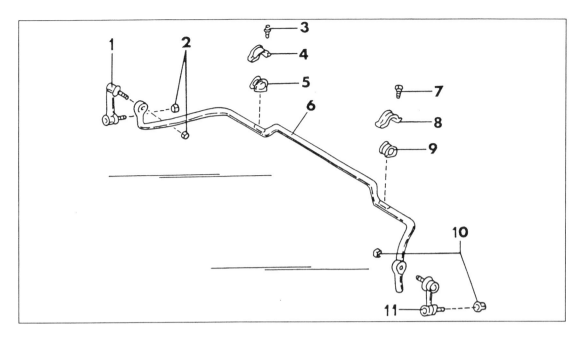

Bild 202
Der Kurvenstabilisator und dessen Befestigung.
1 Verbindungsgestänge
2 Muttern, 36 Nm
3 Schraube, 20 Nm
4 Montageschelle
5 Gummibüchse
6 Kurvenstabilisator
7 Schraube, 20 Nm
8 Montageschelle
9 Gummibüchse
10 Muttern, 36 Nm
11 Verbindungsgestänge

Wie bereits erwähnt, wird eine mit Kugelbolzen versehene Gestängeverbindung verwendet, um den Kurvenstabilisator mit den Querlenkern der Radaufhängung zu verbinden.

Der Aufhängungsquerträger und das Auspuffrohr müssen ausgebaut werden (Schläuche der Lenkung bei eingebauter Servolenkung abschliessen), ehe man den Kurvenstabilisator ausbauen kann. Beim Abschrauben der Montageschellen auf die Einbauweise der Gummibüchsen achten, um sie bei der Montage wieder in der ursprünglichen Lage anzuordnen. Der Kurvenstabilisator ist auf beiden Seiten mit einer Farblinie gezeichnet und die Büchsen sind so aufzustecken, dass die Kante der Büchsen auf jeder Seite bündig mit der Farblinie abschneidet.

Die Muttern der Verbindungsgestänge mit 35 Nm, die Schrauben der Montageschellen mit 20 Nm anziehen. Aufhängungsquerträger und Auspuffrohr werden entsprechend den Anweisungen im letzten Kapitel montiert.

12.5 Vorderradeinstellung

Bei der Kontrolle der Radeinstellung der Vorderräder muss das Fahrzeug auf ebenem Boden stehen und die Reifen müssen mit dem vorgeschriebenen Luftdruck gefüllt sein. Vor dem Ausmessen der Vorspur ist es wichtig, dass Lenkung und die Radaufhängung vorschriftsmässig montiert wurden und vollkommen ohne Spiel sind. Der Nachlauf, der Sturz und die Spreizung können nicht eingestellt werden. Falls die angegebenen Werte bei der Messung in herkömmlicher Weise überschritten werden, kann man meistens annehmen, dass Teile der Vorderradaufhängung verzogen sind, die entsprechend erneuert werden müssen, es sei denn, Arbeiten wurden an der Vorderradaufhängung durchgeführt, welche die Werte verstellt haben.

Bei der Ausmessung des Sturzes und Nachlaufs ist das Fahrzeug in Betriebszustand zu bringen, d.h. wie es im Verkehr verwendet wird. Ausserdem ist der Kraftstofftank zu füllen.

Die Einstellwerte sind in der Mass- und Einstelltabelle angegeben.

12.5.1 Vorspur einstellen

Die Vorspur wird nach Lockern der Kontermuttern der Spurstangen und Verlängern oder Verkürzen der Spurstange eingestellt. Da die Spurstangenköpfe selbst nicht verstellt werden brauchen, können sie an den Lenkhebeln angeschlossen bleiben.

Die Spurstangen müssen unbedingt um die gleiche Länge verstellt werden.

Die Grundlänge der Spurstangen ist auf beiden Seiten auf den gleichen Wert zu bringen, d.h. vor der Messung der Vorspur sind die beiden Masse "A" und "B" in Bild 203 an den gezeigten Stellen auszumessen. Der Unterschied zwischen

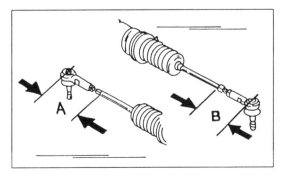

Bild 203
Falls Spurstangen erneuert wurden, müssen die beiden Masse "A" und "B" innerhalb eines Unterschiedes von 1,0 mm eingestellt werden.

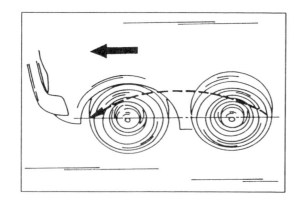

Bild 204
Nach Vorwärtsschieben des Fahrzeuges in Pfeilrichtung müssen die Ansetzstellen des Spurmasses in gleicher Höhe liegen (gestrichelte Linie).

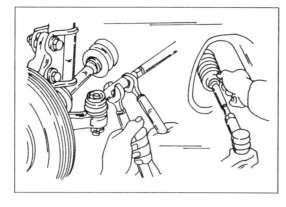

Bild 205
Kontermutter des Spurstangenkopfes lockern (links) und die Lenkungsmanschette lösen (rechts) ehe die Spur eingestellt wird.

Bild 206
Einstellen der Spur an den Spurstangen. Den Spurstangenkopf dabei gegenhalten.

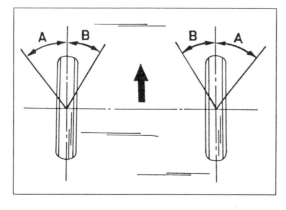

Bild 207
Darstellung des Lenkeinschlagwinkels der Vorderräder. Winkel "A" stellt den kurveninneren Winkel dar; Winkel "B" den kurvenäusseren Winkel. Der Pfeil weist in die Fahrtrichtung.

der Räder an den Felgenhörnern anlegen oder in die Mitte des Reifens anlegen und die Skala auf Null stellen. Die Anlagestellen des Spurmasses mit Kreide zeichnen.

● Spurmass abnehmen und Fahrzeug um eine halbe Umdrehung der Räder nach vorn schieben, bis die mit Kreide gezeichneten Stellen in Höhe der Naben sich an der Rückseite der Räder befinden, wie es in Bild 204 dargestellt ist.

● Das immer noch auf Null gestellte Spurmass jetzt hinter den Rädern anlegen und die Taststifte verstellen. Das an der Skala angezeigte Mass ablesen.

● Falls das Mass an der Rückseite grösser als an der Vorderseite ist, so ist Vorspur vorhanden, ist das Mass kleiner, so ist Nachspur vorhanden. Die beste Einstellung ist 0 mm, jedoch braucht keine Einstellung durchgeführt werden, falls die Anzeige innerhalb 2,0 mm Nachspur bis 2,0 mm Vorspur ergibt. Wenn eine Berichtigung der Spureinstellung erforderlich ist, muss sie auf 0 mm mit einer Toleranz von +1 mm oder —1 mm eingestellt werden. Bei der Einstellung folgendermassen vorgehen:

● Die beiden Enden der Drahtschellen an der Innenseite der Lenkungsmanschetten zusammendrücken und die Schellen abziehen. Die Kontermutter beider Spurstangen lockern. Die beiden Arbeitsgänge sind in Bild 205 gezeigt.

● Die Spurstange mit einer Zange oder einem Gabelschlüssel an der Fläche in Bild 206 gegenhalten und mit einem Gabelschlüssel die Spurstangen auf beiden Seiten um den gleichen Wert verstellen.

● Spur erneut kontrollieren und, falls einwandfrei, die beiden Kontermuttern mit einem Drehmoment von 74 Nm anziehen.

● Lenkungsmanschetten auf die Zahnstangenlenkung aufdrücken, die beiden Metallspangen zusammendrücken und in die Rille der Manschetten einlegen.

12.5.2 Lenkeinschlagwinkel einstellen

Zur genauen Einstellung der Lenkeinschlagwinkel sind die Vorderräder auf Drehscheiben aufzusetzen. Die Einschlagwinkel sind der Mass- und Einstelltabelle zu entnehmen. Bild 207 zeigt mit den Winkeln "A" und "B" um welche Radeinstellung es sich handelt. Falls erforderlich, die Länge der Spurstangen kontrollieren. Die Spurstangen beide auf die gleiche Länge einstellen und die Einschlagwinkel nachprüfen. Abschliessend die Vorspur nachprüfen und ggf. einstellen.

12.5.3 Nachlaufeinstellung

Unter Nachlauf versteht man die Schrägstellung

den beiden Seiten darf nicht grösser als 1,0 mm sein. Andernfalls die Kontermuttern der Spurstangenköpfe lockern und die Köpfe entsprechend verdrehen.

Beim Messen der Vorspur folgendermassen vorgehen:

● Ein geeignetes Spurmass an der Vorderseite

des Federbeins nach hinten, so dass eine durch das Federbein gezogene Linie vor dem Berührungspunkt des Reifens auf die Fahrbahn auftrifft (siehe Bild 208). Unter anderem hilft der Nachlauf die Lenkung wieder von selbst in die Geradeausstellung zurückzubringen, d.h. ein richtig eingestellter Nachlauf ist wichtig für das Fahrverhalten des Wagens.

Falls der Nachlauf grösser als der Höchstwert ist, können keine Berichtigungen vorgenommen werden. In diesem Fall die Radaufhängung auf Verzug kontrollieren.

Der Nachlauf kann mit einem handelsüblichen Gerät kontrolliert werden. Immer den Anweisungen des Geräteherstellers folgen.

12.5.4 Sturzeinstellung

Unter Sturz versteht man die Schrägstellung der Vorderräder nach aussen, d.h. die Oberseite des Reifens ist weiter nach aussen gestellt als die Unterseite. Bild 209 veranschaulicht die Sturzeinstellung.

Der Sturz der Vorderräder kann nicht eingestellt werden. Zum Messen ein handelsübliches Gerät verwenden, welches man entsprechend den Anweisungen des Herstellers benutzt.

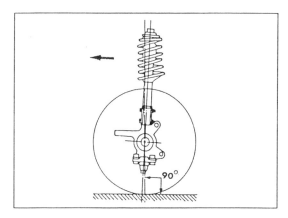

Bild 208
Darstellung des Nachlaufs. Der Pfeil weist in die Fahrtrichtung.

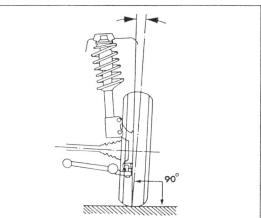

Bild 209
Darstellung des Sturzwinkels. Das Rad muss an der Oberseite weiter nach aussen stehen als an der Unterseite.

13 Hinterradaufhängung

Die Hinterradaufhängung der Limousinen- und Coupé-Modelle besteht aus zwei parallel von innen nach aussen verlaufenden Querlenkern, einer Längslenkerstange und Federbeinen mit Schraubenfedern und hydraulischen Teleskopstossdämpfern auf jeder Seite. Ein Kurvenstabilisator ist eingebaut und wird mit einem Verbindungsgestänge mit einem der Querlenker auf jeder Seite verbunden.

Bei Kombiwagen ist eine Radaufhängung mit Blattfedern und hydraulischen Stossdämpfern eingebaut.

13.1 Hinterradnaben und Radlager — Limousine und Coupé

13.1.1 Radnabe/Bremstrommel oder Bremsscheibe ausbauen

Bild 210 zeigt die beim Aus- und Einbau der Radnabe betroffenen Teile bei einem Fahrzeug mit Trommelbremsen an den Hinterrädern. Bild 211 zeigt die Unterschiede wenn Scheibenbremsen an den Hinterrädern montiert sind.

● Radmuttern lockern, Rückseite des Fahrzeuges auf Böcke setzen und das Rad abnehmen.

● Bremsleitung von der Rückseite der Bremsträgerplatte abschrauben (nur bei Trommelbremsen). Bei eingebauten Scheibenbremsen den Bremssattel abschrauben ohne den Bremsschlauch abzuschrauben. Den Bremssattel mit einem Stück Draht an der Hinterradaufhängung festbinden, damit er nicht am Bremsschlauch herunterhängen kann.

● Bremstrommel oder Bremsscheibe abnehmen.

● Mit einer Stecknuss und einer Verlängerung durch die Öffnungen im Nabenflansch die vier Muttern der Radnabe vom Achsträger abschrauben, ähnlich wie es in Bild 213 bei einer Trommelbremse gezeigt ist. Die komplette Radnabe zusammen mit der Bremsträgerplatte abnehmen. Den "O"-Dichtring abnehmen. Die Bremsträgerplatte kann am Handbremsseil angeschlossen bleiben.

13.1.2 Radlager erneuern

Bild 212 zeigt ein Montagebild einer Hinterradnabe mit dem darin befindlichen Radlager. Die Anordnung des Radlagers ist bei Trommelbremsen und Scheibenbremsen gleich.

● Den Nabenflansch (7) mit Blechbacken in

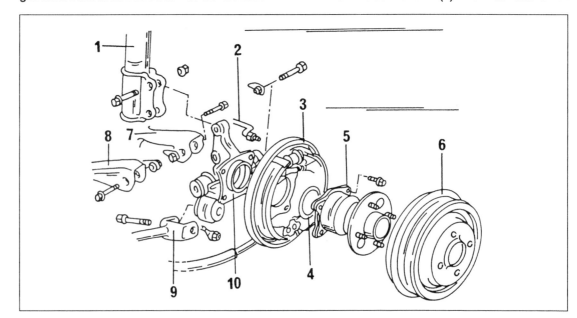

Bild 210
Einzelheiten zum Aus- und Einbau einer Hinterradnabe bei eingebauten Trommelbremsen.
1 Federbein
2 Bremsleitung
3 Hinterradbremse
4 "O"-Dichtring
5 Hinterradnabe
6 Bremstrommel
7 Querlenker
8 Querlenker
9 Längslenker
10 Radnabenträger

einen Schraubstock einspannen und die Mutter (1) an der Rückseite der Radnabe mit einem Meissel und Hammer entsichern.
- Die Mutter abschrauben.
- Die Achswelle mit dem Radnabenflansch aus der Nabe auspressen oder mit einem Abzieher ausdrücken, wie es in Bild 214 gezeigt ist. Man kann auch versuchen die Welle mit einem Weichmetalldorn auszuschlagen.
- Den inneren Lagerring (2) aus dem Lager entfernen.
- Mit einem Abzieher, ähnlich wie es in Bild 194 gezeigt wurde, den inneren Lagerring des äusseren Lagers (5) von der Achswelle abziehen.

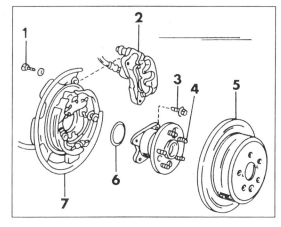

Bild 211
Die Anordnung der Radnabe zusammen mit der Bremsträgerplatte für die Handbremse bei eingebauten Scheibenbremsen.
1 Schraube, 47 Nm
2 Hinterer Bremssattel
3 Schraube, 80 Nm
4 Hinterradnabe
5 Bremsscheibe
6 "O"-Dichtring
7 Bremsträgerplatte mit Bremsbacken der Handbremse

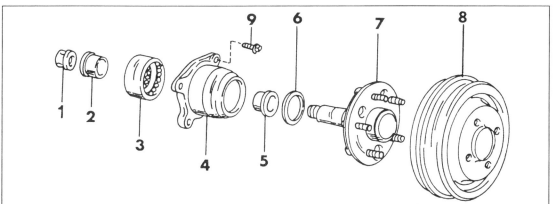

Bild 212
Montagebild einer Radnabe, hier zusammen mit der Bremstrommel gezeigt.
1 Mutter
2 Innerer Lagerring
3 Radlager
4 Radnabengehäuse
5 Innerer Lagerring
6 Öldichtring
7 Achswelle mit Flansch
8 Bremstrommel
9 Befestigungsschraube

- Den Öldichtring (6) von der Achswelle herunterziehen.
- Den inneren Lagerring (5) wieder in das Lager einsetzen, die Radnabe auf einen Pressentisch auflegen und das Lager nach hinten herauspressen. Das verwendete Druckstück muss auf dem Aussenumfang des Lagers aufsitzen. Das Lager muss immer als Ganzes erneuert werden.

Alle Teile gründlich reinigen. Die Lager in Waschbenzin auswaschen und mit Druckluft trockenblasen, ohne dass sich das Lager dabei durchdrehen kann. Lager erneuern, falls sie Zeichen von Verschleiss, Fressstellen oder Verfärbung aufweisen. Falls die Achswelle eingelaufen ist, bedeutet dies, dass sich die inneren Lagerringe mitgedreht haben. In diesem Fall die Achswelle erneuern. Leichte Kratzer können mit Schmirgelleinwand entfernt werden, welches man in Öl eintauchen sollte.

Beim Zusammenbau der Radnabe folgendermassen vorgehen:
- Das Radlagergehäuse mit der Stirnfläche auf einen Pressentisch auflegen und das Radlager von der Rückseite aus einpressen oder einschlagen. Dorn nur am Aussenumfang des Lagers ansetzen.
- Einen neuen Öldichtring an der Dichtlippe mit Fett einschmieren und von aussen in das Radlagergehäuse einschlagen.

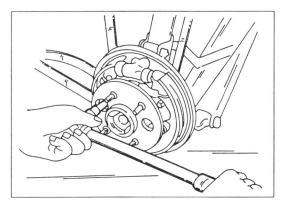

Bild 213
Lösen oder Anziehen der Schrauben für die Bremsträgerplatte und die Radnabe durch die Löcher im Radnabenflansch.

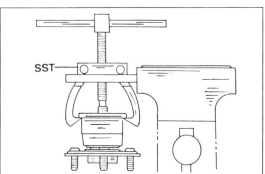

Bild 214
Abziehen der Radnabe von der Achswelle mit einem Zweiklauenabzieher.

- Die beiden inneren Lagerringe in die Lager einsetzen und leicht anschlagen.
- Den Nabenflansch (Achswelle) auf einen Pressentisch auflegen und das Radlagergehäuse mit dem eingepressten Lager über die Welle

setzen. Einen Pressdorn gegen den Innenring des Lagers ansetzen und das Radlagergehäuse über die Welle pressen.

● Den Radnabenflansch mit Blechbacken in einen Schraubstock einspannen und eine neue Mutter aufschrauben und mit 125 Nm anziehen.

● Die Mutter entsprechend Bild 215 mit einem Meissel und einem Hammer sichern, indem man den Bund der Mutter in die Aussparung der Welle verstemmt, ohne dass dabei das Material abplatzen kann. Der Meissel muss dementsprechend stumpf sein.

gerplatte und den Achsträger ansetzen und die Schrauben einsetzen. Die Schrauben gleichmässig der Reihe nach durch die Löcher im Radnabenflansch auf ein Drehmoment von 80 Nm anziehen. Bild 214 zeigt wie das Radlagergehäuse angezogen wird.

● Alle weiteren Arbeiten in umgekehrter Reihenfolge durchführen. Etwas Fett in die Innenseite der Fettkappe schmieren und die Fettkappe vorsichtig auf die Bremstrommel aufschlagen. Das Rad anbringen und Fahrzeug wieder auf den Boden ablassen. Die Radmuttern anziehen.

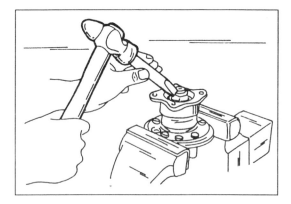

Bild 215
Lösen der Mutternsicherung der Achswelle.

13.2 Hintere Federbeine und Stossdämpfer — Limousine und Coupé

13.2.1 Ausbau

Da der Ausbau eines Teiles den Ausbau des anderen Teils beeinflusst, werden die Arbeiten zusammen beschrieben. Bild 216 zeigt ein Montagebild der Hinterradaufhängung. Die beiden Querlenkerstangen sehen jedoch jetzt etwas unterschiedlich aus. Die Querlenkerstange (7) ist aus Pressstahl hergestellt und an beiden Enden mit Gummibüchsen versehen. Die Querlenkerstange (17) hat immer noch die Form einer Stange, ist jedoch an beiden Enden mit Gummibüchsen versehen, d.h. die Gabelstücke sind nicht mehr vorhanden. Beim Ausbau eines Federbeins folgendermassen vor-

13.1.3 Radnabe einbauen

● Einen neuen "O"-Dichtring am Radnabenträger anbringen und die Bremsträgerplatte gegen den Träger ansetzen.

● Das Radlagergehäuse gegen die Bremsträ-

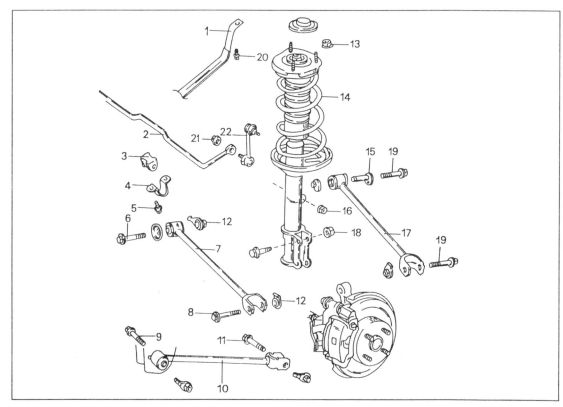

Bild 216
Montagebild der Hinterradaufhängung bei eingebauter Scheibenbremse.
1 Tankband
2 Kurvenstabilisator
3 Stabilisatorbüchse
4 Montageschelle
5 Schraube, 20 Nm
6 Schraube, 115 Nm
7 Querlenkerstange
8 Schraube, 180 Nm
9 Schraube, 115 Nm
10 Längslenkerstange
11 Schraube, 115 Nm
12 Mutternsicherung
13 Mutter, 40 Nm
14 Federbein
15 Spureinstellexzenter
16 Mutter, 35 Nm
17 Querlenkerstange
18 Mutter, 230 Nm
19 Schraube, 180 Nm
20 Schraube, 40 Nm
21 Mutter, 35 Nm
22 Stabilisatorgestänge

gehen. Unterschiede zwischen Ausführungen mit Trommelbremsen und Scheibenbremsen bestehen kaum.

● Rückseite des Fahrzeuges auf Böcke setzen und die Hinterräder abschrauben.

● Je nach Fahrzeugausführung entweder den Rücksitz und die Seitenverkleidung ausbauen (Limousine) oder nur die Seitenverkleidung entfernen (Coupé).

● Überwurfmuttern der Bremsleitung am Radbremszylinder abschrauben, die Leitung herausziehen und das Ende in geeigneter Weise verschliessen (nur bei Trommelbremsen). Das Federblech aus dem Schlauch herausschlagen. Den Schlauch aus dem Halteblech ziehen.

● Abdeckung des Federturms entfernen und die Mutter in der Mitte des Federbeins lockern, ohne sie jedoch abzuschrauben.

● An der Unterseite des Federbeins die beiden Muttern und Schrauben des Federbeins vom Radnabenträger abschrauben, wie es in Bild 217 gezeigt ist. Den Radnabenträger langsam nach unten drücken, bis dieser vom Federbein frei wird.

● Gestänge des Kurvenstabilisators vom Federbein abschrauben.

● An der oberen Aufhängung des Federbeins die drei Muttern lösen.

● Das Federbein nach unten herausziehen. Eine zweite Person sollte das Federbein von unten halten, da es nach Lösen der letzten Mutter herunterfallen wird.

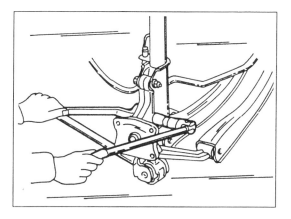

Bild 217
Lösen des hinteren Federbeins vom Radnabenträger.

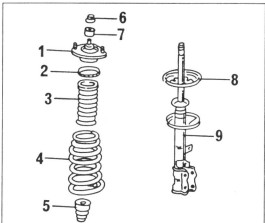

Bild 218
Montagebild eines hinteren Federbeins.
1 Federbeinlager
2 Schelle für Gummimanschette
3 Gummimanschette
4 Schraubenfeder
5 Rückprallgummi
6 Mutter, 50 Nm
7 Abstandshülse
8 Unterer Federsitz
9 Stossdämpferbein

13.2.2 Federbein zerlegen

● Federbein mit der Unterseite in einen Schraubstock einspannen. Um ein Zusammendrücken der Klemmstücke zu vermeiden, kann man eine Stecknuss dazwischen einsetzen, ehe der Schraubstock geschlossen wird.

● Einen Federspanner um die Wicklungen der Feder legen, wie es in Bild 186 bei der Vorderfeder gezeigt wurde und die Mutter in der Mitte des Federbeins vollkommen abschrauben. Alle in Bild 218 gezeigten Teile vom Federbein abnehmen.

● Stossdämpfer kontrollieren, indem man ihn senkrecht in einen Schraubstock spannt und auseinander zieht und zusammenschiebt. Der Druck muss innerhalb des gesamten Arbeitsweges gleich sein. Tote Stellen, d.h. ruckartige Bewegungen der Kolbenstange bedeuten die Erneuerung der Stossdämpfer. Die Stossdämpfer sind mit Gas gefüllt und beim Verschrotten sind deshalb die notwendigen Vorsichtsmassnahmen zu treffen.

● Hinterfedern entsprechend dem Ersatzteil-Mikrofilm des Lieferanten anhand der Fahrgestellnummer bestellen, da Federn manchmal geändert werden, um die Aufhängung zu verbessern.

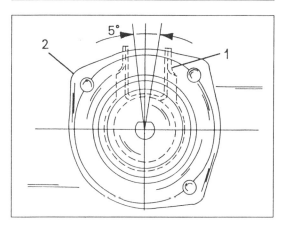

Bild 219
Vorschriftsmässiger Einbau des Federbeins (1) im Verhältnis zum oberen Federbeinlager (2).

13.2.3 Federbein zusammenbauen

● Federbein in einen Schraubstock einspannen.

● Die zusammengespannte Schraubenfeder auf das Federbein aufsetzen. Kontrollieren, dass die Feder der Kontur des Sitztellers angepasst ist.

● Rückprallgummi und Federeinsatz aufstecken.

● Federbeinlager auf die Kolbenstange aufstecken und danach verdrehen, bis die in Bild 219 gezeigten Löcher mit den beiden Klemmansätzen des Federbeins ausgerichtet sind.

● Eine neue Mutter provisorisch aufschrauben, ohne sie festzuziehen.

13.2.4 Federbein einbauen

● Stossdämpfer von unten einsetzen und die drei Muttern an der Oberseite gleichmässig mit 40 Nm anziehen.

● Radnabenträger in Eingriff mit dem Federbein bringen, die Schraubenlöcher ausrichten und die Schrauben einschlagen. Die Muttern aufschrauben und mit 230 Nm anziehen (siehe auch Bild 217).

● Mutter der Kolbenstange mit einem Anzugsdrehmoment von 50 Nm anziehen und die Abdeckkappe aufsetzen.

● Gestänge des Kurvenstabilisators anschliessen und die Mutter mit 35 Nm anziehen.

● Alle anderen Arbeiten in umgekehrter Reihenfolge durchführen. Abschliessend die Bremsanlage entlüften.

13.3 Hintere Querlenker — Limousine und Coupé

13.3.1 Ausbau

Beide Querlenker können getrennt ausgebaut werden. Bild 216 zeigt die Befestigungsweise der Querlenker, jedoch ist zu beachten, dass bei den in dieser Ausgabe behandelten Baujahren die beiden Querlenker durch eine lange Schraube mit einer Mutter an der Aussenseite befestigt werden, nicht durch die Schrauben (8) und (19) in der Abbildung.

● Rückseite des Fahrzeuges auf Böcke setzen.

● Hinterräder abschrauben.

● Die Schraube und Mutter der Querlenkers an der Aussenseite vom Radnabenträger entfernen und den Lenkerarm aus dem Eingriff bringen.

● An der Innenseite des Querlenkers die Schraube und Mutter der Befestigung an der Karosserie entfernen. Beim Querlenker mit dem Einstellexzenter (17) kontrollieren wo sich die Kennzeichnung des Einstellexzenters an der Innenseite des Querlenkers und die Kennzeichnung der Einstellschraube an der Aussenseite des Querlenkers befinden. Falls erforderlich, den Einstellexzenter und/oder die Einstellschraube und die Karosserie an gegenüberliegenden Stellen kennzeichnen.

● Den Querlenker herausnehmen.

Die Büchsen in den Querlenkern können nicht erneuert werden. Falls sie ausgeschlagen sind, so dass sie den Querlenkerlagerungen Spiel nach oben und unten erlauben, muss man den kompletten Querlenker erneuern. In diesem Fall vielleicht beide ersetzen.

13.3.2 Einbau

Der Einbau des Längslenkers geschieht in umgekehrter Reihenfolge wie der Ausbau, jedoch sind einige Punkte zu beachten:

● Den Querlenker an der Innenseite ansetzen, die Schraube einschlagen und die Mutter aufschrauben. Falls zutreffend den Einstellexzenter in die richtige Lage bringen. Die Schraube und Mutter noch nicht festziehen.

● Querlenker an der Aussenseite mit der Schraube und Mutter montieren. Scheiben werden unter der Mutter und unter dem Schraubenkopf untergelegt. Wiederum die Schraube und Mutter zu diesem Zeitpunkt nicht anziehen.

● Fahrzeug auf die Räder ablassen und Rückseite einige Male durchwippen, damit sich die Querlenkerlagerungen "einspielen" können.

● Die Querlenker an den Lagerungen entsprechend den Drehmomentangaben in Bild 216 anziehen. Zu beachten is, dass man beim Festziehen des Querlenkers (7) nur die Schrauben anziehen darf, da die Mutter gegen Verdrehen gesichert ist und sich nicht drehen lässt. Beim anderen Querlenker darauf achten, dass sich der Einstellexzenter beim Anziehen von Schraube und Mutter nicht mitdrehen kann. Nach Festziehen der Verbindung kontrollieren, dass der Einstellexzenter wieder in der ursprünglich vorgefundenen Lage steht, d.h. den Kennzeichnungen entspricht.

● Gestänge des Kurvenstabilisators anschliessen und die Mutter mit 35 Nm anziehen.

● Die Geometrie der Hinterräder muss abschliessend kontrolliert werden.

13.4 Kurvenstabilisator — Limousine und Coupé

Der Ausbau und Einbau des Kurvenstabilisators kann unter Bezug auf Bild 216 durchgeführt werden. Der Stabilisator ist mit einer mit Kugelgelenken versehenen Verbindungsstrebe zum Federbein auf jeder Seite verbunden und mit Montageschellen und Gummibüchsen am Boden der Karosserie befestigt. Beim Ausbau auf die Anordnung der Büchsen und anderen Einzelteile achten. Montageschellen an der Karosserie mit 19 Nm, Mutter der Verbindungsstrebe zum Federbein mit 35 Nm anziehen.

13.5 Aus- und Einbau der Längslenker (Schubstangen) Limousine und Coupé

Unter Bezug auf Bild 216:

- Rückseite des Fahrzeuges auf Böcke setzen und das Rad abnehmen.
- Schrauben und Muttern der Lenkerstange von der Karosserie und dem Radnabenträger entfernen und die Stange herausnehmen.

Der Einbau geschieht in umgekehrter Reihenfolge. Die Muttern sind mit Nasen versehen, welche auf der Karosserieseite gegen den Flansch des Montagebocks anliegen und auf der Federbeinseite mit der Rille in die Halterung eingreifen müssen. Die Schrauben noch nicht festziehen.

Das Fahrzeug auf die Räder ablassen und einige Male durchwippen. Danach die Längslenkerstangenenden durch Anziehen der Schrauben auf 115 Nm befestigen. Nicht versuchen die Mutter anzuziehen.

13.6 Geometrie der Hinterräder

Der Sturz der Hinterräder wird werkseitig festgelegt und kann nicht verstellt werden. Den Sturz in der üblichen Weise ausmessen. Falls er nicht innerhalb der in der Mass- und Einstelltabelle angegebenen Werten liegt, ist ein Teil der Hinterradaufhängung verzogen und die entsprechenden Untersuchungen sind vorzunehmen.

Die Vorspur der Hinterräder wird bei Limousinen- und Coupé-Modellen mit Hilfe der Einstellnocken an den Querlenkern auf jeder Seite des Fahrzeuges (den stangenähnlichen Querlenkern) eingestellt. Normalerweise stehen die Einstellnocken mit der Mittellinie der Einteilungen gegenüber der eingezeichneten Linie am Lenkerarm, wie es aus Bild 220 ersichtlich ist.

Vorspur ausmessen, wie es bei der Einstellung der Vorspur in Kapitel 12.5.1 beschrieben wurde. Falls die Spur nicht innerhalb 5,0 ± 1,0 mm liegt, die Mutter des Einstellnockens lockern und den Schraubenkopf in Bild 220 verstellen. Wird der Nocken nach rechts verdreht (Pfeil 1), erhält man Nachspur, verdreht man den Nocken nach links (Pfeil 2), erhält man Vorspur. Jede Einteilung am Einsteller entspricht einer Verstellung von ca. 1,5 mm. Abschliessend die Schraube und Mutter wieder mit 115 Nm anziehen. Die Räder müssen dabei auf dem Boden aufstehen.

13.7 Hinterradaufhängung — Kombiwagen

13.7.1 Aus- und Einbau einer Blattfeder

- Rückseite des Fahrzeuges auf Böcke aufsetzen und einen Rollwagenheber unter die Mitte der Hinterachse untersetzen. Das Rad abnehmen.
- Untere Stossdämpferaufhängung von der Hinterachse abschrauben.
- Befestigungsschelle des Handbremsseiles lösen.
- Muttern der Federbügelschrauben mit einer Stecknuss lösen und die Federplatte sowie die Gummieinlage entfernen. Die Bügelschrauben vorsichtig herausschlagen, ohne dabei die Gewinde zu beschädigen.
- Hinterachse mit dem Wagenheber anheben, bis sie von der Feder frei ist und die über der Feder liegenden Teile abnehmen.

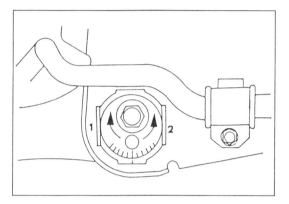

Bild 220
Verstellen der Exzenternocken für die Spureinstellung der Hinterräder. Die Nocken in Richtung (1) zur Herstellung von Nachspur oder in Richtung (2) zur Herstellung von Vorspur verdrehen.

- Muttern und Scheiben der Federlaschenaufhängung an der Rückseite der Feder lösen, den Federlaschenbolzen ausschlagen und die Feder absenken, bis sie auf der Achse aufliegt. Zu beachten ist, dass die Feder sofort herunterfällt, wenn der Bolzen ausgeschlagen wird.
- Den Federbolzen am anderen Ende der Feder lösen. Die Schraube muss an der Innenseite gelöst werden, da die Mutter an der Aussenseite gegen Mitdrehen gesichert ist.
- Feder von einer zweiten Person halten lassen und den Federbolzen ausschlagen. Die Feder herausnehmen.

Einzelne Federblätter können nicht erneuert werden, d.h. wenn eines der Blätter gebrochen ist, muss man eine neue Feder einbauen.

Der Einbau geschieht in umgekehrter Reihenfolge. Beim Einschlagen der Federbügelschrauben die Gewinde nicht beschädigen. Falls sie sich nicht leicht in die Löcher einsetzen lassen, kann man die Bolzen in einem Schraubstock mit einem Stück Rohr etwas auseinanderbiegen oder zusammendrücken. Der vordere Federbolzen und die Federlaschenaufhängung müssen angezogen werden wenn das Fahrzeug mit den Rädern aufsteht. Fahrzeug einige Male durchwippen, um die Federn zu setzen, ehe die Muttern der Bügelschrauben, des Stossdämpfers (an der Unterseite), des vorderen Federbolzens und die beiden Muttern der Federlaschenaufhängung auf die in der Anzugsdrehmomenttabelle angegebenen Anzugsdrehmomente angezogen werden. Nicht vergessen die Radmuttern anzuziehen.

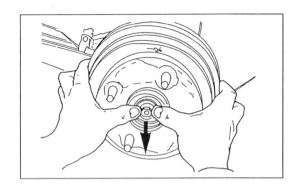

Bild 221
Abnehmen der Bremstrommel zusammen mit dem äusseren Radlager (Kombiwagen).

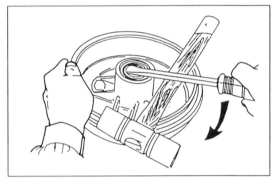

Bild 222
Ausdrücken des Öldichtringes aus der Bremstrommel (Kombiwagen).

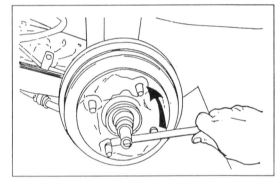

Bild 223
Nabenmutter in der gezeigten Richtung wieder lockern.

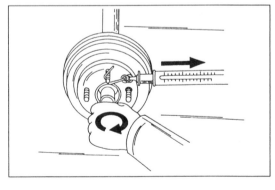

Bild 224
Die Radlagermutter mit der Stecknuss anziehen, während man gleichzeitig an der Federwaage zieht.

13.8 Hinterradlager — Kombiwagen

13.8.1 Ausbau einer Bremstrommel

● Rückseite des Fahrzeuges auf Böcke setzen und das Rad abschrauben.
● Nabenfettkappe vorsichtig mit einem Schraubenzieher abschlagen.
● Splint aus der Mutternsicherung herausziehen, die Mutternsicherung abnehmen und die Einstellmutter lösen.
● Die Bremstrommel vom Achsstumpf herunterziehen. Dabei mit den Daumen gegen das äussere Radlager drücken, wie es in Bild 221 gezeigt ist, damit dieses nicht auf den Boden fallen kann.
● Falls erforderlich die Bremsträgerplatte von der Hinterachse abschrauben.

13.8.2 Radlager erneuern

● Bremstrommel auf die Aussenseite auflegen und mit einem Schraubenzieher den Öldichtring heraushebeln. Dazu einen Hammerstiel in der in Bild 222 gezeigten Weise unterlegen. Das innere Radlager aus der Trommel nehmen.
● Von gegenüberliegenden Seiten der Trommel die beiden Lagerlaufringe aus der Bremstrommel ausschlagen.
● Alle Teile gründlich reinigen. Lagerkäfige nur zusammen mit den Laufringen erneuern. Niemals die Laufringe in der Trommel lassen und nur die Käfige erneuern.
● Neue Lagerlaufringe entweder in die Trommel einpressen oder vorsichtig einschlagen — Konus zur Aussenseite.
● Neues Lager gut mit Heisslagerfett einschmieren. Fett gut in die Lagerrollen eindrücken.
● Die Innenseite der Bremstrommel mit Fett schmieren, so dass der Achsstumpf aber noch durchgeschoben werden kann.
● Inneres Radlager einsetzen und einen neuen Dichtring von innen in die Trommel einschlagen. Übermässiges Fett von der Innenseite der Trommel abwischen.
● Bremstrommel/Radnabe wieder montieren.

13.8.3 Bremstrommel/Radlager montieren

● Äusseres Radlager in die Bremstrommel einlegen (gut geschmiert) und die Bremstrommel auf den Achsstumpf aufdrücken. Dabei mit den beiden Daumen das Lager über den Achsstumpf drücken.
● Aussenseite des äusseren Lagers mit Fett schmieren und die Anlaufscheibe aufsetzen.
● Lagereinstellmutter aufschrauben und mit einem Anzugsdrehmoment von 29 Nm anziehen. Bremstrommel dabei einige Male in beide Richtungen durchdrehen, damit sich die Lager einspielen können.
● Mutter wieder lockern (Bild 223), bis man sie mit der Hand drehen kann.
● Eine Federwaage an einem Radbolzen anhängen, wie es in Bild 224 gezeigt ist. An der Waage ziehen und ablesen, wenn sich die Trommel bewegt. Dies ist der Schleiffaktor des Öldichtringes

und sollte ca. 0,4 kg betragen.
- Die Mutter mit der Stecknuss und einer Hand weiter festziehen, während man weiterhin an der Federwaage zieht. Die Einstellung stimmt, wenn die Anzeige der Federwaage zwischen 0,4 und 1,0 kg liegt.
- Mutternsicherung aufstecken und einen neuen Splint einsetzen. Falls er sich nicht einsetzen lässt, die Mutter ein wenig mehr anziehen.
- Etwas Fett in die Innenseite der Fettkappe einschmieren und diese vorsichtig auf die Bremstrommel aufschlagen.
- Rad anbringen und das Fahrzeug wieder auf den Boden ablassen. Die Radmuttern anziehen.

14 Die Lenkung

Carina II-Fahrzeuge sind mit einer Zahnstangenlenkung mit oder ohne Servounterstützung versehen. Obwohl die Lenkung überholt werden kann, ist es ratsam, eine neue oder Austauschlenkung einzubauen, falls Verschleiss oder Beschädigung in der Zahnstange und am Lenkritzel vorgefunden werden.

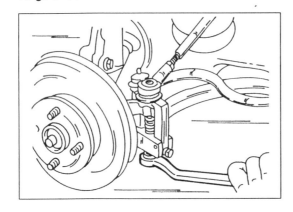

Bild 225
Abdrücken des Spurstangen-Kugelgelenks.

14.1 Aus- und Einbau

Der Ausbau der Lenkung ist ziemlich umfangreich, da man ausser den unten beschriebenen Arbeiten die beiden Unterzugsbleche, den mittleren Motorträger, die Konsole der Motoraufhängung und den vorderen Nebenrahmen zusammen mit den Querlenkern ausbauen muss, um die Lenkung herauszunehmen. Ausserdem muss das vordere Auspuffrohr vorn und hinten gelöst und danach ausgebaut werden. Über die betreffenden Arbeiten ist in Kapiteln 10.1 (Ausbau der Getriebeautomatik) und 12.3.1 (Ausbau der Querlenker) nachzulesen. Bei allen Ausführungen danach folgendermassen vorgehen:

● Motor mit geeigneten Seilen an ein Hebezeug hängen, und die Motoraufhängung an der Rückseite ausbauen.
● Schraube aus dem Kreuzgelenk der Lenkzwischenwelle am Lenkritzel lösen und herausschlagen.
● Klemmschraube aus dem Gelenk an der Oberseite in gleicher Weise entfernen.
● Zwischenwelle vom Lenkritzel abziehen, auf eine Seite schieben und danach aus dem Eingriff an der Oberseite bringen.
● Splinte und Kronenmuttern der Spurstangengelenke entfernen und mit einem geeigneten Abzieher den Kugelbolzen aus dem Lenkarm herausdrücken, ähnlich wie es in Bild 225 gezeigt ist.
● Den mittleren Motorträger unter dem Motor ausbauen.
● Den kompletten Aufhängungsträger mit den beiden Querlenkern aus dem Fahrzeug ausbauen, wie er in Bild 226 gezeigt ist.

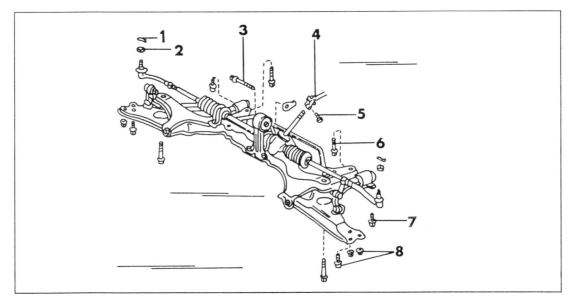

Bild 226
Der Aufhängungsquerträger und die Querlenker müssen ausgebaut werden, ehe man die Lenkung abschrauben kann. Beim Einbau die Anzugsdrehmomente beachten.
1 Splint
2 Mutter, 50 Nm
3 Schraube, 80 Nm
4 Lenkungszwischenwelle
5 Schraube, 36 Nm
6 Schraube, 140 Nm
7 Schraube, 140 Nm
8 Schrauben und Muttern, 130 Nm

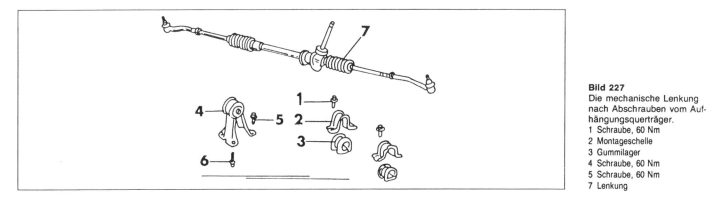

Bild 227
Die mechanische Lenkung nach Abschrauben vom Aufhängungsquerträger.
1 Schraube, 60 Nm
2 Montageschelle
3 Gummilager
4 Schraube, 60 Nm
5 Schraube, 60 Nm
7 Lenkung

● Die Schrauben der Klemmstücke der Lenkung lösen. Zu beachten ist, dass die Gummibüchsen der beiden Briden und die an der Lenkung angebrachten Gummilager nicht gleich sind und man sie dementsprechend zusammenhalten muss. Die Lenkung kann jetzt abgehoben werden. Bild 227 zeigt die zur Befestigung der Lenkung verwendeten Teile.

Der Einbau der Lenkung geschieht in umgekehrter Reihenfolge wie der Ausbau. Die beiden Gummilager entsprechend der ursprünglichen Einbauweise an der Lenkung anbringen. Das gleiche gilt für die Schellen. Die Lenkung in die richtige Lage setzen und die vier Schrauben der Montageschellen abwechselnd auf ein Anzugzdrehmoment von 60 Nm anziehen.

Den gesamten Querträger wieder montieren, wobei die Lenkzwischenwelle in Eingriff gebracht werden kann. Die Vorderräder müssen dabei in Geradeausstellung stehen. Klemmschrauben der Gelenke mit 35 Nm anziehen.

Den Aufhängungsquerträger, den mittleren Motorträger, Auspuffrohr, usw. montieren, wie es auf Seite 90 unter "Linke Welle mit Getriebeautomatik" beschrieben ist. Die Querlenker am Querträger montieren, wie es auf Seite 90 beschrieben ist. Die wichtigsten Anzugsdrehmomente sind aus Bildern 201 und 226 zu ersehen.

Die Spurstangen wieder anschliessen, die Muttern mit 50 Nm anziehen und durch Einsetzen neuer Splinte sichern.

14.1.1 Lenkungsreparatur

Wie bereits erwähnt, sollte von einer Reparatur der Lenkung abgesehen werden. Zahnstange und Lenkungsgehäuse sind die wichtigsten Teile der Lenkung und falls diese verschlissen sind, fährt man in jedem Fall besser eine neue Lenkung einzubauen. Vielleicht ist es auch möglich eine Austauschlenkung zu erhalten. Ihre Werkstatt wird Sie darüber informieren.

Keine Schwierigkeiten sollte es jedoch beim Erneuern einer der Spurstangen heben, das es schon mal vorkommen kann, dass das Gelenk an der Innenseite oder an der Aussenseite ausgeschlagen sind. Das äussere Spurstangengelenk kann folgendermassen erneuert werden:

● Lenkung in einen Schraubstock einspannen. Den Schraubstock nicht zu fest schliessen, um das Gehäuse nicht zu quetschen.

● Das Ende der betreffenden Spurstange auf dem Gewinde kennzeichnen, die Kontermutter lockern und das Spurstangengelenk abschrauben. Die Spurstangen links und rechts markieren (entweder Anhänger festbinden oder mit Farbe), falls beide Spurstangenköpfe abgeschraubt werden.

● Lenkungsmanschetten nach Lösen der Befestigungsschellen abstreifen.

● Falls die Manschetten erneuert werden, diese anbringen, aber darauf achten, dass die beiden Manschetten nicht gleich sind. Die Drahtringe in die Rillen der Manschetten einlegen und zurücklassen. Die Enden müssen nach oben weisen, wie es aus Bild 228 ersichtlich ist.

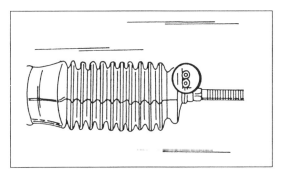

Bild 228
Den Enden der Drahtspangen müssen nach Befestigungen an der Manschette an der Oberseite liegen. Falls erforderlich die Spange entsprechend verdrehen.

● Die Spurstangengelenke aufschrauben und entsprechend den Markierungen fingerfest anziehen. Falls neue Teile verwendet wurden, das Mass von der Mitte des Spurstangenkopfes bis zur Stirnfläche der Büchsen auf ungefähr die ursprüngliche Länge bringen. Danach die Kontermuttern festziehen. Beide Spurstangen auf die gleiche Länge einstellen.

Falls der innere Teile der Spurstange erneuert werden soll, die oben beschriebenen Arbeiten durchführen und danach folgendermassen vorgehen:

● Lenkung im Schraubstock eingespannt lassen und das Sicherungsblech an der Zahnstange mit einem Meissel zurückschlagen (Bild 229).

● Zahnstange an der Innenseite mit einem Gabelschlüssel gegenhalten und die Spurstangen abschrauben. Die Spurstangen abdrehen und die untergelegten Scheiben abnehmen. Die Spurstangen auf Seitenzugehörigkeit kennzeichnen.

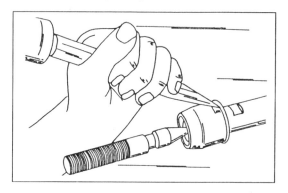

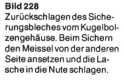

Bild 228
Zurückschlagen des Sicherungsbleches vom Kugelbolzengehäuse. Beim Sichern den Meissel von der anderen Seite ansetzen und die Lasche in die Nute schlagen.

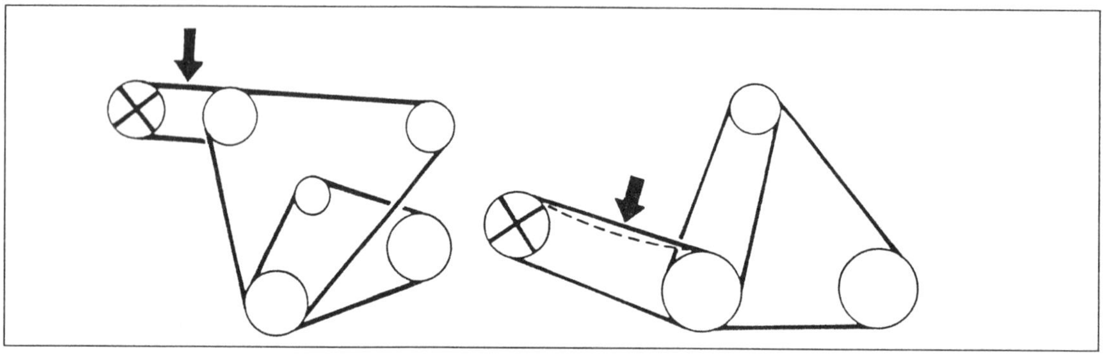

Bild 230
Kontrolle der Spannung des Antriebsriemens für die Lenkhilfspumpe. Auf der linken Seite die Anordnung der Riemen bei einem 1,6 Liter-Motor; auf der rechten Seite beim 2,0 Liter-Benzinmotor. Die Lage der Pumpenriemenscheibe ist mit dem Kreuz gezeigt.

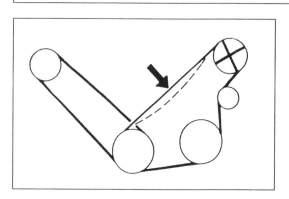

Bild 231
Kontrolle der Spannung des Antriebsriemens für die Lenkhilfspumpe bei eingebautem Diesel-Motor. Die Lage der Pumpenriemenscheibe ist mit dem Kreuz gezeigt.

● Den Spurstangenkugelbolzen der neuen Spurstange gut mit Fett einschmieren, in die Gehäuse einsetzen und die Gehäuse an den Zahnstangenenden festschrauben und auf 72 Nm anziehen. Die Sicherungsscheibe mit der Lasche in eine Linie mit der Nut im Gehäuse bringen.

● Mutter mit einem Meissel, ähnlich wie in Bild 229 gezeigt, jedoch von der anderen Seite, die Lasche in die Zahnstange einschlagen.

● Die Lenkmanschette anbringen wie es oben beschrieben wurde und die Spurstangengelenke aufschrauben und entsprechend der Markierungen fingerfest anziehen. Falls neue Teile verwendet wurden, das Mass von der Mitte des Spurstangenkopfes bis zur Stirnfläche der Büchsen auf ungefähr die ursprüngliche Länge bringen. Danach die Kontermuttern festziehen. Beide Spurstangen auf die gleiche Länge einstellen.

14.2 Die Servolenkung

Die Servolenkung sollte nicht zerlegt werden. Falls die Lenkung beschädigt ist, sollte man eine Austauschlenkung einbauen. Der folgende Text beschreibt nur die einfachen Arbeiten, die bei eingebauter Servolenkung durchgeführt werden können.

14.2.1 Aus- und Einbau

Der Aus- und Einbau der Lenkung geschieht in ähnlicher Weise, wie es bei der mechanischen Lenkung beschrieben wurde, jedoch die Druckleitung und Rücklaufleitung abschliessen. Dazu die Klemmschelle vom Lenkgehäuse lösen und die Überwurfmuttern abschrauben. Auslaufende Flüssigkeit auffangen. Die Enden der Leitungen mit Klebband umwickeln, damit kein Schmutz eintreten kann.

Der Einbau der Lenkung geschieht in umgekehrter Reihenfolge wie der Ausbau. Abschliessend die Lenkungsanlage mit Flüssigkeit füllen und die Anlage entlüften.

14.2.2 Keilriemenspannung der Lenkhilfspumpe prüfen

Die Spannung des Antriebsriemens für die Lenkhilfspumpe wird in der Mitte der Laufstrecke zwischen den beiden oberen Riemenscheiben kontrolliert. Mit dem Daumen in die Mitte des Riemens drücken und kontrollieren, dass sich dieser innerhalb der unten angegebenen Werte durchdrücken lässt, wie es in Bildern 230 oder 231 gezeigt ist.

Die folgenden Werte gelten bei den einzelnen Motoren, wobei die Unterschiede zwischen neuen Riemen und gebrauchten zu beachten sind:

4A-F/FE-Motor:
　Neuer Riemen　　　　　　　　5 - 6 mm
　Gebrauchter Riemen　　　　　6 - 8 mm
3S-FE-Motor:
　Neuer Riemen　　　　　　　　8 - 10 mm
　Gebrauchter Riemen　　　　10 - 13 mm
Dieselmotor:
　Neuer Riemen　　　　　　　11 - 14 mm
　Gebrauchter Riemen　　　　15 -18 mm

Unter einem gebrauchten Riemen versteht man einen Riemen, welcher länger als 5 Minuten gelaufen ist. Falls erforderlich die Befestigung der Lenkhilfspumpe lockern und den Lagerbock verschieben, bis die einwandfreie Spannung hergestellt ist. Lagerbock wieder festziehen und die Spannung nachkontrollieren.

14.2.3 Lenkungsanlage füllen und entlüften

- Fahrzeug auf einer ebenen Fläche abstellen.
- Motor warmlaufen lassen.
- Motor mit 1000/min. oder weniger laufen lassen und das Lenkrad aus einem Anschlag in den anderen drehen, um die Temperatur der Flüssigkeit zu erhöhen.
- Die Verschraubung des Vorratsbehälters der Servolenkung abschrauben und kontrollieren. Unterschiedliche Markierungen für den Flüssigkeitsstand gelten bei den verschiedenen Motoren. Bei einem 1,6 Liter-Motor kontrollieren, ob der Flüssigkeitsstand innerhalb des "HOT"-Bereiches am Messstab steht. Falls die Kontrolle bei kaltem Motor durchgeführt wird, muss die Flüssigkeit innerhalb des "Cold"-Bereiches stehen. Bild 232 zeigt die Messung. Der Flüssigkeitsmessstab der anderen Motoren hat eine obere und eine untere Flüssigkeitsmarke. Die Flüssigkeit muss innerhalb der beiden Strichmarkierungen stehen wenn der Motor warm ist oder näher an der unteren Linie wenn der Motor kalt ist.
- Falls erforderlich Flüssigkeit (wie es in automatischen Getrieben verwendet wird) nachfüllen, um den Flüssigkeitsstand zu berichtigen.
- Verschraubung wieder einschrauben.

Falls die Lenkungsanlage entleert wurde, muss sie nach der Wiederauffüllung folgendermassen entlüftet werden:

- Vorderseite des Fahrzeuges auf Böcke setzen.
- Lenkrad zwei oder drei Mal aus einem Anschlag in den anderen drehen.
- Flüssigkeitsstand im Vorratsbehälter kontrollieren, wie es oben beschrieben wurde.
- Motor anlassen und im Leerlauf laufen lassen.
- Lenkrad zwei oder drei Mal aus einem Anschlag in den anderen drehen.
- Vorderräder wieder auf den Boden ablassen.
- Motor mit 1000/min. laufen lassen.
- Lenkrad einige Male aus einem Anschlag in den anderen drehen.
- Lenkrad in die Mittelstellung drehen.
- Verschraubung des Vorratsbehälters herausdrehen und den Flüssigkeitsstand ablesen. Den Motor jetzt anlassen und kontrollieren, ob der Flüssigkeitstand im Behälter ansteigt. Falls das Öl um mehr als 5 mm ansteigt, müssen die Entlüftungsarbeiten erneut durchgeführt werden, da immer noch Luft in der Anlage eingeschlossen ist.

Bild 232
Kontrolle des Flüssigkeitsstands im Vorratsbehälter der Servolenkung.

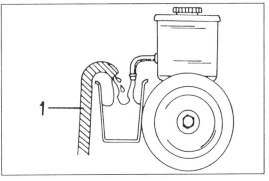

Bild 233
Beim Entleeren der Anlage den Rücklaufschlauch (1) vom Anschluss am Vorratsbehälter abschliessen und in einen untergestellten Behälter halten.

14.2.4 Flüssigkeitswechsel

Falls die Flüssigkeit lange in der Anlage war, die Lenkhilfspumpe oder die Lenkung wurden ausgebaut, oder das Lenköl ist mit Luft durchsetzt, sollte man die Flüssigkeit erneuern:

- Vorderseite des Fahrzeuges auf Böcke setzen.
- Den Rücklaufschlauch nach Lösen der Schlauchschelle vom Vorratsbehälter abziehen und die Flüssigkeit aus dem Behälter in einen untergehaltenen Behälter laufen lassen, wie es in Bild 233 dargestellt ist.
- Lenkrad aus einem Anschlag in den anderen einschlagen, bis alle Flüssigkeit aus der Anlage ausgeschieden ist.
- Anlage auffüllen und entlüften, wie es in Kapitel 14.2.3 beschrieben ist. Abschliessend den Flüssigkeitsstand nachkontrollieren.

15 Bremsen

Scheibenbremsen werden an den Vorderrädern und selbstnachstellende Trommelbremsen an den Hinterrädern verwendet. Eine Ausnahme bildet der mit dem stärkeren Motor versehene Carina II, welcher mit Scheibenbremsen an den Hinterrädern versehen ist. Diese Modelle werden ebenfalls serienmässig mit ABS ausgerüstet. Ein unterdruckbetätigtes Bremshilfsgerät, d.h. ein Bremskraftverstärker, ist in die Bremsanlage eingebaut.

15.1 Einstellungen an der Bremsanlage

15.1.1 Bremspedalhöhe

Die Bremspedalhöhe liegt zwischen 151 und 161 mm und wird wie in Bild 234 gezeigt an Stelle (3) gemessen. Falls die Höhe nicht stimmt, was nur selten vorkommen wird, folgendermassen vorgehen:

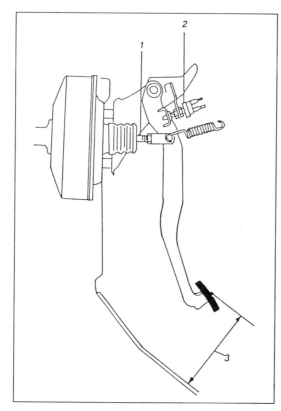

Bild 234
Einzelheiten zum Einstellen des Bremspedals.
1 Pedalstössenstange
2 Bremslichtschalter
3 Pedalhöhe

- Bremslichtschalter an der Kontermutter (2) in Bild 234 lockern und den Bremslichtschalter herausschrauben.
- Kontermutter der Stösselstange (1) am Bremspedal lockern.
- Stösselstange in ihrer Länge verstellen, bis die angegebene Pedalhöhe erhalten ist. Die Höhe (3) wird zwischen dem Bodenblech und dem Gummi des Pedals gemessen.
- Bremslichtschalter hineindrehen, bis der Stift das Bremspedal soeben berührt.
- Beide gelockerten Kontermuttern wieder anziehen, ohne die Einstellung zu verändern.

15.1.2 Bremspedalspiel

Den Motor abstellen und das Bremspedal betätigen bis der Unterdruck aus der Anlage ausgeschieden ist. Mit Daumen und Zeigefinger das Bremspedal erfassen und hin- und herbewegen. Falls dieses Spiel nicht innerhalb 3 - 6 mm liegt, muss die Stösselstange erneut wie oben verstellt werden. Nach der Einstellung (Kontermutter wieder anziehen) die Pedalhöhe erneut kontrollieren, da es sein könnte, dass sich diese wieder verstellt hat. Den Motor anlassen und kontrollieren, dass das Pedalspiel immer noch vorhanden ist, wenn der Motor läuft.

15.1.3 Handbremse einstellen

Handbremshebel nach oben ziehen und die Anzahl der "Klicks" an den Rasten zählen. Die Handbremse muss die Hinteräder bei 4 bis 7 Zähnen bei eingebauten Trommelbremsen oder 5 - 8 "Klicks" bei eingebauten Scheibenbremsen feststellen.
Falls der Hebel sich um mehr als 7, bzw. 8 Zähne ziehen lässt, die Mutter am Ende des Handbremsseils an der Seite des Handbremshebels nach Lockern der Kontermutter verstellen, wie es in Bild 235 gezeigt ist. Die Konsole muss dazu ausgebaut werden.
Die Betriebsbremse wird durch Betätigung der Handbremse nachgestellt. Falls die Handbremse längere Zeit nicht betätigt wurde, wie dies in Län-

dern mit langen Wintern der Fall sein könnte, muss diese Arbeit öfters durchgeführt werden, um den Nachstellmechanismus in Gang zu setzen. Nur dann kann die Handbremse einwandfrei geprüft und eingestellt werden.
Kontrollieren, ob sich die Hinterräder bei gelöster Handbremse frei durchdrehen lassen.

15.2 Die Vorderradbremsen

15.2.1 Überprüfung der Bremsklötze

Falls Quietschgeräusche beim Betätigen der Fussbremse hörbar sind, müssen die Bremsklötze kontrolliert werden. Die Bremssättel sind mit einem Verschleissanzeiger versehen. Wenn sich dieser bis auf 2,5 mm der Bremsscheibe nähert, treten die genannten Geräusche auf.
Die Stärke der Bremsklötze kann kontrolliert werden ohne dass man die Bremsklötze ausbaut. Die Vorderräder müssen jedoch abgeschraubt werden. Der Bremssattelzylinder besitzt zwei Schaulöcher (Bild 236) durch welches man die Stärke der Bremsklotzbeläge zwar schlecht messen kann, jedoch ist man in der Lage festzustellen, ob sie sich bis auf 1,0 mm abgenutzt haben.
Die Bremsklotzstärke niemals nur auf einer Seite kontrollieren, da es sein kann, dass die Bremsklötze auf der anderen Seite eine unterschiedliche Abnutzung haben. Die Bremsklötze ebenfalls erneuern, falls der Unterschied zwischen den Belagstärken des Bremsklotzsatzes mehr als 2,0 mm beträgt.

15.2.2 Aus- und Einbau der Bremsklötze

Beim Erneuern der Bremsklötze immer eine Seite nach der anderen vornehmen, damit der Kolben auf der anderen Seite nicht herausgedrückt wird, wenn man den Kolben des zu überholenden Bremssattels in die Bohrung zurückdrückt.
● Vorderseite des Fahrzeuges anheben und auf Böcke setzen.
● Vorderräder abschrauben und die Bremsscheibe vorübergehend mit zwei der Radmuttern anschrauben.
● Unter Bezug auf Bild 237 die beiden gezeigten Schrauben lösen und den Bremssattel abnehmen. Den Sattel am Schlauch lassen, jedoch mit einem Stück Draht festbinden, damit er nicht herunterhängen kann.
● Die Bremsklötze liegen jetzt frei. Auf der Aussenseite befindet sich eine Blechscheibe. Die Teile der Reihe nach herausnehmen und sofort auf ihre Seitenzugehörigkeit und Lage im Bremssattel, d.h. innen oder aussen, kennzeichnen, falls

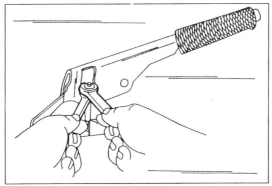

Bild 235
Einstellen der Handbremse an der Seite des Handbremshebels.

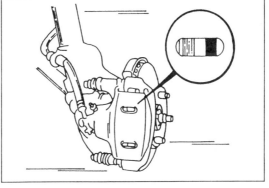

Bild 236
Die Stärke der Bremsklötze kann durch die beiden Öffnungen in den Bremssätteln kontrolliert werden.

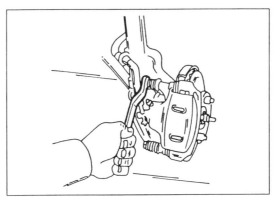

Bild 237
Zum Aus- und Einbau der Bremssattelzylinder.

es möglich ist, dass man die gleichen Bremsklötze wieder einbaut. Bild 238 zeigt die ausgebauten Teile. Zu beachten ist, dass die Scheibe (8) nur bei Fahrzeugen mit 14 Zoll-Rädern eingebaut ist. Die Form der Scheiben bei Fahrzeugen mit 13 Zoll-Rädern ist unterschiedlich.

Bremsklötze immer in kompletten Sätzen erneuern und niemals auf einer Seite eingebaute Bremsklötze auf der anderen Seite einbauen, um etwaigen Verschleiss auszugleichen.

Die freiliegenden Teile des Bremssattels gut reinigen und kontrollieren, dass die Gleitflächen der Bremsklötze keine Rostansätze aufweisen (falls erforderlich mit Drahtbürste reinigen).
Die Stärke des verbleibenden Bremsklotzmaterials kontrollieren. Falls Zweifel über die Stärke bestehen, kann man eine Tiefenlehre oder auch ein Messlineal benutzen, ähnlich wie es in Bild

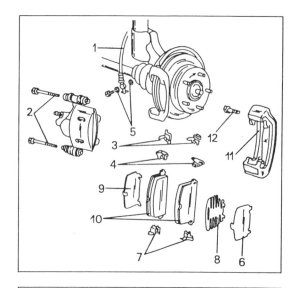

Bild 238
Einzelheiten zum Aus- und Einbau der Bremsklötze
1 Bremsschlauch
2 Schrauben, 25 Nm
3 Bremsklotzstützspangen
4 Spangen für Bremsklotzverschleissanzeige
5 Dichtung
6 Beilagscheibe
7 Bremsklotzstützspangen
8 Beilagscheibe, 3S-FE-Motor
9 Beilagscheibe
10 Bremsklötze
11 Montagerahmen
12 Montagerahmenschrauben, 90 Nm

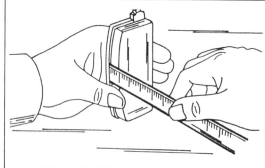

Bild 239
Ausmessen der verbleibenden Bremsklotzstärke mit einem Messlineal.

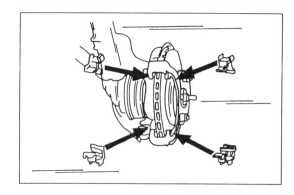

Bild 240
Die vier Stützbleche der Bremsklötze an den gezeigten Stellen einsetzen.

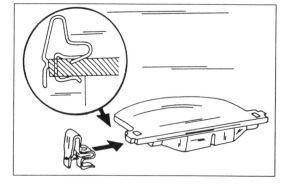

Bild 241
Vorschriftsmässiger Einbau der Anzeigespangen für den Bremsklotzverschleiss.

239 gezeigt ist. Falls die Mindeststärke von 1,0 mm bei einem der Bremsklötze bald erreicht ist, müssen die Bremsklötze im Satz erneuert werden. Dies gilt auch falls einige der Bremsklötze sich noch in gutem Zustand befinden.

Die in Bild 238 gezeigten Teile am Montagerahmen montieren. Als erstes die vier Führungsbleche der Bremsklötze an den in Bild 240 gezeigten Stellen am Bremssattelträger anbringen. Der Verschleissfühler muss immer erneuert werden. Diese sind mit einem Pfeil versehen, welche immer in die Drehrichtung der Bremsscheibe weisen müssen. Bild 241 zeigt das richtige Einsetzen der Fühler. Die Beilagscheiben müssen ebenfalls erneuert werden.

Der Zusammenbau erfolgt unter Bezug auf Bild 238.

● Die Bremsklötze in die Führungen einführen. Darauf achten, dass die Beilagscheiben einwandfrei sitzen.

● Entlüftungsschraube öffnen und gleichzeitig den Kolben mit einem Hammerstiel in die Bohrung des Zylinders drücken. Keinen Metallgegenstand dazu verwenden. Falls man dies einwandfrei durchführt, braucht die Anlage nicht entlüftet zu werden. Andernfalls muss man etwas Flüssigkeit aus dem Vorratsbehälter absaugen, da ein voller Behälter bei dieser Arbeit überlaufen würde.

● Bremssattelzylinder über die Bremsklötze setzen, ohne dass man die Gummimanschette beschädigt, bis die Bolzen wieder eingeschoben werden können.

● Bolzen mit einem Anzugsdrehmoment von 25 Nm anziehen.

Nachdem das Fahrzeug auf dem Boden steht, das Bremspedal einige Male betätigen, um die Bremsklötze an die Bremsscheibe heranzubringen. Daran denken, dass sich neue Bremsklötze erst "einbremsen" müssen und am Anfang nicht die volle Bremsleistung haben.

15.2.3 Aus- und Einbau eines Bremssattels

Der Bremssattel kann ausgebaut werden, ohne dass man den Montagerahmen vom Federbein abschraubt.

● Vorderseite des Fahrzeuges auf Böcke setzen und die Vorderräder abschrauben.

● Die Hohlschraube des Bremsschlauches am Bremssattel lösen und den Schlauch abnehmen. Einen Behälter unterhalten, um auslaufende Bremsflüssigkeit aufzufangen. Die Dichtscheiben nicht verlieren.

● Befestigungsschraube lösen, wie es bereits in Bild 237 gezeigt wurde.

● Schraube an der Oberseite in gleicher Weise lösen und den Zylinder herausheben.

● Bremsklötze ausbauen, wie es im letzten Kapitel beschrieben wurde.

Falls der Montagerahmen ausgebaut werden soll, sind die beiden Schrauben, eine oben und eine unten, zu lösen. Die Schrauben sind mit Federringen befestigt.

Der Einbau von Bremssattelzylinder und Montagerahmen geschieht in umgekehrter Reihenfolge wie der Ausbau, wie es bereits beim Einbau der Bremsklötze beschrieben wurde. Den Bremsschlauch mit neuen Dichtringen anschrauben und auf 31 Nm anziehen. Abschliessend die Bremsanlage entlüften.

15.2.4 Bremssattel überholen

Unter Bezug auf Bild 242:
- Bremssattelzylinder in einen Schraubstock einspannen.
- Einen kleinen Schraubenzieher unter das Ende des Befestigungsringes (7) untersetzen und den Ring heraushebeln (Bild 243).
- Ebenfalls mit einem Schraubenzieher den Staubschutzring (6) herausheben (Bild 243). Diese beiden Arbeiten vorsichtig durchführen, damit der Bremssattel nicht beschädigt wird.
- Um den Kolben vom Zylinder zu entfernen sollte man eine Pressluftleitung zur Verfügung haben. Einen dicken Lappen zwischen Zylinder und Kolben einlegen ehe die Pressluftleitung angesetzt wird. Unter keinen Umständen die Finger in die Nähe halten wo der Kolben herausgeblasen wird. Die Pressluft wird am Anschluss des Bremsschlauchs angesetzt, wie es Bild 244 zeigt.
- Kolbendichtring (5) mit einem stumpfen Instrument (Bild 245) aus der Rille des Zylinders heraushebeln, ohne dabei die Zylinderwandung zu zerkratzen.

Falls Rillen, Fressstellen oder andere Schäden in der Innenseite der Bohrung festgestellt werden, ist der gesamte Zylinder zu erneuern. Leichte Unebenheiten können vielleicht mit feinem Sandpapier herausgeglättet werden. Die Gleitfläche des Kolbens darf nicht mit Sandpapier abgezogen werden. Zylinderdichtring und Staubschutzring müssen erneuert werden.

Die beiden Gummistaubschutzkappen (1) im Zylinder können, falls erforderlich, erneuert werden; ebenfalls die Gleitbüchsen.

Beim Zusammenbau alle Innenteile mit Bremsflüssigkeit oder Bremsfett einschmieren und danach den Bremssattelzylinder folgendermassen zusammenbauen:
- Neuen Flüssigkeitsdichtring (5) mit Bremsflüssigkeit einschmieren und in die Nut der Zylinderbohrung einsetzen. Gut mit den Fingern in die Nut drücken.
- Kolben in die Bohrung hineindrücken. Die offene Seite des Kolbens kommt nach aussen. Unbedingt darauf achten, dass der Kolben gerade eingeschoben wird. Unter keinen Umständen den Kolben in die Bohrung zwingen.
- Einen neuen Staubschutzring (6) mit Bremsflüssigkeit oder Bremsfett einschmieren und am Zylinder anbringen.
- Büchsen für die Zylinderbefestigung mit Gummifett einschmieren und die erste Büchse in den Zylinder drücken, bis sie in die Rille einspringt. Abstandsröhrchen ebenfalls mit Gummifett einschmieren, in die Gummibüchse einsetzen und die andere Hälfte der Büchse von der gegenüberliegenden Seite eindrücken, bis sie in die Rille einspringt.
- Bremssattel nochmals auf Sauberkeit kontrollieren, ehe er wieder eingebaut wird.

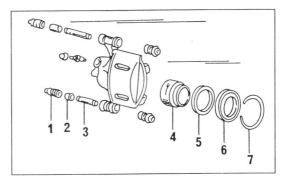

Bild 242
Montagebild eines Bremssattels.
1 Staubschutzmanschette
2 Abstandshülse
3 Büchse
4 Kolben
5 Kolbendichtring
6 Staubschutzring
7 Befestigungsring

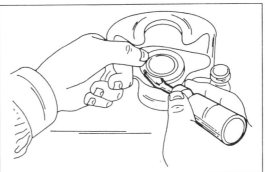

Bild 243
Ausheben des Befestigungsringes für den Staubschutzring. Der Staubschutzring wird in ähnlicher Weise entfernt.

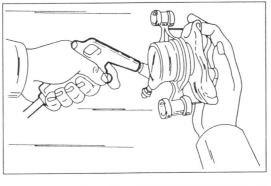

Bild 244
Ausblasen des Kolbens aus der Zylinderbohrung.

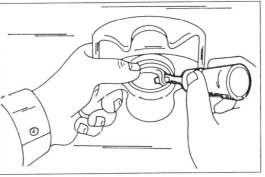

Bild 245
Ausheben des Zylinderdichtringes aus dem Bremssattel.

Bild 246
Ausmessen der Stärke einer Bremsscheibe. Dies kann bei eingebauter Bremsscheibe durchgeführt werden.

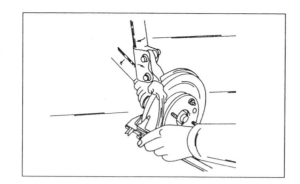

Bild 247
Ausmessen einer Bremsscheibe auf Schlag. Die Bremsscheibe dabei mit zwei Radmuttern fest an den Radbolzen anschrauben.

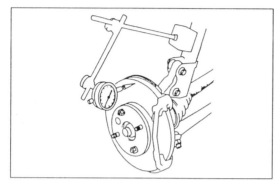

Bild 248
Die Stärke der Bremsbeläge kann durch die Öffnung in der Rückseite der Bremsträgerplatte kontrolliert werden.

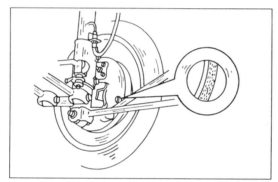

15.2.5 Bremsscheiben

Die Bremsscheiben können nach Abschrauben der vorher angebrachten Radmuttern von der Radnabe genommen werden. Die Bremsscheiben folgendermassen überprüfen:

● Bremsscheibe in ihrer Stärke ausmessen, wie es Bild 246 zeigt, um zu kontrollieren, dass an keiner Stelle ein Stärkenunterschied von mehr als 0,07 mm vorhanden ist. Zum Messen kann eine Schiebelehre verwendet werden. Die Mindeststärke beträgt 21,0 mm. Ausgegangen von der Sollstärke von 22,0 mm, kann man leicht feststellen wie weit sich die Scheiben abgenutzt haben.

Falls angenommen wird, dass die Scheibe verzogen ist, kann sie wieder an der Nabe angebracht werden. Die Scheibe mit zwei der Radmuttern gegen die Nabe ziehen.

● Eine Messuhr am Achsschenkel anbringen (Bild 247) und die Spitze der Nadel gegen die Aussenkante der Bremsscheibe ansetzen. Die Bremsscheibe langsam durchdrehen und die Anzeige der Messuhr ablesen. Falls diese grösser als 0,15 mm ist, kann man annehmen, dass die Scheibe verzogen ist.

15.3 Hinterrad-Trommelbremsen

15.3.1 Bremsbacken erneuern

Die Stärke der Bremsbeläge kann durch ein Schauloch in der Bremsträgerplatte kontrolliert werden. Dazu mit einer Taschenlampe in die in Bild 248 gezeigte Öffnung hineinleuchten. Die Stärke des eigentlichen Belagmaterials darf nicht weniger als 1,0 mm betragen. Andernfalls die Bremsbacken erneuern.

● Rückseite des Fahrzeuges auf Böcke setzen.
● Die Vorderräder in geeigneter Weise verkeilen (Ziegelsteine unterlegen), damit der Wagen nicht von den Böcken rollen kann.

Bild 249
Montagebild der Hinterradbremse. Der Ausschnitt zeigt die Einzelteile des Nachstellmechanismus.
1 Backenankerstift
2 Radbremszylinder
3 Obere Rückzugfeder
4 Hinterer Bremsbacken
5 Bremsträgerplatte
6 Stopfen
7 Vorderer Bremsbacken
8 Druckstange
9 Untere Rückzugfeder
10 Feder für Nachstellhebel
11 Federsitz
12 Feder
13 Bremstrommel
14 Handbremsbetätigungshebel
15 Nachstellhebel
16 Einstellscheibe
17 Sicherungsscheibe

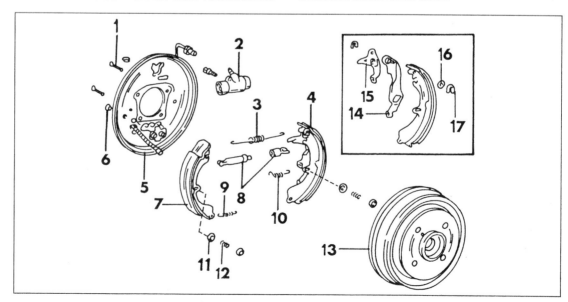

- Hinterräder abnehmen.
- Handbremse lösen.
- Bremstrommel ausbauen. Manchmal wird es schwer sein die Trommel einfach herunterzuziehen. In diesem Fall von der Rückseite der Bremsträgerplatte einen Schraubenzieher in den Schlitz einstecken und das Einstellrädchen zurückstellen. Da das Rädchen ausserdem vom Nachstellhebel gehalten wird, muss ein zweiter Schraubenzieher gerade hineingedrückt werden, um den Hebel zurückzudrücken. Bild 250 veranschaulicht diese Arbeit.
- An jedem Bremsbacken den Kopf des Ankerstiftes mit einer Spitzzange erfassen und um 90° verdrehen, bis man den Federsitz aus dem Eingriff mit dem Stift bringen kann.
- Mit einer Zange oder in der in Bild 251 gezeigten Weise die obere Rückzugfeder aushängen.
- Unterseite der Bremsbacken aus dem unteren Widerlager herausheben und die Backen von der Bremsträgerplatte abnehmen. Dabei wird die untere Rückzugfeder frei und kann aus einem Backen ausgehängt werden. Die Druckstange der Handbremse verbleibt einstweilen am Backen. Falls die Backen wieder eingebaut werden sollen, sind sie entsprechend ihrer Seite zu zeichnen.
- Handbremsseil erfassen, wie es in Bild 252 gezeigt ist, den Hebel gegen die Feder drücken und das Handbremsseil aushängen.
- Die beiden Hebel verbleiben an einem Backen.

Falls die Fläche der Bremstrommel Riefenbildung aufweist, kann man die Trommel ausdrehen lassen, vorausgesetzt, dass der angegebene Höchstdurchmesser beibehalten wird. Dieser beträgt 201,0 mm. Die Bremstrommeln ebenfalls auf Unrundheit ausmessen, besonders, wenn sich die Bremsen während des Betriebs überhitzt hatten. Der Unterschied im Durchmesser darf an keiner Stelle um mehr als 0,10 mm abweichen.

Falls die Stärke des Bremsbackenmaterials weniger als 1,0 mm beträgt, müssen die Backen im Satz erneuert werden.

Verbogene Federn, auch wenn sie beim Ausbau verbogen wurden, sind zu erneuern.

Die Bremseinsteller auseinanderschrauben und die Gewinde mit Heisslagerfett einschmieren. Die Gewindestössel einige Male hineinschrauben und herausdrehen, um zu gewährleisten, dass sie sich leicht verstellen lassen. Zu beachten ist, dass einer der Stössel Linksgewinde und der andere Stössel Rechtsgewinde hat. Unbedingt kennzeichnen zu welchem Rad der betreffende Stössel gehört.

Falls die Bremsbacken erneuert werden, müssen die beiden Hebel vom alten Backen auf den neuen Backen montiert werden. Dazu die "U"-

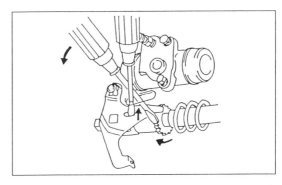

Bild 250
Lösen des Bremsnachstellmechanismus, falls die Bremstrommel nicht herunterkommt.

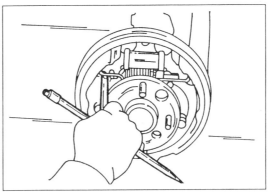

Bild 251
Die obere Rückzugfeder der Bremsbacken kann in der gezeigten Weise ausgehängt werden.

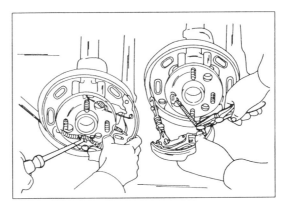

Bild 252
Aushängen des Handbremsseils.

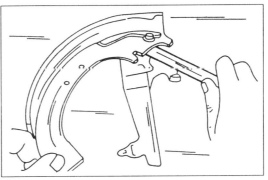

Bild 253
Ausmessen des Spiels zwischen dem Handbremshebel und dem Bremsbacken mit einer Fühlerlehre. Spiel wie im Bild 254 gezeigt mit Ausgleichscheiben einstellen.

förmige Spange entfernen und die Hebel abnehmen.

Wenn die Hebel an die neuen Bremsbacken montiert werden, muss man sie einstellen. Dazu die beiden Hebel am Bremsbacken anbringen und vorübergehend mit der alten Federspange befestigen. Mit einer Fühlerlehre, wie in Bild 253 gezeigt, den Spalt zwischen dem Bremsbacken und dem ersten Hebel ausmessen. Der Spalt sollte

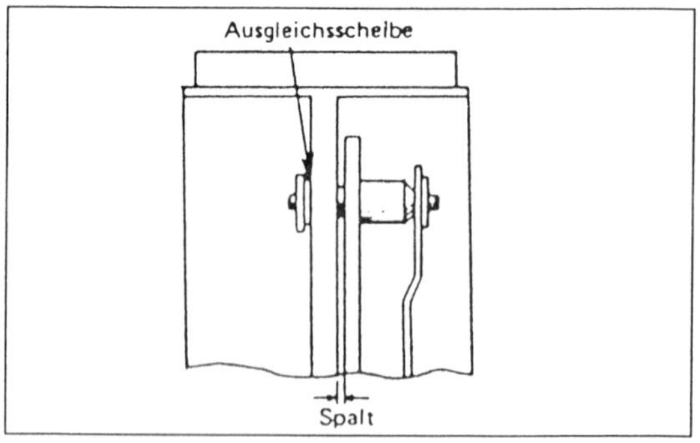

Bild 254
Schnitt durch den Bremsbacken mit Lage der Ausgleichsscheiben und Stelle zum Ausmessen des Spaltes.

Bild 255
Zusammendrücken der Befestigungsspange nach Montage der Bremsbackenhebel.

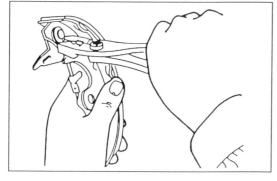

Betreffende Scheibe und eine neue Federspange anbringen (Bild 254) und die Spange mit einer Zange zusammendrücken, wie es aus Bild 255 ersichtlich ist. Kontrollieren, dass die Federspange auf der anderen Seite des Stiftes ebenfalls gut sitzt und die Hebel auf einwandfreie Bewegungsfreiheit überprüfen.

Die Radbremszylinder werden in Kapitel 15.3.2 behandelt.

Der Einbau der Bremsbacken geschieht in umgekehrter Reihenfolge wie der Ausbau, unter Beachtung der folgenden Punkte:

● Etwas Heisslagerfett an die Bremsträgerplatte schmieren, wo die Backen dagegen reiben. Ebenfalls den Zapfen am Ende des Einstellrädchens mit dem gleichen Fett einschmieren.

● Handbremsseil einhängen und die Feder in den Einstellhebel einhängen.

● Bremsbacken an der Bremsträgerplatte ansetzen, untere Rückzugfeder einsetzen und den Backen mit einem Schraubenzieher in die richtige Lage heben. Die Verstellerdruckstange muss zwischen den Backen sitzen. Wie bereits erwähnt, dür-

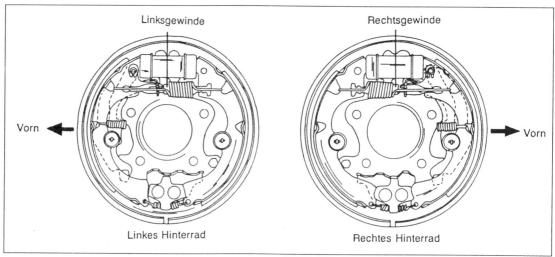

Bild 256
Richtige Einbauweise der Verstellerdruckstange zwischen den Bremsbacken.

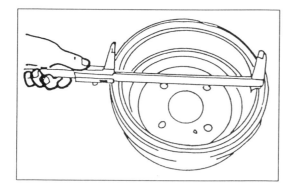

Bild 257
Ausmessen einer Bremstrommel. Die Messung an mindestens vier verschiedenen Stellen durchführen.

fen die Verstellerdruckstangen nicht seitenmässig verwechselt werden. Bild 256 zeigt anhand der Gewindeausführung auf welche Seite sie kommen. Das Bild zeigt die Ausführung von Limousinen, Coupés und dem Kombiwagen.

● Obere Feder mit einem Ende in einen Backen einhängen und mit einem Drahthaken strecken, bis man das andere Ende mit einem Schraubenzieher in das Ankerloch eindrücken kann.

● Vor dem Aufstecken der Bremstrommel den genauen Durchmesser der Trommel in der in Bild 257 gezeigten Weise ausmessen und danach die Schiebelehre, ohne sie zu verstellen über die gut zentrierten Bremsbacken setzen.

● Einsteller auseinanderstellen, bis sich eine Fühlerlehre von 0,6 mm zwischen die Schiebelehre und einen Bremsbacken einsetzen lässt. Auf diese Weise werden die Bremsbacken auf die Grund-

zwischen 0 und 0,35 mm liegen und kann durch Einlegen einer Ausgleichsscheibe berichtigt werden.

Ausgleichsscheiben stehen in sechs verschiedenen Stärken zur Verfügung (0,2, 0,3, 0,4, 0,5, 0,6 und 0,9 mm).

stellung zum Betrieb des Nachstellmechanismus gebracht.

15.3.2 Radbremszylinder

Die Radbremszylinder brauchen nicht unbedingt ausgebaut werden, um sie zu überholen. In diesem Fall jedoch auf grösste Sauberkeit achten. Beim Überholen eines Radbremszylinders sind die folgenden Punkte zu beachten:
- Alle Gummimanschetten erneuern. Reparatursätze stehen dazu zur Verfügung und alle im Satz enthaltenen Teile müssen beim Zusammenbau verwendet werden.
- Zerlegung und Zusammenbau unter den saubersten Verhältnissen durchführen.
- Alle Gummimanschetten vor dem Einbau eine Weile in saubere Bremsflüssigkeit einlegen.
- Beim Bestellen eines Reparatursatzes die Fahrgestellnummer und das Modell angeben, da Radbremszylinder manchmal ohne vorherige Bekanntmachung geändert werden.

Radbremszylinder folgendermassen ausbauen:
- Bremsbacken ausbauen (Kapitel 15.3.1).
- An der Rückseite der Bremsträgerplatte die Überwurfmutter der Bremsleitung lösen.
- Radbremszylinder von der Bremsträgerplatte abschrauben.

Die Zerlegung der Radbremszylinder erfolgt unter Bezug auf Bild 258:
- Staubschutzkappe (1) auf beiden Seiten herunterziehen.
- Die beiden Kolben (2) sowie die anderen Innenteile aus dem Zylinder stossen.
- Manschetten (3) mit den Fingern vom Kolben entfernen.

Alle Teile in sauberer Bremsflüssigkeit oder Alkohol reinigen. Falls die Zylinderbohrung Riefen aufweist, muss der gesamte Zylinder erneuert werden.

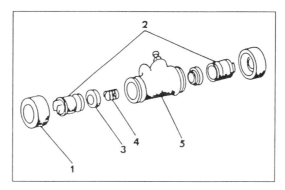

Bild 258
Montagebild eines Radbremszylinders.
1 Gummistaubschutzkappe
2 Kolben
3 Kolbenmanschette
4 Rückholfeder
5 Zylindergehäuse

Der Zusammenbau und der Einbau geschehen in umgekehrter Reihenfolge zu den beschriebenen Arbeiten. Zu beachten ist, dass man die Kante der Manschetten beim Einschieben der Kolben nicht umstülpt. Die Manschetten und die Innenseite der Staubschutzkappen mit Gummifett einschmieren.

15.4 Hintere Scheibenbremsen

Der Ausbau, die Überholung und der Einbau al-

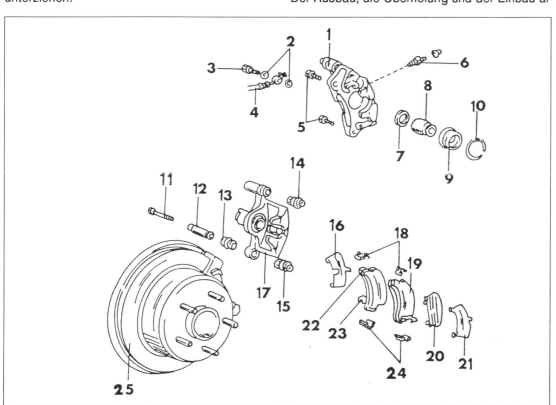

Bild 259
Montagebild eines hinteren Bremssattels.
1 Bremssattelzylinder
2 Dichtscheiben
3 Hohlschraube, 30 nm
4 Bremsschlauch
5 Schraube, 47 Nm
6 Entlüftungsschraube, 8,5 Nm
7 Kolbendichtring
8 Kolben
9 Staubschutzkappe
10 Sicherungsring
11 Bremssattelschraube, 20 Nm
12 Gleitbüchse
13 Staubschutz
14 Gummimanschette
15 Staubschutz
16 Beilagscheibe
17 Bremssattelzylinder
18 Bremsklotzführungsspangen
19 Bremsklotz
20 Innere Beilagscheibe
21 Äussere Beilagscheibe
22 Bremsklotz
23 Bremsklotzverschleissanzeiger
24 Bremsklotzführungsspangen
25 Bremsscheibe

ler Teile der hinteren Scheibenbremsen finden in gleicher Weise statt, wie es bei den vorderen Scheibenbremsen in Kapitel 15.2 beschrieben wurde. Bild 259 zeigt ein Montagebild eines Bremssattels.

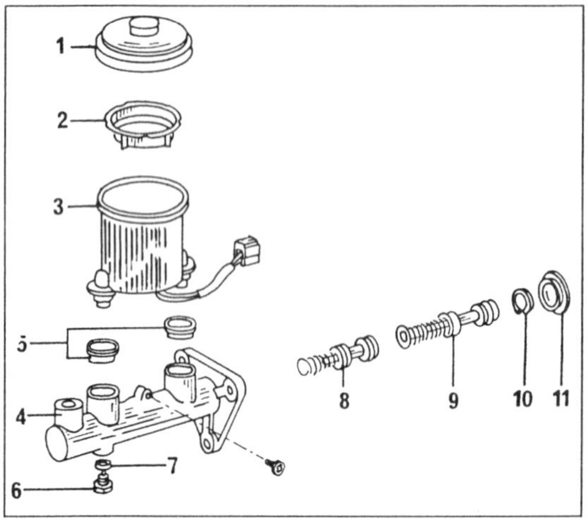

den Zylinder vorsichtig herausheben, ohne dabei Bremsflüssigkeit auf die Lackstellen zu tropfen.
• Dichtung vom Servogerät abnehmen.
Der Einbau des Bremszylinders geschieht in umgekehrter Reihenfolge wie der Ausbau. Das Freispiel des Bremspedales einstellen (Kapitel 15.1.1) und ausserdem Kapitel 15.7 durchlesen, in welchem die Einstellung des Bremskraftverstärkers beschrieben ist. Die Bremsanlage nach dem Einbau entlüften (Kapitel 15.6).

15.5.2 Hauptbremszylinder überholen

Beim Überholen eines Hauptbremszylinders sind die folgenden Punkte zu beachten:
• Alle Gummimanschetten erneuern. Reparatursätze stehen dazu zur Verfügung und alle im Satz enthaltenen Teile müssen beim Zusammenbau verwendet werden.
• Zerlegung und Zusammenbau unter den saubersten Verhältnissen durchführen.
• Alle Gummimanschetten vor dem Einbau eine Weile in saubere Bremsflüssigkeit einlegen.
• Beim Bestellen eines Reparatursatzes die Fahrgestellnummer und das Modell angeben, da Hauptbremszylinder manchmal ohne vorherige Bekanntmachung geändert werden.
Unter Bezug auf Bild 260:
• Verschlusskappe (1) und Filter (2) entfernen und die Flüssigkeit ausgiessen.
• Zylinder in einen Schraubstock einspannen.
• Staubschutzkappe (11) abziehen.
• Mit einer Sprengringzange den Sicherungsring (10) aus der Bohrung entfernen. Dazu die Kolben etwas nach innen stossen, um die Federkraft vom Ring zu entfernen, d.h. die beiden Handgriffe sind zusammen durchzuführen, wie es in Bild 261 gezeigt ist.
• Die Anschlagschraube (6) aus der Unterseite herausdrehen, während der Kolben in den Zylinder geschoben wird, wie es aus Bild 262 ersichtlich ist. Die Dichtscheibe nicht verlieren.
• Alle Innenteile aus der Bohrung herausschütteln. Falls die Teile fest sitzen, kann man sie mit Pressluft herausblasen. Dazu einen Pressluftschlauch an der Bohrung an einem Anschluss des Zylinders ansetzen und mit dem Daumen die zweite Leitungsöffnung zuhalten. Einen Lappen um den Zylinder wickeln, damit dieser nicht wegfliegt.
• Manschetten mit den Fingern von den Kolben entfernen.
• Falls eine weitere Zerlegung erforderlich ist, die beiden kleinen Schrauben herausdrehen und den Vorratsbehälter aus den Gummitüllen herausziehen. Die Gummitüllen können ebenfalls mit einem Schraubenzieher herausgedrückt werden. Alle Teile in Bremsflüssigkeit oder Alkohol reinigen.

Bild 260
Montagebild des Hauptbremszylinders. Die Form des Vorratsbehälters ist nicht bei allen Ausführungen gleich.
1 Verschlusskappe
2 Filtersieb
3 Vorratsbehälter
4 Zylindergehäuse
5 Gummitüllen
6 Schraube, 10 Nm
7 Dichtring, immer erneuern
8 Zwischenkolben und Feder
9 Druckkolben und Feder
10 Sprengring
11 Gummimanschette

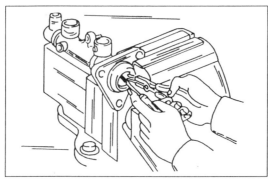

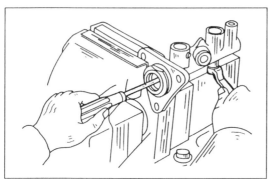

Bild 261
Den Sicherungsring aus der Bohrung herausnehmen, während der Kolben nach innen gedrückt wird.

Bild 262
Kolben in die Bohrung stossen, während die Anschlagschraube ausgeschraubt oder eingedreht wird.

15.5 Hauptbremszylinder

15.5.1 Aus- und Einbau

• Elektrischen Anschlussverbinder vom Warnschalter für die Bremsflüssigkeitsstandkontrolle trennen.
• Die beiden Bremsleitungen vom Zylinder abschrauben. Die Leitungsenden in geeigneter Weise verschliessen.
• Befestigung des Hauptbremszylinders von der Stirnfläche des Bremskraftverstärkers lösen und

Falls Zylinderbohrung oder Kolben noch gut aussehen, sind der Durchmesser der Bohrung und der Aussendurchmesser der Kolben mit einem Mikrometer auszumessen. Der Unterschied zwischen den beiden Massen, d.h. das Laufspiel, darf nicht grösser als 0,15 mm sein.

Neue Kolbenmanschetten in Bremsflüssigkeit eintauchen und an den Kolben anbringen. Den Zylinder entsprechend dem Montagebild wieder zusammenbauen.

Den Kolben mit einem Schraubenzieher in die Bohrung hineindrücken und die Anschlagschraube (6) eindrehen, ohne dass man sie dabei hineinzwingt (Bild 262). Danach den Schraubenzieher zurücklassen und kontrollieren, ob der Kolben gehalten wird.

Bremskreis entlüftet, d.h. vorn links und hinten rechts oder vorn rechts und hinten links. Andernfalls kann die Entlüftung entweder an den Hinterrädern oder an den Vorderrädern begonnen werden, jedoch ist die vom Hersteller empfohlene Reihenfolge hinten rechts, hinten links, vorn rechts, vorn links.

● Einen durchsichtigen Kunststoffschlauch nach Entfernen der Staubschutzkappe auf das betreffende Entlüftungsventil aufstecken. Das andere Ende des Schlauches in ein mit etwas Bremsflüssigkeit gefülltes Glasgefäss einhängen.

● Bremspedal von einer zweiten Person auf den Boden durchtreten lassen. Die Entlüftungsschraube um eine halbe Umdrehung öffnen, wenn das Pedal auf dem Boden aufsitzt. Den aus

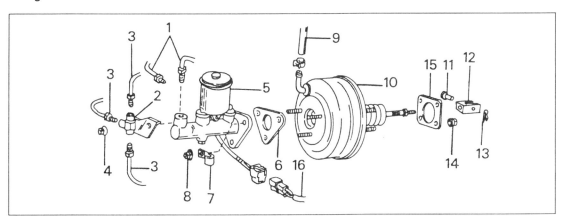

Bild 263
Die Befestigungsweise des Hauptbremszylinders und Bremskraftverstärkers.
1 Überwurfmuttern, 15 Nm
2 Dreiweganschluss
3 Überwurfmuttern, 15 Nm
4 Mutter, 13 Nm
5 Hauptbremszylinder
6 Dichtung, immer erneuern
7 Klemmschelle
8 Mutter, 13 Nm
9 Unterdruckschlauch
10 Bremskraftverstärker
11 Splintbolzen
12 Gabelkopf
13 Haarnadelspange
14 Mutter, 13 Nm
15 Dichtung, immer erneuern
16 Stecker, Flüssigkeitsstand

Sicherungsring in das Ende der Zylinderbohrung einfedern. Dabei den Kolben wieder wie in Bild 261 gezeigt in die Bohrung stossen und den Ring mit einer Sprengringzange einsetzen. Kontrollieren, dass der Sicherungsring (10) gut in der Rille sitzt.

Beim Anbringen des Vorratsbehälters ist dieser zu verdrehen, bis man die "Max."-Markierung an der Vorderseite sehen kann. Die Schraube anziehen, während man den Vorratsbehälter nach unten drückt.

15.6 Hydraulische Anlage entlüften

Ein Entlüften der hydraulischen Anlage ist erforderlich, falls das Bremsleitungsnetz an irgendeiner Stelle geöffnet wurde, oder Luft ist auf andere Weise in die Anlage gekommen.

Vor der Entlüftung der Anlage sind Schmutz und Fremdkörper von den Entlüftungsstellen und dem Einfüllverschluss des Vorratsbehälters zu entfernen.

Falls nur ein Radbremszylinder oder ein Bremssattel abgeschlossen wurde, könnte es ausreichen, wenn man nur diesen betreffenden

dem Schlauch austretenden Flüssigkeitsstrom beobachten.

● Sobald keine Luftblasen mehr herauskommen, ist alle Luft aus der Anlage ausgeschieden. Bremspedal beim letzten Hub auf dem Boden halten und das Entlüftungsventil schliessen. Pedal langsam zurückkehren lassen und nicht mehr durchtreten, bis die nächste Entlüftungsschraube vorgenommen wird.

● Gleiche Arbeiten in der angegebenen Reihenfolge an den anderen Entlüftungsschrauben durchführen.

Es wird nochmals darauf hingewiesen, dass der Stand der Bremsflüssigkeit laufend kontrolliert werden muss, so dass keine Luft in die Anlage gesaugt wird. Niemals aus der Anlage ausgepumpte Flüssigkeit wieder in den Behälter einfüllen. Auch keine Flüssigkeit verwenden, welche längere Zeit ohne Verschluss gestanden hat.

15.7 Bremskraftverstärker

Der Bremskraftverstärker ist zwischen Bremspedal und Hauptbremszylinder eingesetzt. Der Hauptbremszylinder ist an der Aussenfläche des Bremskraftverstärkers angeschraubt.

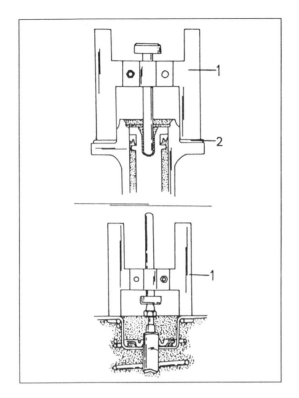

Bild 264
Kontrolle der Stösselstangeneinstellung des Bremskraftverstärkers.
1 Speziallehre
2 Dichtung

Der Bremskraftverstärker sollte nicht zerlegt oder repariert werden. Zum Zerlegen werden Spezialwerkzeuge gebraucht und die Überprüfung des Gerätes kann nur mit Hilfe eines Unterdruckprüfers durchgeführt werden. Man sollte daran denken, dass der Ausfall des Gerätes nicht den Verlust der Bremsen bedeutet, nur dass der Fussdruck auf das Bremspedal entsprechend grösser sein muss.

Falls der Bremskraftverstärker ausgebaut werden soll, die Bremsleitungen vom Hauptbremszylinder abschliessen, den Unterdruckschlauch abziehen und den Hauptbremszylinder nach Lösen der Muttern abnehmen. Stössel vom Bremspedal abschliessen (Splint und Splintbolzen herausziehen) und die Befestigung des Bremskraftverstärkers und des Dreiweganschlusses lösen. Bild 263 zeigt die Befestigungsweise des Bremskraftverstärkers.

Falls ein neuer Bremskraftverstärker eingebaut wird, muss die Länge der Stösselstange im Ende des Gerätes eingestellt werden. Dazu ist allerdings ein Spezialwerkzeug (09737-00010) erforderlich, welches in Bild 264 gezeigt ist. Die Lehre, wie im Bild gezeigt, auf die Oberseite des Hauptbremszylinders aufsetzen und die Einstellschraube in der Mitte der Lehre verstellen, bis sie den Kolben des Hauptbremszylinders soeben berührt.

Ohne die Lehre zu verstellen diese an die Fläche des Bremskraftverstärkers ansetzen und mit einer Fühlerlehre den Spalt zwischen der Stösselstange und der Einstellschraube der Lehre ausmessen. Falls das Spiel nicht innerhalb 0 - 0,4 mm liegt, die Kontermutter des Einstellers der Stösselstange lockern und die Stange verstellen, bis das Spiel stimmt. Die Kontermutter nach der Einstellung wieder anziehen.

16 Elektrische Anlage

Alle in dieser Reparaturanleitung behandelten Fahrzeuge sind mit einer elektrischen Anlage mit einer Spannungsstärke von 12 Volt ausgerüstet. Die Masserückstromführung erfolgt über die Minusklemme der Batterie. Die Batterie befindet sich im Motorraum.

Ein Schubtriebanlasser wird zum Anlassen des Motors verwendet. Bei diesem kann es sich um einen Anlasser mit Direktantrieb handeln, oder ein Anlasser mit eingebautem Untersetzungsgetriebe wird verwendet, um die gleiche Andrehkraft zu erhalten, ohne die Grösse des Anlassers zu verändern.

Der Anlassschalter bildet einen Teil des Zündschalters und erregt bei Betätigung einen am Anlasser montierten Einrückmagnetschalter.

Die eingebaute Drehstromlichtmaschine, je nach Motor von unterschiedlicher Leistung, wird über einen Keilriemen von der Kurbelwelle aus angetrieben. Ein in die Lichtmaschine eingebauter Regler dient zur Regulierung des Ladestromes und eine in die Instrumententafel eingesetzte Ladekontrolleuchte gibt eine Anzeige über das einwandfreie Funktionieren der elektrischen Anlage, soweit die Aufladung der Batterie betroffen ist. Der in der Lichtmaschine eingebaute Regler erfordert keine Einstellungen.

16.1 Die Batterie

Die eingebaute 12 Volt Batterie besitzt sechs Zellen, die aus positiven und negativen Platten bestehen, welche in eine Schwefelsäurelösung eingetaucht sind. Die Batterie hat die Aufgabe, den Strom zum Anlassen des Fahrzeugs, zur Zündung und zur Beleuchtung des Fahrzeugs sowie für andere Stromverbraucher zu liefern.

Die folgenden Arbeiten sind von Zeit zu Zeit durchzuführen, um der Batterie eine lange Lebensdauer zu geben und deren Leistung immer auf dem Höhepunkt zu halten.

● Batterie und die sie umgebenden Teile immer sauber halten. Die Oberfläche der Batterie muss immer gut trocken sein, da sich sonst zwischen den einzelnen Zellen Kriechströme entwickeln können, wovon sich die Batterie von selbst entladen kann.

● Die Batteriesäure muss jederzeit bis zur Höhe des Ringes in der Unterseite des Einfüllraumes stehen. Zum Nachfüllen destilliertes Wasser verwenden.

Bei kaltem Wetter die Batterie nicht in ungeladenem Zustand stehen lassen, da sie sonst einfriert. Schwach geladene Batterien frieren eher ein als geladene.

16.1.1 Prüfen der Batterie

Säurestand Die Batterie ist mit Schwefelsäure gefüllt, die mit destilliertem Wasser verdünnt wurde. Da die Wasseranteile verdunsten können, muss man gelegentlich den Säurestand überprüfen und ggf. destilliertes Wasser nachfüllen. Die Batteriesäure muss zwischen den Markierungen am Batteriegehäuse liegen. Zum Nachfüllen die Stopfen entfernen und destilliertes Wasser einfüllen, bis dieses sichtbar wird.

Ladezustand Zur Kontrolle des Ladezustandes ist ein Säureheber erforderlich. Zur Kontrolle die beiden Fülleisten entfernen und die Spitze des Säurehebers in die freigewordene Füllöffnung einsetzen. Falls erforderlich, muss man die Batterie etwas ankippen (sie muss natürlich ausgebaut sein), um die Säure zu erreichen. Mit Hilfe des Gummiballs genügend Säure ansaugen, dass der Schwimmer frei schwimmen kann. Je nach Ladezustand besitzt die Säure ein unterschiedliches spezifisches Gewicht, welches durch das Eintauchen des Schwimmers in die Säure angezeigt wird. Bei einer Anzeige von 1,28 ist die Batterie voll geladen; bei 1,12 ist die Batterie vollkommen entladen. Dazwischenliegende Werte weisen auf die entsprechende Ladestärke hin. Die Anzeigen am Säureheber sind in kg/l gegeben.

Aufladen der Batterie Eine sehr entladene Batterie sollte erst nach dem Aufladen mit destilliertem Wasser aufgefüllt werden. Beim Laden steigt der Säurestand an und eine vorschriftsmässig gefüllte Batterie könnte aus diesem Grund "überkochen". Der Ladestrom sollte am Anfang 10%

der Batteriekapazität nicht überschreiten. Je nach Aufbau des verwendeten Batterieladegeräts, wird sich der Ladestrom allmählich automatisch verringern. Die Batterie ist voll geladen, wenn sich die Säuredichte innerhalb zwei aufeinanderfolgenden Stunden nicht verändert.

Die Verschlussstopfen der Batterie sollten im allgemeinen herausgeschraubt und lose auf die Einfüllöffnungen gelegt werden. Damit kann das aus Sauerstoff und Wasserstoff entstehende Knallgas entweichen. Da bei lebhafter Aufladung ein Spritzen der Säure unvermeidlich ist, sollte man die Umgebung der Batterie mit Zeitungen oder ähnlichem schützen. Wird die Aufladung in einem geschlossenen Raum durchgeführt, muss dieser gut belüftet sein. Auf keinen Fall mit nackter Flamme in die Batterieöffnungen leuchten.

Bei Verwendung von einem Heimladegerät kann die Batterie im Auto verbleiben. Auch die Kabel braucht man nicht abzuschliessen. Anders ist es bei der Verwendung eines Schnelladegeräts. Beide Batteriekabel abklemmen um die Dioden der Drehstromlichtmaschine, die elektronischen Schaltgeräte, das Autoradio, usw. nicht zu gefährden.

Aus- und Einbau Die Batterie sitzt im Motorraum und ist auf einer Konsole verschraubt. Vor dem Ausbau die beiden Batteriekabel von den Polen abschrauben. Immer zuerst das Minuskabel abklemmen.

Beim Einbau der Original-Batterie zuerst die Polköpfe reinigen und mit einem guten Polfett einschmieren. Zuerst das Pluskabel anschliessen und festschrauben.

Start mit leerer Batterie Am einfachsten ist die Verwendung von Starthilfekabeln, die aber einen kräftigen Querschnitt und starke Anschlussklemmen haben müssen, um den Strom von einer Batterie zur anderen durchzulassen. Beim Anschaffen solcher Kabel sollte man immer etwas tiefer in die Tasche greifen, um Kupferkabel zu kaufen. Aluminiumkabel sind zwar billiger, werden aber sehr heiss, so dass die Isolierung schmilzt und man sich beim Abnehmen der Klemmen die Finger verbrennen kann. Zuerst das Pluskabel an die beiden Pluskabel anklemmen und danach erst die Minuskabel anschliessen. Der "Helfer" sollte den Motor anlassen und mit mittleren Drehzahlen laufen lassen, damit die Lichtmaschine zusätzlichen Strom aufbauen kann. Falls die Batterie ziemlich leer ist, könnte es sich lohnen das Fahrzeug eine gute Strecke zu fahren. Dabei wird sich die Batterie genügend aufladen, um den Motor anzulassen.

Anschieben oder Anrollenlassen, sowie Anschleppen in der bekannten Weise sind die bekanntesten Methoden zum Anlassen eines Motors mit schwacher Batterie.

16.2 Die Drehstromlichtmaschine

16.2.1 Vorsichtsmassnahmen bei Arbeiten an der Ladestromanlage

Ehe irgendwelche Arbeiten an der Ladestromanlage durchgeführt werden, müssen die folgenden Vorsichtsmassnahmen unbedingt eingeprägt werden:

- Niemals die Batterie oder den Spannungsregler abklemmen, während der Motor und somit die Lichtmaschine laufen.
- Niemals die Erregerklemme (Feldklemme) der Lichtmaschine oder das daran befestigte Kabel in Berührung mit Masse kommen lassen.
- Niemals die beiden Leitungen des Spannungsreglers verwechseln.
- Niemals den Spannungsregler in Betrieb bringen, wenn er mit Masse verbunden ist (sofortige Beschädigung).
- Niemals die Lichtmaschine ausbauen, wenn die Batterie nicht vorher aus dem Stromkreis genommen wurde.
- Beim Einbau der Batterie darauf achten, dass die Minusklemme an Masse angeschlossen wird.
- Niemals eine Prüflampe verwenden, die direkt an das Hauptstromnetz (110 oder 220 V) angeschlossen ist. Nur eine Prüflampe mit einer Spannungstärke von 12 V benutzen.
- Falls eine Batterie im eingebauten Zustand mit einem Batterieladegerät aufgeladen wird, müssen die beiden Batteriekabel abgeklemmt werden. Die positive Klemme des Ladegerätes an den positiven Pol der Batterie und die negative Klemme des Ladegerätes an den negativen Pol der Batterie anschliessen.
- Falsches Anschliessen der Leitungen führt zur Zerstörung der Gleichrichter und des Spannungsreglers.

16.2.2 Eingebaute Drehstromlichtmaschine prüfen

Während normaler Fahrt muss die Ladekontrollleuchte erlöschen. Falls dies nicht der Fall ist, liegt ein Fehler in der Drehstromlichtmaschine oder im Spannungsregler vor. Als erstes alle Stromverbindungsanschlüsse der Drehstromlichtmaschine prüfen. Kontrollieren, ob der Keilriemen einwandfrei gespannt ist. Die weiteren Überprüfungsarbeiten sind bei ausgebauter Drehstromlichtmaschine durchzuführen.

16.2.3 Aus- und Einbau

- Massekabel der Batterie abklemmen.
- Von der Rückseite der Drehstromlichtmaschi-

ne den Kabelstecker abziehen.
• Die Schraube des Spannbügels der Keilriemeneinstellung und die beiden Befestigungsschrauben der Lichtmaschine lockern, Lichtmaschine nach innen drücken und den Keilriemen abnehmen.
• Befestigungsschrauben der Lichtmaschine vollkommen entfernen und die Lichtmaschine herausheben.

Der Einbau der Lichtmaschine geschieht in umgekehrter Reihenfolge wie der Ausbau. Keilriemen in die Rillen der Riemenscheiben einlegen und die Drehstromlichtmaschine in ihrer Aufhängung nach aussen drücken. Die Lichtmaschine in dieser Stellung halten und die Schraube des Spannbügels festziehen.

Der Keilriemen ist vorschriftsmässig gespannt, wenn er sich entsprechend den untenstehenden Angaben mit gutem Daumendruck um die angegebenen Werte durchdrücken lässt:
• Bei einem 4A-F/FE-Motor die Spannung an der Oberseite zwischen den Riemenscheiben der Wasserpumpe und der Drehstromlichtmaschine kontrollieren (die Wasserpumpe wird mit dem Riemen angetrieben). Ein neuer Riemen sollte sich 8,5 - 10,5 mm durchdrücken lassen; ein bereits gelaufener Riemen um 10,0 - 12,0 mm.
• Bei einem 3S-FE-Motor oder einem Dieselmotor die Spannung von vorn gesehen auf der linken Seite zwischen den Riemenscheiben der Kurbelwelle und der Drehstromlichtmaschine kontrollieren. Ein neuer Riemen sollte sich 11 - 15 mm, ein gebrauchter Riemen 13 - 17 mm durchdrücken lassen.

16.2.4 Lichtmaschine zerlegen

Die folgenden Arbeiten sind unter Bezug auf Bild 265 durchzuführen. Das Bild zeigt eine typische Drehstromlichtmaschine, wie sie in Fahrzeuge mit 16V-Motoren eingebaut ist.
• Mutter von der Läuferwelle abschrauben und die Riemenscheibe abziehen. Die Riemenscheibe kann beim Lösen der Mutter mit einem alten Keilriemen gegengehalten werden. Zum Abziehen der Riemenscheibe könnte ein Zweiarmabzieher erforderlich sein.
• Scheibenfeder aus der Welle entfernen.
• Den Bürstenträger und Regler von der Rückseite der Lichtmaschine abschrauben.
• Befestigungsmuttern oder Schrauben des hinteren Deckels entfernen und den Deckel abnehmen.
• Vier Muttern lösen und Ständer vom vorderen Lagerdeckel trennen. Dazu kann der vordere Lagerdeckel leicht mit einem Kunststoffhammer abgeschlagen werden oder man benutzt einen Zweiarmabzieher.
• Das Lagerschild und den Läufer unter eine Presse setzen und den Läufer aus dem Lager drücken. Falls das Lager aus dem Lagerschild ausgebaut werden soll, das Lager gerade herauspressen, nachdem die Schrauben gelöst und die Lagerhalteplatte abgenommen wurden.
• Hinteres Lager des Läufers mit einem geeigneten Abzieher von der Läuferwelle herunterziehen.
• Die Befestigung des Diodenträgers, der Klemme und der Isolierung lösen und den Stän-

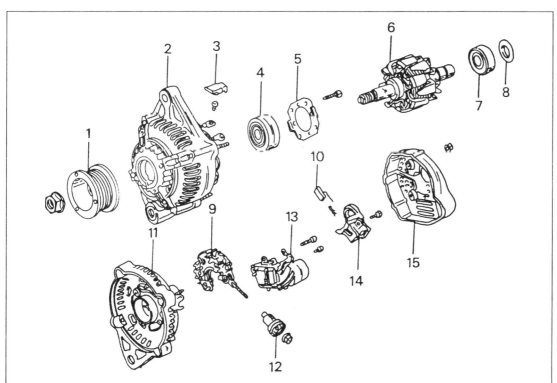

Bild 265
Montagebild einer Drehstromlichtmaschine.
1 Riemenscheibe
2 Antriebslagerschild
3 Gummiisolierung
4 Vorderes Lager
5 Lagerhalteplatte
6 Rotor (Läufer)
7 Hinteres Lager
8 Lagerabdeckscheibe
9 Gleichrichterdioden
10 Bürste
11 Gleichrichterseitiger Deckel
12 Anschlussisolierung
13 Regler
14 Bürstenträger mit Deckel
15 Hinterer Deckel

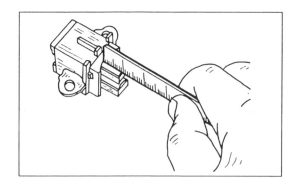

Bild 266
Ausmessen der Länge der Kohlebürsten.

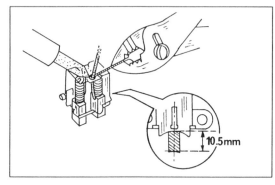

Bild 267
Verlöten der Kohlebürsten. Die Bürsten müssen um die gezeigte Länge herausstehen.

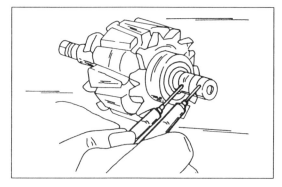

Bild 268
Überprüfung des Läufers auf Masseschluss.

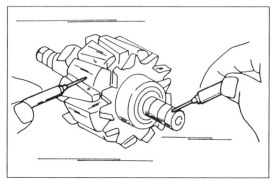

Bild 269
Überprüfung des Läufers auf Stromunterbrechung.

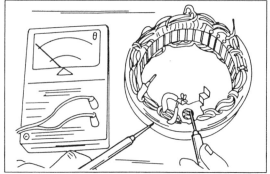

Bild 270
Überprüfung des Ständers auf Masseschluss.

der mit dem Diodenträger vom Schleifringlagerschild abnehmen.

16.2.5 Überprüfung der Teile

Kohlebürsten und Bürstenträger

Die Kohlebürsten auf guten Kontakt mit den Schleifringen prüfen. Die Beweglichkeit der Kohlen in den Bürstenführungen kontrollieren, gegebenenfalls den Bürstenhalter mit "Tri" säubern. Die Länge des herausstehenden Stücks der Kohlebürste ausmessen. Falls diese kürzer als 5,5 mm ist (Bild 266), die alte Bürste ablöten und eine neue Bürste einlöten. Durch die Spannung der Feder, muss man die Anschlusslitze der Bürste mit einer Zange herausziehen, bis die Bürste genau um 10,5 mm aus der anderen Seite heraussteht (Bild 267). Die Bürste in dieser Lage halten und mit einem guten Lötzinn die Bürstenlitze anlöten.

Läufer

Sind die Schleifringe verschmutzt oder fettig, so sind sie mit einem in "Tri" getränkten Lappen abzureiben. Eventuell vorhandene Riefen sind mittels feinstem Schmirgelleinen wegzupolieren. Zur Isolierungskontrolle ist eine Prüfspitze eines Ohmmeters an den Läuferkern und die andere Spitze an die Schleifringe anzulegen. Die Anzeige des Ohmmeters sollte "unendlich" anzeigen (Bild 268). Falls dies nicht der Fall ist, den gesamten Läufer erneuern.

Um die Läuferwicklung auf Stromdurchgang zu überprüfen, beide Prüfspitzen des Ohmmeters an die Schleifringe anlegen. Falls die Anzeige nicht innerhalb 2,8 - 3,0 Ohm liegt, den Läufer erneuern (Bild 269).

Ständer

Bei Kurzschluss ist meist infolge der starken Erwärmung die Schadenstelle schon durch Besicht festzustellen. Sonst eine Prüfspitze des Ohmmeters an ein Stromphasenende und die andere Prüfspitze an die Ständerbleche anlegen. Das Gerät muss "unendlich" anzeigen (Bild 270). Andernfalls den Ständer erneuern.

Um den Ständer auf Stromdurchlass zu kontrollieren, der Reihe nach die drei Kabel des Ständers jeweils miteinander verbinden. Falls keine Anzeige zustandekommt, ist der Stromfluss unterbrochen (Bild 271).

Dioden

Eine genaue Prüfung der Dioden über die Aufnahme der Durchlassspannung und der Feststellung des Sperrstromes kann nur mit einem Spe-

zialprüfgerät durchgeführt werden. Sonst ist ein normales Prüfgerät zu verwenden.
Eine Prüfspitze wird an die Anschlusslitze der Diode und die andere Spitze an den Diodenträger angelegt (Bild 272). Dann sind die Prüfspitzen zu vertauschen, wie es in der unteren Abbildung gezeigt ist. In diesem Fall werden die positiven Dioden geprüft. Die negativen Dioden auf der anderen Seite werden in gleicher Weise kontrolliert.
Bei beiden Prüfungen darf nur ein Durchlass in einer Richtung angezeigt werden, d.h. im oberen Bild muss der Ohmmeter ausschlagen, während er im unteren Bild "unendlich" anzeigen muss. Zeigt das Gerät einen Durchlass in beiden Richtungen an, so hat die Diode Kurzschluss. Zeigt sich in einer Richtung kein Durchlass, so ist die innere Verbindung der Diode unterbrochen. Die übrigen Dioden sind auf die gleiche Weise zu prüfen.

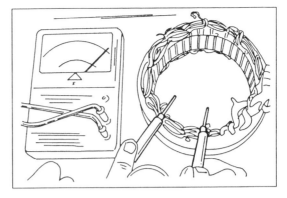

Bild 271
Überprüfung des Ständers auf Stromunterbrechung.

16.2.6 Zusammenbau

Bild 265 sollte beim Zusammenbau hinzugezogen werden:
- Antriebslagerschild zusammenbauen. Dazu das Lager mit der verkapselten Seite zum Läufer weisend gerade einpressen. Die Lagerhalteplatte so in das Lagerschild einlegen, dass die drei Klauen der Platte in die Schlitze des Deckels eingreifen. Die vier Schrauben in das Lagerschild hineindrehen.
- Läufer in das Lagerschild montieren. Das Lagerschild gut unterlegen.
- Die Riemenscheibe montieren. Die Mutter mit einem Anzugsdrehmoment von 40 Nm anziehen. Der Läufer kann dazu mit Weichmetallbacken vorsichtig in einen Schraubstock eingespannt werden.
- Falls die Leitungen abgelötet wurden, müssen sie wieder angelotet werden. Dabei eine Spitzzange als Wärmeleiter verwendend an den Anschlussstiften der Dioden ansetzen, damit sich diese nicht überhitzen können.
- Je eine Isolierscheibe auf die in Bild 273 gezeigten Stifte auflegen, die Gleichrichterhalterung mit den vier Schrauben befestigen.
- Innenseite des Ständers kontrollieren und alle nicht einwandfrei verlegte Drähte zur Seite drehen, damit sie den Läufer nicht berühren können.
- Den Bürstenträger und den Regler an der Rückseite der Drehstromlichtmaschine anbringen und mit den 5 Schrauben anschrauben, bis ein Abstand von mindestens 1 mm zwischen dem Bürstenträgerdeckel und dem Anschluss vorhanden ist.
- Schleifringlagerdeckel mit den drei Muttern befestigen.

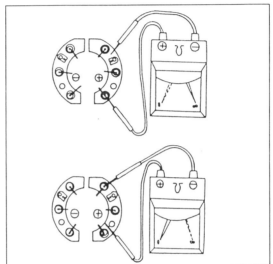

Bild 272
Überprüfung der Dioden. Ohmmeter zuerst wie im oberen Bild und danach wie im unteren Bild anlegen.

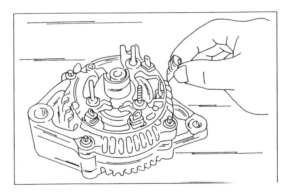

Bild 273
Aufstecken der Gummiisolierungen

16.3 Der Anlasser

Ein Schubtriebanlasser ist in alle in dieser Reparaturanleitung behandelten Fahrzeuge eingebaut, jedoch wird, je nach eingebautem Getriebe ein Anlasser unterschiedlicher Leistungsstärke verwendet und ausserdem arbeitet der Antrieb entweder mit Direktantrieb oder mit einem Untersetzungsgetriebe. Beim Betätigen des Zündschlüssels in die Anlassstellung wird der am Antriebslagerschild befestigte Einrückmagnetschalter in Tätigkeit gesetzt. Damit wird der Anlasserantrieb in Eingriff mit dem Zahnkranz des Schwungrades gebracht.

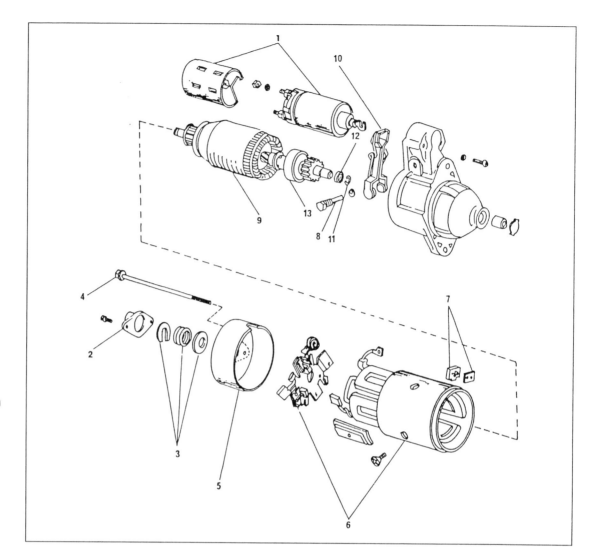

Bild 274
Montagebild des Anlassers.
1 Einrückmagnetschalter
2 Verschlussdeckel
3 Sicherungsspange, Feder und Gummischeibe
4 Schraube
5 Kollektorlagerschild
6 Anlassergehäuse mit Bürstenträger
7 Blech und Gummieinsatz
8 Lagerbolzen für Einspurhebel
9 Anker
10 Einspurhebel
11 Sicherungsring
12 Anschlagring
13 Freilauf mit Antriebsritzel

16.3.1 Aus- und Einbau des Anlassers

● Batteriekabel abklemmen.
● Elektrische Leitungen am Einrückmagnetschalter kennzeichnen und abklemmen.
● Befestigungsschrauben am Schwungradgehäuse lösen und den Anlasser nach vorn herausziehen.

Der Einbau des Anlassers geschieht in umgekehrter Reihenfolge wie der Ausbau.

16.3.2 Anlasser zerlegen

Bild 274 zeigt einen typischen Toyota-Anlasser mit Direktantrieb. Unterschiede könnten beim eingebauten Anlasser vorgefunden werden. Die beiden Anlasserausführungen werden getrennt beschrieben. Voraussetzung bei einer Zerlegung ist, dass man einige Erfahrungen mit Anlassern hat.

Anlasser mit Direktantrieb

● Verbindungskabel von der Klemme des Magnetschalters abklemmen.

● Die beiden Schrauben des Schalters lösen und den Schalter abnehmen.
● Schrauben lösen und die Abdeckkappe (2) abnehmen.
● Vor der weiteren Zerlegung, und im Falle, dass eine Generalüberholung vorgesehen ist, sollte das Axialspiel der Ankerwelle kontrolliert werden. Dazu eine Fühlerlehre, wie in Bild 275 gezeigt, zwischen die Scheibe und die Feder einsetzen. Das Spiel sollte zwischen 0,05 - 0,60 mm liegen. Das vorgefundene Spiel aufschreiben, da es beim Zusammenbau gebraucht wird.
● Die beiden Spannschrauben (4) aus der Rückseite des Anlassers herausdrehen und das Antriebslagerschild zusammen mit dem Anker vom Anlassergehäuse abnehmen.
● Einspurhebel ausbauen (Schraube "8" lösen und den Anker aus dem Antriebslagerschild herausziehen. Dabei auf die Einbauweise des Hebels achten, um die Teile später wieder in der ursprünglichen Weise zusammenzubauen.
● Hinteren Deckel abnehmen.
● Bürsten aus den Halterungen ziehen und den Bürstenträger (14) abnehmen.

● Anschlagring am Ende der Ankerwelle mit einem Meissel zum Anker schlagen und den daruntersitzenden Sicherungsring entfernen (Bild 276). Das Ende der Ankerwelle entgraten und den Antrieb von der Welle ziehen.

Anlasser mit Untersetzungsgetriebe
Bild 277 zeigt einen solchen Anlasser in zerlegtem Zustand. Folgendermassen zerlegen:
● Mutter entfernen und das Kabel von der Klemme des Einrückmagnetschalters abklemmen.
● Die beiden Spannschrauben entfernen und das Anlassergehäuse zusammen mit dem Anker herausziehen. Ein "O"-Dichtring ist beim 1,4 kW-Anlasser angebracht.
● Vom Ritzelende des Anlassers die beiden Schrauben entfernen und das Ritzelgehäuse mit der Freilaufkupplung, der Rückzugfeder, dem Lager und dem Zwischenrad des Untersetzungsgetriebes entfernen. Ein zusätzliches Zahnrad ist bei einem 1,4 kW-Anlasser eingebaut.
● In der Innenseite der Verbindungswelle befindet sich eine kleine Stahlkugel. Ein Stabmagnet kann zum Herausnehmen der Kugel benutzt werden. Andernfalls kann man die Kugel herausschütteln.
● Vom anderen Ende des Anlassers den mit zwei Schrauben gehaltenen Verschlussdeckel entfernen. Wiederum wird ein "O"-Dichtring bei einem 1,4 kW-Anlasser verwendet.
● Mit einem Schraubenzieher die Bürstenfedern von den Bürsten abheben und die Bürsten aus den Haltern ziehen. Die vier Bürsten abklemmen und den Bürstenhalter abschrauben.
● Anker aus dem Anlassergehäuse herausziehen.

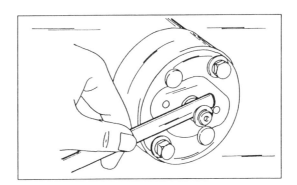

Bild 275
Ausmessen des Axialspiels der Ankerwelle vor Zerlegung des Anlassers.

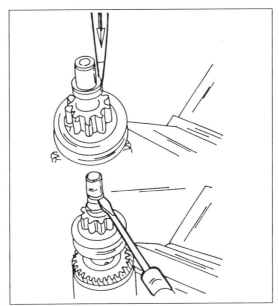

Bild 276
Zurückschlagen des Bundringes mit einem Meissel im oberen Bild und Entfernen der Sicherungsspange im unteren Bild.

16.3.3 Überprüfung der Anlasserteile

Bürstenmechanismus
Die Bürsten müssen eine Länge von mehr als 10,0 mm haben. Kontrollieren, ob sich die Bür-

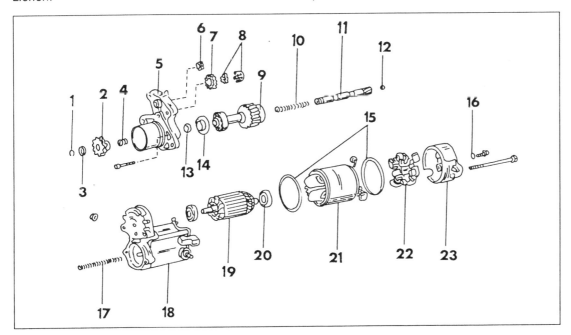

Bild 277
Montagebild eines Anlassers mit Untersetzungsgetriebe am Beispiel des 1,4 kW-Motors.
1 Sicherungsring
2 Anlasserritzel
3 Anschlagring
4 Anlasserfeder
5 Anlasserritzelgehäuse
6 Zwischenzahnrad
7 Untersetzungsrad
8 Lager
9 Freilaufkupplung
10 Druckfeder
11 Verbindungswelle
12 Stahlkugel
13 Federsitz
14 Lagersitz
15 "O"-Dichtringe
16 "O"-Dichtring
17 Rückholfeder
18 Einrückmagnetschalter
19 Anker
20 Hinteres Lager
21 Anlassergehäuse mit Feldspulen
22 Bürstenhalter
23 Abschlussdeckel

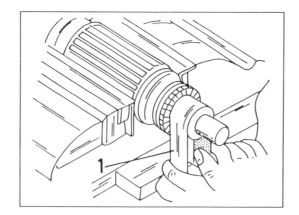

Bild 278
Einen Kollektor mit einem Streifen Sandpapier (1) reinigen. Anker in verschiedenen Stellen in den Schraubstock einspannen, um den gesamten Umfang zu reinigen.

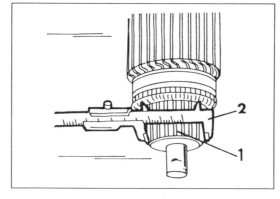

Bild 279
Ausmessen des Durchmessers des Kollektors (1) mit einer Schiebelehre (2).

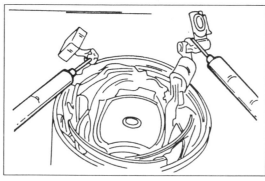

Bild 280
Kontrolle der Erregerfeldspulen auf Masseschluss.

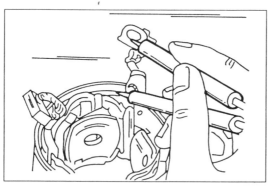

Bild 281
Kontrolle der Erregerfeldspulen auf Stromunterbrechung.

Anker und Kollektor

Ein guter Kollektor muss auf der ganzen Oberfläche glatt sein und darf keine Narben oder verbrannte Stellen aufweisen. Kollektor mit einem in Benzin getauchten Lappen bei gleichzeitigem Drehen des Ankers abreiben, wie es in Bild 278 gezeigt ist. Falls dies erfolglos ist, kann er auch mit einem Stück Sandpapier abgezogen werden, jedoch keine Schmirgelleinwand dazu verwenden.

Um einen stark abgenutzten Kollektor wieder aufzuarbeiten, kann er in eine Drehbank eingespannt werden und man nimmt bei hoher Drehzahl eine Schicht Metall ab. Nie mehr Metall abnehmen, als unbedingt erforderlich ist. Ein Enddurchmesser von 27,0 mm, bei einem Anlasser mit Direktantrieb, oder 29,0 mm, bei einem Anlasser mit Untersetzungsgetriebe, darf dabei nicht unterschritten werden. Der Kollektor wird an der in Bild 279 gezeigten Stelle ausgemessen.

Abschliessend mit einer Stichsäge die Lamellenteilung zwischen den Kollektorsegmenten auf eine Tiefe von 0,5 - 0,8 mm einsägen. Den Kollektor danach mit feinem Sandpapier polieren, so dass er eine Glanzschicht erhält. Die Lamellenteilung zwischen den Kollektorsegmenten muss ebenfalls nachgesägt werden, falls sie nur noch eine Tiefe von 0,2 mm hat.

Die häufigsten Fehler im Kollektor werden durch Kurzschlussbildungen im Anker hervorgerufen. Das beste Kennzeichen dafür sind verbrannte Kollektorwicklungen.

Bei einem Anlasser mit Direktantrieb das Laufspiel der Ankerwelle in der Büchse kontrollieren, indem man den Durchmesser der Welle und den Innendurchmesser der Büchsen ausmisst und den Unterschied zwischen den beiden gefundenen Massen auswertet. Falls dieser mehr als 0,20 mm beträgt, müssen die Büchsen erneuert werden.

Um die Ankerwicklungen zu kontrollieren, benötigt man ein Ankerprüfgerät, einen sogenannten Summer. Falls dieses Gerät nicht vorhanden ist, kann der alte Anker durch vorübergehendes Einsetzen eines neuen Ankers kontrolliert werden. Niemals versuchen, eine verbogene Ankerwelle zu richten oder einen Ankerkern zu bearbeiten.

Feldspulen

Feldspulen können am besten mit einem Ampèremeter kontrolliert werden, welches zwischen Feldspulenanschluss und Masse mit einer dazwischengeschalteten Batterie anzulegen ist (Bild 280). Falls eine Anzeige zustandkommt, ist eine der Feldspulen auf Masse geschlossen. Zur zweiten Prüfung das Ampèremeter an den beiden Bürsten anlegen (Bild 281). Falls keine Anzeige zustandekommt, ist der Stromkreis unterbrochen. In beiden Fällen ein neues Anlassergehäuse einbauen oder die Feldspulen erneuern. Die Pol-

sten leicht in ihren Führungen bewegen lassen, indem man sie einsetzt und durch leichtes Ziehen an den Anschlusslitzen hin- und herbewegt. Falls erforderlich, die Seiten der Bürsten mit einem in Benzin getränkten Lappen abreiben oder mit einer Schlichtfeile glätten. Falls erforderlich, die Bürsten durch Ab- und Anlöten an den Anschlüssen der Erregerfeldspulen erneuern.

schuhschrauben müssen mit einem Schlagschraubenzieher gelöst werden, da sie sehr fest sitzen. Beim Anlasser mit Untersetzungsgetriebe muss das gesamte Anlassergehäuse erneuert werden.

Lager

Lager, die soweit ausgeschlagen sind, dass sie der Ankerwelle seitliches Spiel erlauben, müssen erneuert werden. Dazu ist es am besten, wenn man den Aussendurchmesser der Ankerwelle und den Innendurchmesser der Büchsen ausmisst. Falls der Unterschied zwischen den beiden Massen mehr als 0,2 mm beträgt, alte Büchse auspressen, neue Büchse einpressen und die Büchse aufreiben, bis die Ankerwelle ein Spiel von 0,035 - 0,08 mm aufweist.

Anlasserantrieb

Kontrollieren, ob die Zähne des Anlasserritzels sich in gutem Zustand befinden. Das Ritzel muss sich leicht auf der Schraubverzahnung der Ankerwelle verschieben lassen. Der Freilauf darf sich nur in einer Richtung durchdrehen lassen, während er in der anderen Richtung sperren muss. Falls erforderlich, den kompletten Antrieb erneuern, aber vor der Bestellung die Anzahl der Ritzelzähne zählen.

Falls das Anlasserritzel aufgrund von Beschädigung der Zähne erneuert wird, sofort den Zahnkranz des Schwungrades kontrollieren, da dieser ebenfalls gelitten haben könnte.

Einrückmagnetschalter

Der Einrückmagnetschalter kann nicht repariert werden. Um die Spulen des Magnetschalters zu kontrollieren, ist eine 12 V-Batterie mit den Klemmen "C" und "50" zu verbinden. Eine Stromanzeige sollte vorhanden sein und das Anlasserritzel sollte herausspringen. Diese Prüfung beweist, dass die Zugspule in Ordnung ist. Zur Kontrolle der Haltespule die Prüfspitzen wie in den beiden Abbildungen angeschlossen lassen und das negative Kabel von Klemme "C" abklemmen. Das Anlasserritzel sollte sich nicht aus seiner augenblicklichen Stellung bewegen. Falls es zurückspringt, muss der Einrückmagnetschalter erneuert werden. Bild 282 zeigt die Magnetschalterklemmen bei einem herkömmlichen Anlasser, Bild 283 bei einem Anlasser mit Untersetzungsgetriebe.
Eine dritte Prüfung ist durchzuführen, um zu kontrollieren, ob das Anlasserritzel zurückkehrt. Dazu das negative Kabel vom Schaltergehäuse abklemmen (siehe Bild 283). Das Ritzel sollte sofort nach innen springen. Falls dies nicht der Fall ist, einen neuen Einrückmagnetschalter einbauen.

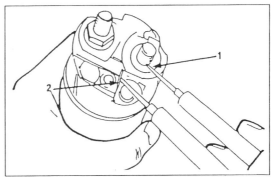

Bild 282
Überprüfung des Einrückmagnetschalters mit einem Ohmmeter (Anlasser mit Direktantrieb).
1 Klemme "C"
2 Klemme "50"

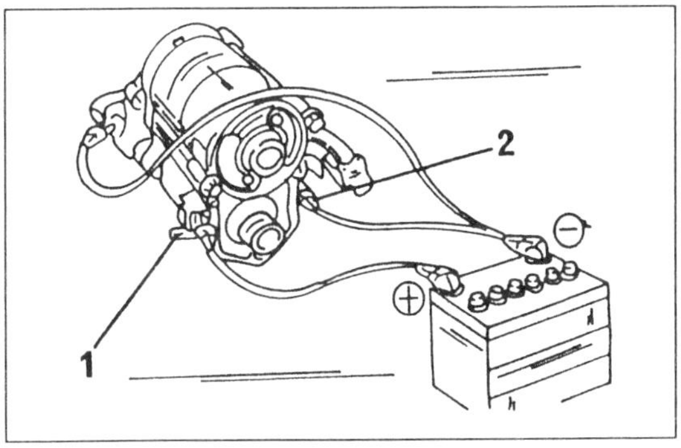

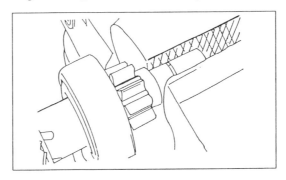

Bild 283
Überprüfung des Einrückmagnetschalters bei einem Anlasser mit Untersetzungsgetriebe.
1 Klemme "50"
2 Klemme "C"

16.3.4 Zusammenbau des Anlassers

Der Zusammenbau des Anlassers geschieht in umgekehrter Reihenfolge wie das Zerlegen, unter Bezug auf die Montagebilder. Die folgenden Punkte sollten besonders beachtet werden:

Anlasser mit Direktantrieb
● Die Schraubverzahnung der Ankerwelle und das Drehlager des Einspurhebels leicht einfetten. Lager und Ritzel leicht einölen.
● Bundring mit der grösseren Seite nach aussen weisend auf die Ankerwelle aufstecken.
● Sicherungsring in die Rille der Ankerwelle einsetzen und die Welle mit dem Ring in einem Schraubstock einspannen. Den Schraubstock schliessen, wieder öffnen, Welle verdrehen und den gleichen Vorgang wiederholen, bis der Ring ringsherum gut in der Rille sitzt (Bild 284).

Bild 284
Nach Einsetzen des Sicherungsringes diesen in einem Schraubstock in die Rille eindrücken.

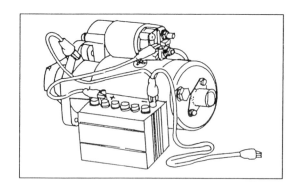

Bild 285
Anschlussweise des Anlassers zur Kontrolle des Anlasserritzelspiels.

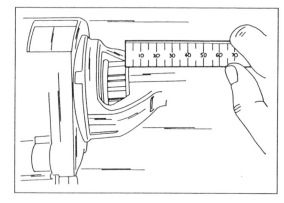

Bild 286
Ausmessen des Abstandes zwischen Ritzelfläche und Kante des Anlassergehäuses.

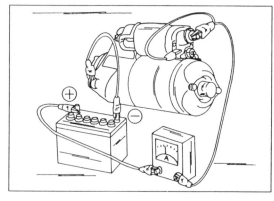

Bild 287
Anschlussweise des Anlassers zur Funktionskontrolle.

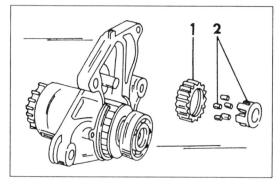

Bild 288
Das Untersetzungsrad mit dem Lager bei einem 1,0 kW-Anlasser.
1 Untersetzungsrad
2 Lager

● Bürstenträger über die Ankerwelle setzen, mit einem Stück Draht die Bürstenfedern zurückziehen und die Bürsten in den Bürstenträger einschieben. Federn zurücklassen und kontrollieren, dass sie gut auf den Bürsten aufsitzen.

● Nach Anschrauben des Kollektorlagerschildes das beim Zerlegen des Anlassers erhaltene Axialspiel berücksichtigen und, falls es mehr als 0,10 mm betragen hat, eine Ausgleichsscheibe von 0,5 mm Stärke einsetzen.

● Verschlusskappe innen mit Fett füllen und anschrauben.

Nach fertigem Zusammenbau eine 12 V-Batterie entsprechend Bild 285 anschliessen und das Spiel zwischen der Endfläche des Anlasserritzels und dem Antriebslagerschild ausmessen (Bild 286). Falls dieses nicht zwischen 0,1 und 4,0 mm liegt, die Mutter der Stösselstange des Magnetschalters lockern (Schalter dazu wieder ausbauen) und den Stössel verstellen. Den Stössel nach innen schrauben, falls das Spiel zu gross ist, oder herausdrehen, falls es zu klein ist.

Falls ein Ampèremeter zur Verfügung steht, kann man den Anlasser ohne Belastung laufen lassen. Die Stromanzeige gibt an, ob der Anlasser mit der vorgesehenen Stromstärke arbeitet und ausserdem, ob er einwandfrei einspurt (das Ritzel schnellt nach aussen). Die Anschlüsse entsprechend Bild 287 herstellen. Die Stromstärke muss 50 A betragen.

Anlasser mit Untersetzungsgetriebe

● Die Lager und die Untersetzungsräder vor Zusammenbau des Anlassers mit Heisslagerfett einschmieren.

● Anker in das Anlassergehäuse einsetzen.

● Bürstenhalter über den Anker und das Anlassergehäuse setzen. Die Bürstenfedern mit einem Schraubenzieher anheben und die vier Bürsten in den Bürstenhalter einsetzen. Die Federn auf die Bürsten zurücklassen. Litzen der Bürsten an die Anschlussstellen anschrauben. Darauf achten, dass die Litzen der positiven Bürsten nicht mit Masse kurzgeschlossen werden.

● Verschlussdeckel mit den beiden Schrauben befestigen. Bei einem 1,4 kW-Anlasser den "O"-Dichtring anbringen.

● Die Stahlkugel einfetten und in die Bohrung der Welle einsetzen.

● Die Freilaufkupplung und die Zahnräder einbauen. Bilder 288 und 289 zeigen wie diese zusammengesetzt werden. Zuerst die Rückholfeder einfetten und in das Loch des Einrückmagnetschalters einsetzen. Das Zwischenrad und das Lager bei einem 1,0 kW-Anlasser oder das Zwischenrad, das Lager und das zweite Zahnrad beim 1,4 kW-Anlasser montieren.

● Anker mit der Welle aufsetzen und mit einem Schraubenzieher den Bundring nach unten über den Sicherungsring schlagen. Kontrollieren, dass der Bundring einwandfrei über dem Sicherungsring sitzt.

● Einspurhebel richtig herum (entsprechend Bild 274) montieren.

● Gummiabdichtung mit dem Ansatz in das Anlassergehäuse einsetzen.

● Anlassergehäuse und Einrückmagnetschalter anbringen und die beiden Schrauben anziehen.

● Die verbleibenden Arbeiten in umgekehrter Reihenfolge durchführen. Bild 277 ist dazu hinzuzuziehen.

16.4 Sicherungen

Ein Sicherungskasten befindet sich auf der linken Seite unter dem Armaturenbrett. Die Stärke der Sicherung und der abgedeckte Stromkreis sind auf dem Deckel des Sicherungskastens aufgedruckt. Falls man nicht genau sicher ist, sollte man sich an eine Toyota-Werkstatt werden.
Bei den Sicherungen handelt es sich um Stecksicherungen, die man mit einem speziellen Auszieher ausziehen sollte. Vor dem Einsetzen der neuen Sicherung den Sicherungshalter auf Korrosion kontrollieren. Niemals eine durchgebrannte Sicherung mit Aluminiumpapier reparieren. Vor dem Einbau der neuen Sicherung unbedingt die Ursache für das Durchbrennen der Sicherung herausfinden.

Neben der Batterie ist eine Schmelzsicherung in den Stromkreis eingesetzt. Diese Sicherung brennt bei Überbelastung durch, d.h. sie schmilzt. Beim Erneuern der Schmelzsicherung die richtige bestellen.

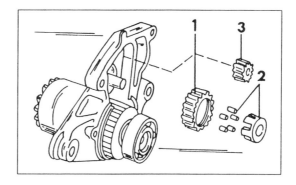

Bild 289
Die Untersetzungsräder und das Lager bei einem 1,4 kW-Anlasser.
1 Zwischenrad
2 Lager
3 Ritzelrad

17 Dieselmotor

17.1 Erneuerung des Zahnriemens

Bild 291 zeigt die Teile der Steuerung und sollte hinzugezogen werden, wenn man Teile der Steuerung erneuern oder ausbauen will. Der Zahnriemen sollte alle 100 000 km erneuert werden. Zu diesem Zeitpunkt hat er seine normale Lebensdauer erreicht. Obwohl der Motor laufen wird, kann man nie wissen wie lange es zum Reissen des Zahnriemen dauern wird. Die folgende Beschreibung umfasst den Aus- und Einbau aller Steuerteile. Falls nur der Zahnriemen erneuert werden soll, sind die weiteren Anweisungen zu übergehen.

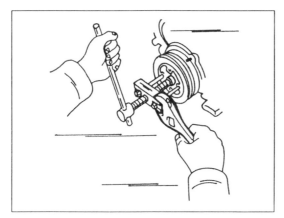

Bild 290
Abziehen der Kurbelwellenriemenscheibe mit einem Abzieher.

- Antriebsriemen der einzelnen Aggregate an der Vorderseite des Motors ausbauen. Die Riemenscheibe der Lenkhilfpumpe muss ebenfalls ausgebaut werden, falls eine Servolenkung eingebaut ist.
- Die Flüssigkeitskupplung und die Riemenscheibe der Wasserpumpe zusammen mit dem Kühlungsventilator ausbauen. Dazu die vier Muttern der Kupplung abschrauben und die Kupplung zusammen mit den daran angebrachten Teilen, d.h. die Riemenscheibe und den Ventilator, abnehmen.
- Die Schraube der Kurbelwellenriemenscheibe lösen. Ein Gang muss eingelegt und die Handbremse angezogen werden, um die Kurbelwelle gegen Mitdrehen zu halten. Die Schraube mit einer Stecknuss lockern. Ein Abzieher wird normalerweise zum Abziehen der Riemenscheibe benutzt, welchen man in der in Bild 290 gezeigten Weise an

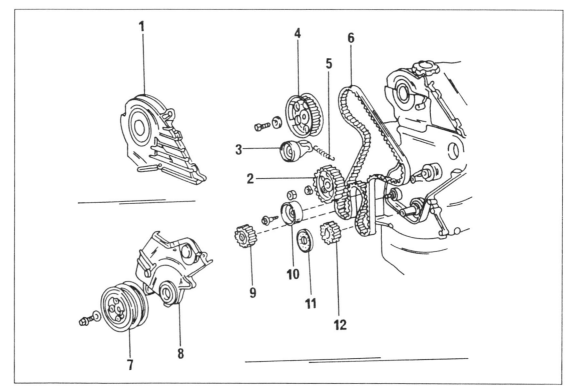

Bild 291
Die Einzelteile der Steuerung bei einem Dieselmotor.
1 Oberer Zahnriemendeckel
2 Rad der Einspritzpumpe
3 Zahnriemenspanner
4 Steuerrad der Nockenwelle
5 Rückzugfeder für Zahnriemenspanner
6 Zahnriemen
7 Kurbelwellenriemenscheibe
8 Unterer Zahnriemendeckel
9 Antriebsrad der Ölpumpe
10 Zahnriemenlaufrolle
11 Zahnriemenführungsblech
12 Kurbelwellensteuerrad

der Riemenscheibe ansetzt. Andernfalls kann man versuchen zwei Reifenhebel an gegenüberliegenden Stellen unter die Riemenscheibe unterzusetzen und diese damit abzudrücken. Die Arbeiten müssen von der Unterseite des Fahrzeuges durchgeführt werden.

● Den oberen Zahnriemenschutzdeckel von der Vorderseite des Motors abschrauben. Drei Spangen und 5 Schrauben müssen dazu entfernt werden. Die Dichtung abnehmen. Der untere Schutzdeckel wird später abmontiert.

● Motor mit Seilen oder Ketten an ein Hebezeug hängen und den rechten Motoraufhängungsträger ausbauen.

● Die Glühkerzenverbindungen zwischen den vier Glühkerzen ausbauen und das Stromkabel abklemmen. Die Glühkerzen werden jetzt ausgeschraubt.

● Motor durchdrehen bis der Kolben des ersten Zylinders im oberen Totpunkt des Verdichtungshubs steht. Die Kurbelwellenriemenscheibe muss dazu vorübergehend wieder aufgesteckt werden, damit man den Motor an dieser durchdrehen kann. Falls der Gang noch eingeschaltet ist, muss dieser natürlich ausgeschaltet werden. Die Kurbelwelle wird durchgedreht bis das Steuerrad der Nockenwelle in einer Linie mit der Oberseite des Zylinderkopfes steht, wie es aus Bild 292 ersichtlich ist.

● Falls der Zahnriemen wieder benutzt werden soll, muss man die ursprüngliche Drehrichtung mit einem Filzstift in die Aussenfläche des Riemens zeichnen (man kann ihn auch verkehrt herum auflegen). Am besten ist dabei ein eingezeichneter Pfeil, dessen Kopf in Drehrichtung des Motors weist. Um den Riemen wieder in der ursprünglichen Stellung aufzulegen, kann man die drei Steuerräder und den Riemen an gegenüberliegenden Stellen mit einem Filzstift zeichnen, ähnlich wie man es in Bild 293 sehen kann.

● Mit einer Spitzzange die Rückzugfeder des Riemenspanners aushängen. Die beiden Schrauben des Riemenspanners lockern. Dabei wird der Riemen zur Aussenseite gedrückt, so dass er locker genug ist, um ihn abzunehmen. Den Riemen nicht mit fettigen Händen anfassen und von Fett, Öl oder ähnlichen Mitteln fernhalten.

Der neue Zahnriemen kann jetzt montiert werden, falls keine weiteren Arbeiten erforderlich sind. Andernfalls der untenstehenden Beschreibung folgen, um die verbleibenden Teile der Steuerung auszubauen oder um die verschiedenen Teile der Steuerung zu kontrollieren (falls der Motor zum Beispiel eine sehr hohe Kilometerleistung hat).

● Die beiden Schrauben des Zahnriemenspanners vollkommen herausdrehen und den Riemenspanner abnehmen.

● Die Befestigungsschraube des Steuerrades der Nockenwelle lösen. Das Steuerrad muss da-

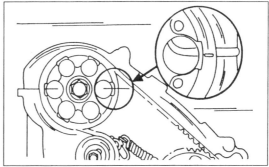

Bild 292
Steuerzeichen im Nockenwellenrad und Steuermarke im Zylinderkopf müssen fluchten, wenn der Kolben des ersten Zylinders auf dem oberen Totpunkt steht.

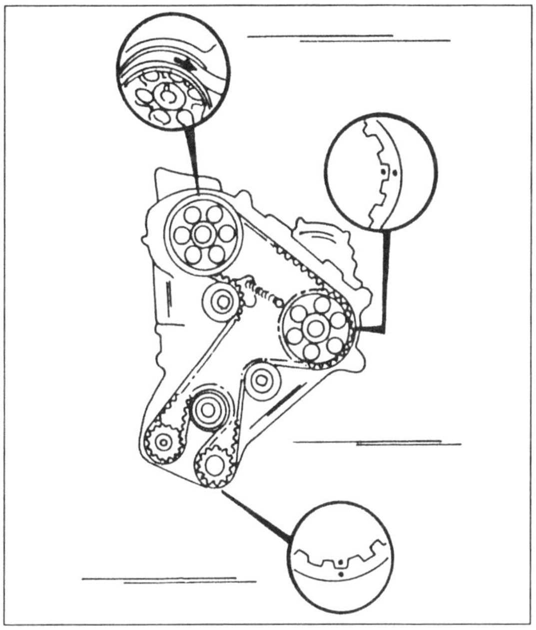

Bild 293
Jedes Steuerrad und den Zahnriemen an gegenüberliegenden Stellen zeichnen. Der Zahnriemen wird mit einem Pfeil gezeichnet (Filzstift), wie es oben beim Nockenwellenrad zu sehen ist.

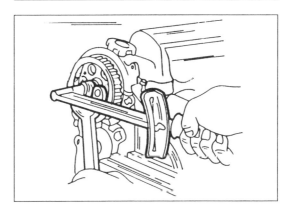

Bild 294
Das Nockenwellenrad kann in der gezeigten Weise gegengehalten werden.

bei gegengehalten werden. Ein kräftiger Metallstab, den man durch ein Loch des Steuerrades einsetzt und gegen den Zylinderkopf anlegt, sollte sich dazu eignen. Andernfalls hält man das Nockenwellenrad wie es in Bild 294 gezeigt ist.

● Steuerrad vom Ende der Nockenwelle abziehen. Ein Passstift führt das Rad auf der Welle, so dass man das Zahnrad nicht auf der Welle kennzeichnen braucht. Nicht die Nockenwelle nach Ausbau des Steuerrades durchdrehen.

● Antriebsrad der Einspritzpumpe in ähnlicher Weise gegenhalten und die Mutter lösen. Ein Abzieher, ähnlich wie in Bild 290 gezeigt, muss zum Abziehen des Antriebsrades benutzt werden. Zwei Gewindebohrungen im Rad ermöglichen das Einschrauben von Abziehschrauben. Auch das Antriebsrad der Ölpumpe wird in ähnlicher Weise ausgebaut.

● Die Laufrolle für den Zahnriemen ausbauen (eine Schraube).

Alle ausgebauten Teile auf Verschleiss oder Beschädigung kontrollieren. Falls die Zähne des Riemens angegriffen sind, müssen alle damit verbundenen Antriebsräder gründlich untersucht werden, da verschlissene Zahnräder schnell den Verschleiss auf den neuen Zahnriemen übertragen würden.

Kontrollieren, dass sich der Riemenspanner leicht durchdrehen lässt. Ein Spanner mit Klemmstellen muss erneuert werden. Die Rückzugfeder in der Länge ausmessen. Eine wieder verwendbare Feder muss noch eine Länge von 51,93 mm haben, wenn man sie zwischen der Innenseite der beiden Federhaken ausmisst, wie es in Bild 295 zu sehen ist.

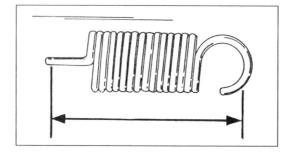

Bild 295
Die Länge der Rückzugfeder zwischen den Pfeilen ausmessen.

Der Einbau der Steuerung erfolgt entsprechend den folgenden Beschreibungen, wobei davon ausgegangen wird, dass alle Teile der Steuerung ausgebaut wurden.

● Kurbelwellensteuerrad über das Ende der Kurbelwelle schieben, Scheibenfeder und Nut im Steuerrad ausgerichtet, und das Steuerrad mit einem passenden Rohrstück auf die Welle schlagen. Dabei die Scheibenfeder beobachten, damit sich diese nicht verschieben kann.

● Antriebsrad der Ölpumpe in ähnlicher Weise montieren, aber dieses Mal die Zunge am Antriebsrad mit der Aussparung in der Antriebswelle in Eingriff bringen. Die Mutter aufschrauben und mit einem Anzugsdrehmoment von 47 Nm anziehen. Das Antriebsrad muss dabei gegengehalten werden.

● Laufrolle für den Zahnriemen montieren. Die Schraube mit 37 Nm anziehen. Kontrollieren, dass sich die Rolle nach Festschrauben leicht drehen lässt.

● Rad der Einspritzpumpe über die Welle schieben, wieder auf richtige Flucht von Scheibenfeder und Nut achten, das Rad aufschlagen und die Mutter aufdrehen. Das Pumpenrad ähnlich wie in Bild 294 gezeigt gegenhalten und die Mutter mit einem Anzugsdrehmoment von 65 Nm anziehen.

● Das Steuerrad der Nockenwelle auf das Ende der Nockenwelle aufsetzen. Im Steuerrad befindet sich eine Bohrung, die mit dem Passstift in der Wellenfläche in Eingriff kommen muss. Die Schraube mit der grossen Scheibe einschrauben, die Welle entsprechend Bild 294 gegenhalten und die Schraube mit 100 Nm anziehen. *Die Welle während dem Anziehen oder nach Festziehen der Schraube nicht durchdrehen, da andernfalls die Ventile gegen die Kolbenböden anschlagen können.*

● Den Zahnriemenspanner mit den beiden Schrauben anschrauben, ohne diese vollkommen anzuziehen. Die mittlere Schraube der Rolle mit 7,5 Nm anziehen. Kontrollieren, dass man die Spannrolle nach Festziehen noch nach links und rechts bewegen kann.

● Kontrollieren, dass der Kolben des ersten Zylinders immer noch auf dem oberen Totpunkt steht. Das Steuerzeichen des Kurbelwellenrades steht dabei an der Oberseite. Das Steuerzeichen der Nockenwelle muss wie in Bild 292 ausgerichtet sein und das Steuerzeichen des Antriebsrades der Einspritzpumpe gegenüber der Marke an der Wasserpumpe.

● Falls ein neuer Zahnriemen eingebaut wird, diesen über die Zahnräder auflegen, so dass die Buchstaben und Zahlen von der Rückseite des Motors gelesen werden können, nachdem man den Riemen eingebaut hat.

● Den Riemen zuerst über das Steuerrad der Nockenwelle auflegen. Mit einem Ringschlüssel das Antriebsrad der Einspritzpumpe festhalten und den Riemen über das Rad legen. Kontrollieren, dass die Zähne des Riemens einwandfrei eingegriffen haben und dass der Riemen zwischen den Zahnrädern der Nockenwelle und der Ölpumpe stramm ist.

● Antriebsrad der Einspritzpumpe weiterhin mit dem Ringschlüssel stillhalten, den Riemen über das Rad der Wasserpumpe und das Kurbelwellensteuerrad heben. Wiederum kontrollieren, dass der Riemen stramm ist und die Zähne einwandfrei eingegriffen haben.

● Riemen über die Laufrolle und das Antriebsrad der Ölpumpe in dieser Reihenfolge auflegen. Kontrollieren, dass der Riemen bei dieser Arbeitsstufe nicht zu stramm ist. Alle Steuerzeichen müssen fluchten.

● Falls der ursprüngliche Riemen wieder eingebaut wird, den Riemen in der oben beschriebenen Weise montieren, jedoch alle mit dem Filzstift eingezeichneten Markierungen an Riemen und Zahnrädern müssen gegenüberliegen. Ebenfalls muss der Pfeil in die richtige Richtung weisen. Bild 293 zeigt wie die Markierungen liegen müssen. Falls der Riemen um einen Zahn versetzt ist, muss man ihn neu auflegen.

- Die Rückzugfeder in der in Bild 296 gezeigten Weise in den Riemenspanner einhängen. Nachdem die Feder eingehängt ist, die beiden Schrauben des Riemenspanners lockern. Dadurch wird die Spannrolle nach innen gezogen, um den Riemen zu spannen.
- Schraube in das vordere Ende der Kurbelwelle einschrauben, bis sich die Kurbelwelle zu drehen beginnt. Kurbelwelle um genau zwei Umdrehungen durchdrehen und kontrollieren, dass alle Steuerzeichen wie in Bild 297 gezeigt ausgerichtet sind. Falls dies nicht der Fall ist, den Riemen wieder ausbauen und erneut montieren.
- Schrauben der Riemenspannrolle mit 37 Nm anziehen, ohne dabei die Halteplatte zu verschieben.
- Den Tragbügel der rechten Motoraufhängung montieren. Die kleineren Schrauben mit 37 Nm, die grösseren Schrauben mit 65 Nm anziehen. Falls eine Servolenkung eingebaut ist, die grossen Schrauben in diesem Moment noch nicht eindrehen.
- Die vier Glühkerzen einschrauben und mit 13 Nm anziehen. Die Stromverbinder an den Glühkerzen anschliessen, die Stromschiene mit Isolierscheiben, Scheiben und Mutter anbringen und die vier Gummitüllen aufstecken.
- Die Zahnriemenführung über das Ende der Kurbelwelle setzen. Die Keilführung dabei mit der Scheibenfeder ausrichten. Die abgebogene Kante der Führung muss nach aussen weisen, wie es in Bild 298 zu sehen ist. Unteren Zahnriemenschutzdeckel mit einer neuen Dichtung aufsetzen und die fünf Schrauben gleichmässig anziehen.
- Kurbelwellenriemenscheibe montieren (Nut und Scheibenfeder beachten). Ein Stück Rohr wird zum Aufschlagen benutzt. Schraube eindrehen und mit 100 Nm anziehen. Ein Gang muss eingelegt werden, um die Welle gegen Mitdrehen zu halten.
- Oberen Zahnriemenschutzdeckel mit einer neuen Dichtung anbringen und mit den fünf Schrauben und drei Spangen befestigen.
- Lenkhilfspumpe mit den drei Schrauben befestigen. Die Schrauben mit 40 Nm anziehen. Die Pumpenriemenscheibe wird im Moment nur provisorisch montiert.
- Antriebsriemen für die Lenkhilfspumpe und Drehstromlichtmaschine montieren und die Riemenspannung einstellen, wie es im betreffenden Kapitel für die Drehstromlichtmaschine (Kapitel "Kühlung") und die Lenkhilfspumpe (Kapitel "Lenkung") beschrieben ist. Die provisorisch angebrachte Riemenscheibe der Lenkhilfspumpe kann jetzt angezogen werden. Dazu mit dem Daumen gegen den Riemen drücken und die Muttern der Reihe nach mit Stecknuss und Drehmomentschlüssel auf 45 Nm anziehen.

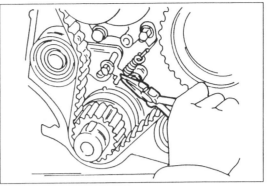

Bild 296
Einhängen der Rückzugfeder für die Zahnriemenspannrolle.

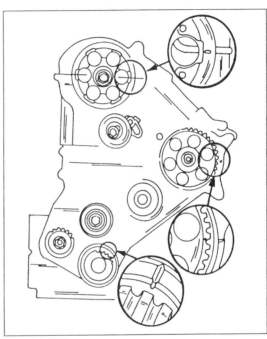

Bild 297
Die Kreisausschnitte zeigen die Ausrichtung der Steuerzeichen der verschiedenen Antriebsräder.

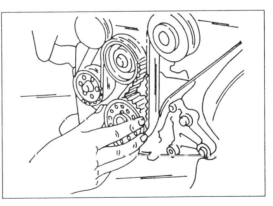

Bild 298
Aufstecken der Zahnriemenführung über das vordere Ende der Kurbelwelle.

17.2 Zylinderkopf

17.2.1 Aus- und Einbau

Im folgenden Text wird der Aus- und Einbau des Zylinderkopfes bei eingebautem Motor beschrieben. Bild 299 zeigt ein Montagebild des Zylinderkopfes mit einigen Teilen, welche beim Ausbau abzubauen sind.

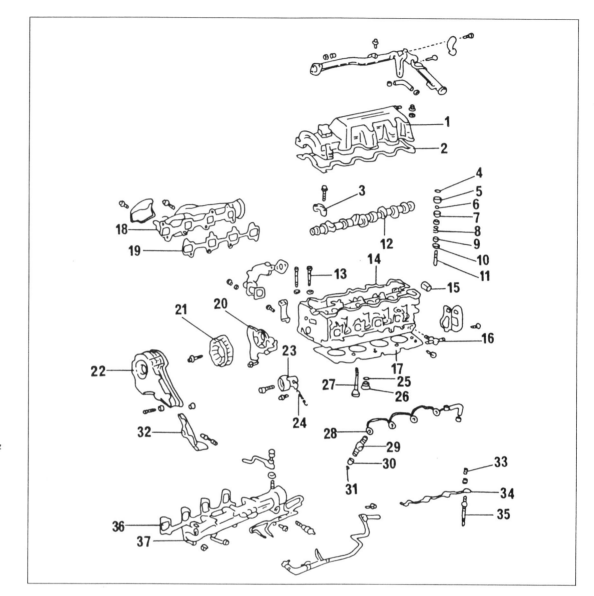

Bild 299
Montagebild des Zylinderkopfes.
1 Zylinderkopfhaube
2 Haubendichtung
3 Nockenwellenlagerdeckel
4 Ausgleichsscheibe
5 Ventilstössel
6 Ventilkegelhälften
7 Ventilfederteller
8 Ventilfeder
9 Ventilschaftdichtring
10 Ventilfedersitz
11 Ventilführung
12 Nockenwelle
13 Zylinderkopfschraube
14 Zylinderkopf
15 Dichteinsatz
16 Zylinderkopfanschlussstück
17 Zylinderkopfdichtung
18 Auspuffkrümmer
19 Krümmerdichtung
20 Flansch für Nockenwellendichtring
21 Nockenwellensteuerrad
22 Oberer Zahnriemenschutzdeckel
23 Laufrolle des Zahnriemens
24 Rückzugfeder
25 Ausgleichsscheibe
26 Verbrennungskammereinsatz
27 Ventil
28 Kraftstoffrücklaufleitung
29 Einspritzdüse
30 Düsensitz
31 Dichtring
32 Mittlerer Zahnriemenschutzdeckel
33 Gummitülle
34 Stromleitschiene
35 Glühkerze
36 Krümmerdichtung
37 Ansaugkrümmer

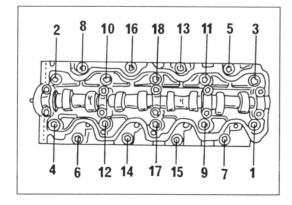

Bild 300
Zylinderkopfschrauben in der numerierten Reihenfolge lösen. Beim Festziehen in umgekehrter Reihenfolge vorgehen.

- Batterie abklemmen.
- Kühlanlage entleeren.
- Einspritzleitungen, die Einspritzdüsen und die Kraftstoffeinlassleitung ausbauen.
- Das Stromzufuhrkabel der Glühkerzen vom Ansaugkrümmer abklemmen. Die vier Gummitüllen von den Glühkerzen entfernen, die vier Muttern lösen, Stromleitschiene ausbauen und die vier Glühkerzen ausschrauben. Die Befestigung der Glühkerzen kann auf der rechten Seite von Bild 299 gesehen werden.
- Steuerriemen ausbauen, wie es im letzten Kapitel beschrieben wurde. Ebenfalls das Steuerrad der Nockenwelle ausbauen.
- Gaszugbetätigung abschliessen.
- Wasserauslassrohr und das Heizungsrohr ausbauen. Dabei wird ebenfalls der Hebebügel zum Herausheben des Motors frei. Eine Dichtung ist unter dem Rohrflansch untergelegt. Den Schlauch von einem Ende abschliessen.
- An der Stirnseite des Motors den mittleren Steuerdeckel (32) in Bild 299 abschrauben.
- Sechs Muttern und Dichtscheiben der Zylinderkopfhaube entfernen und die Haube sowie die Dichtung abnehmen.
- Vorderen Hebebügel des Motors ausbauen.
- Die 18 Zylinderkopfschrauben gleichmässig über Kreuz in der in Bild 300 gezeigten Reihenfolge lösen.

● Zylinderkopf von den Passstiften im Zylinderkopf herunterheben und auf eine Werkbank auflegen. Ein festhängender Zylinderkopf kann durch vorsichtiges Einsetzen eines Schraubenziehers zwischen dem Zylinderkopf und dem Vorsprung am Zylinderblock abgedrückt werden. Darauf achten, dass man dabei den Zylinderkopf nicht beschädigt. Die Fläche des Zylinderkopfes sofort gründlich von Resten der alten Dichtung reinigen. Darauf achten, dass keine Dichtungsreste in den Zylinderblock fallen können.

17.2.2 Zylinderkopf zerlegen

● Den Zylinderkopf mit einem an den Stiftschrauben des Auspuffkrümmers angeschraubten Bügel in einen Schraubstock einspannen.
● Nockenwelle ausbauen. Die Schrauben der Lagerdeckel über Kreuz von den Seiten aus zur Mitte vorgehend lösen und die Deckel abnehmen.
● Das vorschriftsmässige Werkzeug zum Aus- und Einbau der Ventile ist in Bild 301 gezeigt. Den Knebel des Werkzeuges festziehen, bis die Feder zusammengedrückt ist und die Ventilkegelhälften herausgenommen werden können.
Zum Ausbau der Ventile kann jedoch ein Stück Rohr verwendet werden, welches man in der auf Seite 22, rechts oben, beschriebenen Weise benutzt.
● Federteller und Federn herausnehmen. Die Ventilschaftdichtringe abziehen, wie es in Bild 42 gezeigt ist und sofort wegwerfen, da sie erneuert werden müssen. Alle Teile jedes Ventiles zusammenhalten. Die Ventile durch den Boden einer umgekehrten Pappschachtel stossen und die Nummer davor schreiben.
● Die Ventilstössel und die Einstellscheiben aus den Bohrungen herausnehmen und sie entsprechend ihrer Zylindernummer und Ventilzugehörigkeit kennzeichnen.
● Alle noch am Zylinderkopf angeschraubten Teile abmontieren.

17.2.3 Zylinderkopfüberholung

Alle Teile des Zylinderkopfes auf Verschleiss kontrollieren. Die Zylinderkopffläche gut reinigen (manchmal von alten Dichtungsresten — dazu einen Schaber verwenden, ohne Zylinderkopfmaterial abzuhobeln). Die Prüfungen und Kontrollen sind entsprechend den folgenden Anweisungen durchzuführen.

Ventilfedern
Zur einwandfreien Kontrolle der Ventilfedern sollte ein vorschriftsmässiges Federprüfgerät verwendet werden. Falls dieses nicht zur Verfügung steht, kann eine gebrauchte Feder mit einer neuen Feder verglichen werden. Dazu beide Federn in einen Schraubstock einspannen und diesen langsam schliessen. Falls beide Federn um den gleichen Wert zusammengedrückt werden, ist dies eine sichere Anzeige, dass sie ungefähr die gleiche Spannung haben. Lässt sich die alte Feder jedoch weitaus kürzer als die neue Feder zusammendrücken, so ist dies ein Zeichen von Ermüdung und die Federn sollten im Satz erneuert werden.

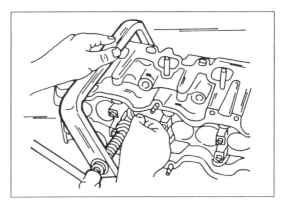

Bild 301
Ausbau der Ventile mit einem Ventilheber.

Die ungespannte Länge der Feder kann mit einer Schiebelehre ausgemessen werden, wie es Bild 302 zeigt. Die Federn müssen eine bestimmte Länge haben, die der Mass- und Einstelltabelle zu entnehmen ist.

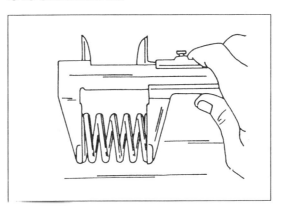

Bild 302
Ventilfedern mit einer Schiebelehre ausmessen.

Die Federn der Reihe nach so auf eine glatte Fläche aufstellen (Glasplatte), dass sich die geschlossene Wicklung an der Unterseite befindet. Einen Stahlwinkel neben der Feder aufsetzen. Den Spalt zwischen der Feder und dem Winkel an der Oberseite ausmessen (Bild 46). Das zulässige Mass ist wiederum bei den verschiedenen Motoren unterschiedlich. Andernfalls ist die Feder verzogen.

Ventilführungen
Ventilführungen reinigen, indem man einen in Benzin getränkten Lappen durch die Führungen

hin- und herzieht. Die Ventilschäfte lassen sich am besten reinigen, indem man eine rotierende Drahtbürste in eine elektrische Bohrmaschine einspannt und den Schaft gegen die Drahtbürste hält. Die Ventile der Reihe nach in ihre entsprechenden Bohrungen einsetzen.

Zur Kontrolle des Laufspiels der Ventilschäfte in den Bohrungen müssen eine Innenmessuhr und eine Schiebelehre zur Verfügung stehen. Die Kontrolle wurde bereits auf Seite 23 beschrieben, jedoch muss der Innendurchmesser der Führungen bei diesem Motor zwischen 8,01 und 8,03 mm liegen. Der Ventilschaftdurchmesser beträgt 7,975 - 7,990 mm bei den Einlassventilen und 7,960 - 7,975 mm bei den Auslassventilen.

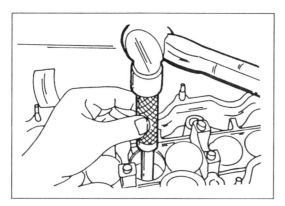

Bild 303
Einschlagen einer Ventilführung.

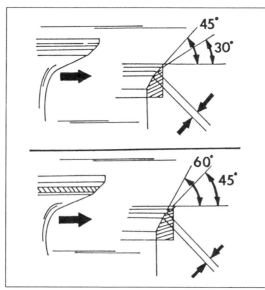

Bild 304
Ansicht der Ventilsitze. Im oberen Bild die Einlassventilsitze, im unteren Bild die Auslassventilsitze. Die Ventilsitzbreite muss zwischen den beiden Pfeilen gemessen werden.

● Den Durchmesser der Ventilschäfte vom Innendurchmesser der Bohrungen abziehen. Das erhaltene Mass ist das Laufspiel der Ventilschäfte in den Bohrungen, welches bei den Einlassventilen 0,10 mm und bei den Auslassventilen 0,12 mm nicht überschreiten darf.

Ehe eine Ventilführung erneuert wird, überprüft man den Allgemeinzustand des Zylinderkopfes. Zylinderköpfe mit kleinen Rissen zwischen den Ventilsitzen können wieder verwendet und nachgeschliffen werden, vorausgesetzt, dass die Risse nicht breiter als 0,5 mm sind. Ebenfalls die Zylinderkopffläche auf Verzug kontrollieren, wie es später beschrieben wird.

Zum Erneuern einer Ventilführung muss die alte Führung mit einem passenden Dorn von der Oberseite des Zylinderkopfes herausgeschlagen werden. Vor dem Ausschlagen der Führungen sind die folgenden Hinweise zu beachten:

● Mit einer Tiefenlehre oder einem Messlineal ausmessen wie weit die Führung aus der Oberseite des Zylinderkopfes heraussteht.

● Den Zylinderkopf auf ca. 90° C erhitzen (in heissem Wasser) und die alte Ventilführung von der Oberseite zu den Verbrennungskammern zu ausschlagen. Der zum Ausschlagen benutzte Dorn sollte einen Zapfen angedreht haben, welcher in die Innenseite der Führung passt.

Mit einer Innenmessuhr den Innendurchmesser der Aufnahmebohrung im Zylinderkopf ausmessen. Liegt diese zwischen 13,000 und 13,027 mm, kann man eine neue Führung mit Nenngrösse-Aussendurchmesser einbauen. Beträgt der Durchmesser mehr als 13,027 mm, muss eine Führung mit Übergrösse-Aussendurchmesser eingebaut werden. Dies bedeutet, dass man die Aufnahmebohrungen der Führungen in einer Werkstatt aufbohren lassen muss. Nicht versuchen die Übergrösse-Bohrungen einfach einzuschlagen. Ist man in der Benutzung einer Reibahle geübt, kann man die Bohrungen auf einen Durchmesser von 13,050 - 13,077 mm aufreiben, um die Übergrösse-Führungen aufzunehmen.

Wenn Ventilführungen erneuert werden, erneuert man die Ventile ebenfalls und muss die Ventilsitze nachschleifen. Die Innenseiten der Aufnahmebohrungen gut reinigen. Die neuen Führungen gut einölen und von der Nockenwellenseite aus in den wieder auf 90° C angewärmten Zylinderkopf einschlagen, bis das obere Ende um den vor Ausschlagen der alten Führung gemessenen Wert noch aus der Oberseite des Zylinderkopfes heraussteht.

Die Ventilführungen nach dem Einpressen mit einer verstellbaren 8 mm-Reibahle aufreiben. Die Einlassventile müssen ein Laufspiel von 0,02 - 0,055 mm; die Auslassventile müssen ein Spiel von 0,035 - 0,070 mm erhalten.

Die Ventilsitze müssen nachgefräst werden, nachdem man eine Ventilführung erneuert hat. Falls es aussieht, als wenn man die Sitze nicht mehr nachschleifen kann, brauchen auch die Führungen nicht erneuert werden.

Ventilsitze

Alle Ventilsitze (siehe Bild 304) auf Zeichen von Verschleiss oder Narbenbildung kontrollieren. Leichte Verschleisserscheinungen können mit einem

45°-Fräser entfernt werden. Falls der Sitz jedoch bereits zu weit eingelaufen ist, müssen die Ventilsitze neu gefräst werden.

Die zu erhaltenen Winkel sind in Bild 304 gezeigt. Zu beachten ist jedoch der Korrekturwinkel zur Berichtigung der Höhe des Ventilsitzes, d.h. einmal ist ein 30°-Fräser (Einlassventile) und einmal ein 60°-Fräser (Auslassventile) zu benutzen. Wie bereits erwähnt, müssen die Ventilsitze nachgefräst werden, wenn neue Ventilführungen eingezogen wurden.

Als erstes den 45°-Winkel fräsen und danach mit dem 30°-Fräser oder dem 60°-Fräser die Oberkante und Unterkante des Sitzes leicht bearbeiten, um die Breite des Ventilsitzes zu verringern und in die Mitte zu bringen. Die Breite der Ventilsitze muss innerhalb 1,2 - 1,6 mm bei den Einlassventilen und 1,6 - 2,0 mm bei den Auslassventilen liegen. Die Fräsarbeiten sind zu beenden, sobald der Sitz innerhalb der angegebenen Breite liegt.

Nachgearbeitete Ventilsitze müssen eingeschliffen werden. Dazu die Ventilsitzfläche mit etwas Schleifpaste einschmieren und das Ventil in den entsprechenden Sitz einsetzen. Einen Sauger am Ventil anbringen und das Ventil hin- und herbewegen (siehe ebenfalls Bild 52).

Nach dem Einschleifen alle Teile gründlich von Schmutz und Schleifpaste reinigen und den Ventilsitz an Ventilteller und Sitzring kontrollieren. Ein ununterbrochener, matter Ring muss an beiden Teilen sichtbar sein und gibt die Breite des Ventilsitzes an.

Mit einem Bleistift einige Striche auf dem "Ring" am Ventilteller anzeichnen. Die Striche sollten ungefähr in Abständen von 1 mm ringsherum eingezeichnet werden. Danach das Ventil vorsichtig in die Führung und den Sitz fallen lassen und das Ventil um 90° verdrehen, wobei jedoch ein gewisser Druck auf das Ventil auszuüben ist (den Sauger dazu verwenden).

Das Ventil wieder herausnehmen und kontrollieren, ob die Bleistiftstriche vom Sitzring entfernt wurden. Falls sich die Ventilsitzbreiten innerhalb der angegebenen Masse befinden, kann der Kopf wieder eingebaut werden. Andernfalls die Ventilsitze nacharbeiten oder in schlimmen Fällen einen Austauschkopf einbauen.

Ventile

Was über die Ventile der Benzinmotoren auf Seite 25 gesagt wurde, gilt ebenfalls für den Dieselmotor. Das in Bild 53 gezeigte Mass der Ventiltellerkante muss bei den Einlassventilen noch 0,9 mm und bei den Auslassventilen 1,0 mm betragen. Andernfalls müssen neue Ventile eingebaut werden. Die Ventile entsprechend den Angaben in der Mass- und Einstelltabelle ausmessen.

Zylinderkopf

Die Dichtflächen von Zylinderkopf und Zylinderblock einwandfrei reinigen und die Zylinderkopffläche auf Verzug kontrollieren. Dazu ein Messlineal auf den Kopf auflegen, wie es in Bild 54 bei den Benzinmotoren gezeigt wurde, und mit einer Fühlerlehre den Lichtspalt längs, quer und diagonal zur Zylinderkopffläche ermitteln. Falls sich eine Blattlehre von mehr als 0,20 mm Stärke einschieben lässt, muss der Zylinderkopf erneuert werden, da man ihn nicht planschleifen kann. Die gleiche Kontrolle ist an der Fläche für die Krümmer durchzuführen. Auch hier ist ein Spalt von 0,20 mm zulässig.

Verbrennungskammereinsätze

Die Verbrennungskammereinsätze im Zylinderkopf können erneuert werden. Die alten Einsätze von der Oberseite des Zylinderkopfes zur Verbrennungskammer zu ausschlagen. Eine Ausgleichsscheibe könnte sich unter dem Verbrennungskammereinsatz befinden.

Neue Einsätze müssen mit einem Kunststoffhammer eingeschlagen werden. Ein Passstift in der Seite des Verbrennungskammereinsatzes und eine Kerbe im Zylinderkopf müssen dabei in eine Linie kommen.

Nach dem Einbau kontrollieren wie weit die Einsätze aus der Dichtfläche des Zylinderkopfes herausstehen. Dazu eine Messuhr mit einem geeigneten Ständer auf die gut gesäuberte Zylinderkopffläche aufsetzen und den Messuhrstift neben dem ersten auszumessenden Verbrennungskammereinsatz auf der Zylinderkopffläche anordnen. Die Messuhr auf Null stellen.

Den Stift der Messuhr jetzt auf die Kante des Verbrennungskammereinsatzes aufsetzen. Der Unterschied in der Anzeige muss zwischen —0,03 und +0,03 mm liegen. Falls dies nicht der Fall ist, den Verbrennungskammereinsatz wieder ausbauen und eine Ausgleichsscheibe unter den Einsatz unterlegen. Scheiben stehen in Stärken von 0,05 und 0,10 mm zur Verfügung, d.h. aus der Messung kann man leicht erkennen, welche Scheibe sich eignet.

Einsatz wieder mit der aufgelegten Scheibe einschlagen und die Messung erneut durchführen. Alle ausgetauschten Einsätze müssen in gleicher Weise ausgemessen werden.

Nockenwellen

Die Nockenwelle mit den beiden Endlagerzapfen in Prismen einlegen oder zwischen die Spitzen einer Drehbank spannen, wie es Bild 55 zeigt, und eine Messuhr an einem der mittleren Lagerzapfen ansetzen. Die Nockenwelle langsam durchdrehen und die Anzeige an der Messuhr ablesen.

Falls die Anzeige mehr als 0,06 mm bei einer kompletten Umdrehung beträgt, muss die Nockenwelle erneuert werden, da man sie nicht richten kann.

Als nächstes die Lagerzapfen und die Nockenflächen auf sichtbare Schäden kontrollieren. Falls diese noch gut aussehen, sind die Nockenhöhen und das Lagerlaufspiel auszumessen:

● Zum Ausmessen der Nockenhöhen, ein Mikrometer wie in Bild 56 gezeigt benutzen. Die Sollmasse und die Verschleissgrenzen sind der Mass- und Einstelltabelle zu entnehmen.

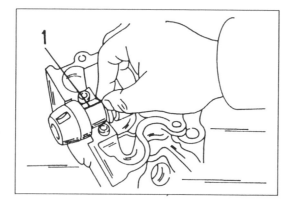

Bild 305
Den "Plastigage"-Kunststoffstreifen (1) in der gezeigten Richtung auf die Nockenwellenlagerzapfen auflegen.

Bild 306
Ausmessen der Breite des breitgedrückten "Plastigage"-Streifens zur Ermittlung des Lagerlaufspiels.

Bild 307
Ausmessen des Axialspiels der Nockenwelle.

● Vor der Kontrolle des Lagerlaufspiels die Lagerdeckel auf Abblätterung des Lagermetalls oder Riefenbildung kontrollieren. Falls die Deckel beschädigt sind, die Deckel, die Nockenwellen und den Zylinderkopf erneuern.

● Lagerdeckel und Nockenwellenlagerzapfen einwandfrei reinigen und die Deckel entsprechend der Lagernummer auslegen.

● Das Lagerlaufspiel wird mit Hilfe von "Plastigage"-Kunststoffdraht ausgemessen. Ein Stück dieses Drahtes über die volle Länge aller Lagerzapfen auflegen (Bild 305) und die Deckel der Reihe nach aufsetzen. Der Pfeil aller Deckel muss nach vorn weisen und die Deckelnummern müssen übereinstimmen.

● Deckel mit einem Hammer vorsichtig anschlagen und die Schrauben einsetzen. Die Schrauben von der Mitte nach aussen vorgehend mit einem Anzugsdrehmoment von 18 Nm anziehen. Die Nockenwelle darf jetzt nicht mehr durchgedreht werden.

● Lagerdeckel wieder abschrauben und sofort kontrollieren, ob das "Plastigage" am Deckel hängengeblieben ist. Andernfalls klebt es noch am Lagerzapfen.

● Mit der im "Plastigage"-Satz mitgelieferten Lehre die Breite des flachgedrückten Plastikstreifens an der breitesten Stelle ausmessen, wie es Bild 306 zeigt. Diese gibt das kleinste Lagerlaufspiel an. Falls das Spiel grösser als 0,10 mm ist, müssen der Zylinderkopf und/oder die Nockenwelle erneuert werden, um das Spiel wieder zwischen das vorgeschriebene Laufspiel zu bringen.

● Zum Ausmessen des Axialspiels der Nockenwelle die Lagerbohrungen im Zylinderkopf und die Lagerdeckel gründlich reinigen und die Nockenwelle mit den Deckeln entsprechend der obigen Beschreibung montieren. Die Deckelschrauben in zwei oder drei Durchgängen anziehen.

● Eine Messuhr in der in Bild 307 gezeigten Weise ansetzen und die Nockenwelle hin- und herbewegen, während die Anzeige an der Messuhr abgelesen wird. Der erhaltene Wert ist das Axialspiel der Welle, welches nicht mehr als 0,25 mm betragen darf. Falls es grösser ist, muss der Zylinderkopf oder die Nockenwelle erneuert werden. Manchmal hat der Verschleiss auch an beiden Teilen stattgefunden.

Steuerriemen und Steuerräder

Ein Riemen mit ausgebrochenen Zähnen muss offensichtlich erneuert werden. Andere Fehler sind Risse, Abscheuerungen an der Seite, oder Abrundungen einiger oder aller Zähne. In diesem Fall ebenfalls die Zähne der Steuerräder kontrollieren. Den Riemenspanner in einer Hand halten und die Rolle mit der anderen Hand durchdrehen. Schwere Stellen erfordern die Erneuerung des Riemenspanners.

Die Rückzugfeder des Riemenspanners muss eine bestimmte Länge haben. Gemessen wird dabei zwischen den Innenseiten der Federhaken, wie es bereits in Bild 295 gezeigt wurde. Eine neue Feder muss eingebaut werden, falls die eingebaute Feder kürzer als 51,93 mm ist.

Ventilstössel

Die Innendurchmesser der Stösselbohrungen im Zylinderkopf und die Aussendurchmesser der Stössel ausmessen. Ein Innenmikrometer sowie ein Aussenmikrometer müssen dazu zur Verfügung stehen. Der Unterschied darf nicht mehr als 0,10 mm betragen. Andernfalls müssen die Stössel oder in schlimmen Fällen der Zylinderkopf erneuert werden.

17.2.4 Zusammenbau des Zylinderkopfes

Alle Teile des Zylinderkopfes einwandfrei reinigen und sorgfältig auf einer Werkbank so auslegen, dass der Zusammenbau ordnungsgemäss vor sich gehen kann.

Falls Ventile eingeschliffen wurden, müssen sie unbedingt in die entsprechenden Ventilsitze kommen, da das Schleifbild aller Ventile unterschiedlich ist.

● Den halbmondförmigen Dichtstopfen und die Aufnahme im Zylinderkopf reinigen. Die Fläche des Stopfens mit Dichtungsmasse einschmieren und in den Kopf einsetzen.
● Ventile der Reihe nach in die Ventilführungen einschieben. Die Ventilschäfte müssen gut eingeölt sein. Falls die ursprünglichen Ventile wieder eingebaut werden, diese in die entsprechenden Führungen einsetzen. Der obenstehende Hinweis erwähnte schon eingeschliffene Ventile.
● Ventilschaftdichtringe über die Schäfte und die Ventilführungen aufsetzen und mit einem Stück Rohr gut andrücken.
● Die Ventilfedern auf den Zylinderkopf setzen (auf die ursprünglichen Ventile, falls die gleichen Federn wieder verwendet werden). Ventilfedern können beliebig herum aufgesetzt werden. Obere Ventilfederteller aufsetzen und einen Ventilheber ansetzen, um die Federn zusammenzudrücken. Wenn das Schaftende aus dem oberen Federteller heraussteht, die beiden Ventilkegelhälften in die Schaftnut einsetzen und den Ventilheber langsam zurücklassen.
● Mit einem Plastikhammer auf die Oberseite der Ventilschäfte schlagen, wie es in Bild 308 gezeigt ist. Nicht richtig sitzende Ventilkegelhälften fliegen dabei heraus. Zur Vorsicht einen Lappen über die Federnenden legen, damit die Teile nicht davonfliegen können.
● Ventilstössel und Einstellscheiben wieder in die ursprünglichen Bohrungen einsetzen. Teile gut einölen.
● Lagerzapfen der Nockenwelle gut einölen und die Nockenwelle in den Zylinderkopf einlegen. Die Welle einige Male durchdrehen, damit sie sich gut in den Lagerbohrungen anlegen kann.
● Lagerdeckel der Nockenwelle aufsetzen. Die Lagerdeckel sind gezeichnet und müssen anhand von Bild 309 aufgesetzt werden, d.h. die Oberseite der Zahl muss zur Vorderseite des Motors weisen.
● Lagerdeckelschrauben eindrehen und fingerfest anziehen. Danach die Schrauben von der Mitte nach aussen vorgehend in mehreren Stufen mit einem Anzugsdrehmoment von 18 Nm anziehen.
● Ventilspiele einstellen, wie es im nächsten Kapitel beschrieben ist.
● Den Flansch für den Öldichtring der Nockenwelle an der Vorderseite anschrauben. Die Flanschfläche muss mit Dichtungsmasse eingeschmiert werden.

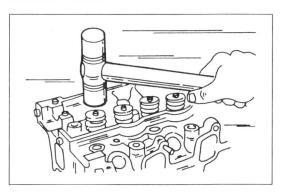

Bild 308
Eingebaute Ventile können in gezeigter Weise auf guten Sitz der Ventilkegelhälften kontrolliert werden.

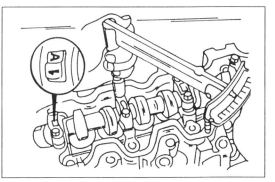

Bild 309
Anziehen der Nockenwellenlagerdeckel. Auf die Kennzeichnungen der Deckel (Kreisausschnitt) achten.

● Wasserauslassgehäuse mit einer neuen Dichtung montieren. Das Gehäuse wird mit drei Schrauben gehalten.
● Falls ausgebaut, den Auspuffkrümmer mit einer neuen Dichtung montieren. Sechs Schrauben und zwei Muttern mit 47 Nm anziehen.
● Neue Dichtung auflegen und die Kraftstoffleitungen und den Ansaugkrümmer mit sechs Schrauben und zwei Muttern gleichmässig über Kreuz auf 18 Nm anziehen.
● Zylinderkopffläche und Zylinderblockfläche auf Sauberkeit kontrollieren und unbedingt alle Dichtungsreste entfernen. Falls der Zylinderblock ausgewaschen wurde, dürfen keine Reinigungsflüssigkeitsreste in den Gewinden für die Zylinderkopfschrauben verbleiben. Der Zylinderkopf kann jetzt wieder eingebaut werden, wie es auf der nächsten Seite beschrieben ist.

17.2.5 Zylinderkopf einbauen

● Eine neue Zylinderkopfdichtung auf den Zylinderblock auflegen. Kontrollieren, dass die Vorderseite der Dichtung auch zur Vorderseite des Motors weist. Die beiden Passstifte müssen durch die Dichtung geführt werden.

● Kontrollieren, dass der Passstift im Ende der Nockenwelle senkrecht an der Oberseite steht und den Zylinderkopf auf den Zylinderblock auflegen, so dass die Passstifte in Eingriff kommen.

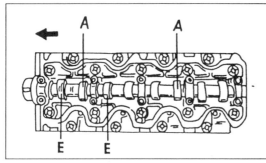

Bild 310
Die gezeigten Ventilspiele einstellen, wenn der Kolben des ersten Zylinders auf dem oberen Totpunkt steht. Einlassventile sind mit "E", Auslassventile mit "A" bezeichnet.

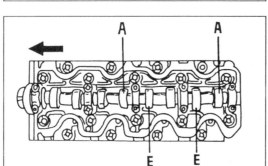

Bild 311
Die gezeigten Ventilspiele einstellen, wenn der Kolben des vierten Zylinders auf dem oberen Totpunkt steht, d.h. die Kurbelwelle wurde um eine Umdrehung durchgedreht. Einlassventile sind mit "E", Auslassventile mit "A" bezeichnet.

● Alle Zylinderkopfschrauben an den Gewinden und die Unterseite der Köpfe mit Motoröl einschmieren und in die Bohrungen einschrauben.

● Die Zylinderkopfschrauben in umgekehrter Reihenfolge wie in Bild 300 gezeigt in drei Durchgängen auf das endgültige Anzugsdrehmoment von 84 Nm anziehen.

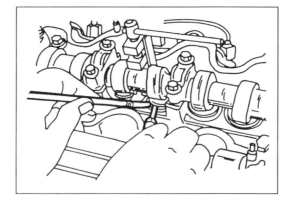

Bild 312
Benutzung des Spezialwerkzeugs, um die Stössel in ihre Bohrungen zu drücken. Ein Schraubenzieher und ein Stabmagnet werden zum Herausnehmen der Einstellscheibe verwendet.

● Vorderen Motorhebebügel anschrauben.
● Dichtung der Zylinderkopfhaube auflegen und die Haube aufsetzen (die Ventilspiele müssen natürlich eingestellt sein — andernfalls siehe nächstes Kapitel). Die Dichtfläche muss links und rechts des Nockenwellenflansches an der Vorderseite und in der Mitte sowie links und rechts der Nockenwelle mit Dichtungsmasse eingestrichen werden. Die Haube wird mit sechs Dichtscheiben und Muttern befestigt. Muttern mit 7 Nm anziehen.

● Den mittleren Zahnriemenschutzdeckel anbringen und danach alle ausgebauten Teile der Steuerung einbauen, wie es bereits beschrieben wurde.

● Die verbleibenden Arbeiten in umgekehrter Reihenfolge wie beim Ausbau durchführen. Die folgenden Schläuche müssen angeschlossen werden: Kraftstoffrücklaufschlauch an die Kraftstoffpumpe, zwei Wasserumleitschläuche an den Zylinderkopf, zwei Kraftstoffschläuche an die Einspritzpumpe.

17.4.6 Ventilspiele prüfen und einstellen

Das Ventilspiels dieser Motoren muss bei kaltem Motor überprüft und eingestellt werden. Die Zylinderkopfhaube abmontieren, falls der Motor eingebaut ist. Bei der Überprüfung der Ventilspiele in folgender Reihenfolge vorgehen:

● Den Motor durchdrehen, bis der Kolben des ersten Zylinders auf dem oberen Totpunkt steht. Die Kerbe in der Riemenscheibe muss dazu gegenüber dem Stift im Ölpumpengehäuse stehen.

● Kontrollieren, dass die Ventilstössel des ersten Zylinders etwas Spiel haben, während die des vierten Zylinders stramm sitzen. Falls dies nicht der Fall ist, den Motor um eine weitere Umdrehung durchdrehen.

● Unter Bezug auf Bild 310 die Ventilspiele der angezeigten Zylinder mit einer Fühlerlehre zwischen dem Stössel und der Nockenfläche ausmessen. Das Spiel der Einlassventile (E) und der Auslassventile (A) ist nicht bei den beiden Motorenstärken gleich und ist der Mass- und Einstelltabelle zu entnehmen.

● Den Motor um eine komplette Umdrehung durchdrehen und die in Bild 311 gezeigten Spiele ausmessen.

Ein gutes Zeichen für ein vorschriftsmässiges Spiel ist, wenn man die Spitze der Lehre einschiebt und beim weiteren Druck sich die Lehre durchbiegt und danach hineinschnellt.

Zum Einstellen der Ventilspiele müssen die Einstellscheiben auf der Oberseite der Stössel ausgetauscht werden, jedoch ist ein Spezialwerkzeug zum Aus- und Einbau der Einstellscheiben erforderlich. Dazu die Kurbelwelle durchdrehen, bis die Spitze des in Frage kommenden Nockens nach oben weist und den Stössel mit dem in Bild 312 gezeigten Spezialwerkzeug oder einer ähnlichen Vorrichtung nach innen drücken, bis die Einstellscheibe mit einem kleinen Schraubenzieher herausgeschoben und mit einem Stabmagneten abgenommen werden kann. Ehe der Stössel hineingedrückt wird, muss er verdreht werden, bis die Kerbe in der Oberseite nach vorn weist. Zum Hineindrücken des Stössels die mittlere Schraube des Werkzeuges anziehen. Beide Stössel müssen gleichzeitig hineingedrückt werden, d.h. man muss darauf achten, dass beide Stössel durch den Fuss des Werkzeuges nach unten gedrückt werden.

Die einzubauende Einstellscheibe muss entsprechend der folgenden Formel ermittelt werden:
- Mit einem Mikrometer die herausgenommene Einstellscheibe ausmessen (wie es bereits in Bild 85 gezeigt wurde) und den Wert aufschreiben.
- Die Stärke der neuen Scheibe kalkulieren, damit das Ventilspiel innerhalb des vorgeschriebenen Wertes kommt. Die folgende Formel kann dabei angewandt werden:

Einlassventile: $N = T + (A - 0{,}25 \text{ mm})$
Auslassventile: $N = T + (A - 0{,}30 \text{ mm})$

wobei "T" die Stärke der ausgebauten Scheibe, "A" das ausgemessene Ventilspiel und "N" die Stärke der einzubauenden, neuen Scheibe ist.
- Eine Scheibe auswählen, welche so nahe wie möglich an das vorschriftsmässige Spiel kommt. Scheiben stehen in 25 verschiedenen Stärken in Abstufungen von 0,05 mm zwischen 2,2 mm bis 3,4 mm zur Verfügung.
- Zum Einbau der neuen Scheibe den Stössel wieder nach innen drücken und die Scheibe einschieben.
- Das Ventilspiel wie oben beschrieben nachmessen.
- Alle anderen Ventile, falls erforderlich, in gleicher Weise nachstellen.

Die Einstellscheibe darf auf keinen Fall in den Motor fallen. Um dies zu verhindern, einen kleinen Schraubenzieher und einen Stabmagneten benutzen, wie es in Bild 312 gezeigt ist. Die Scheibe kann danach seitlich herausgeschoben und mit dem Magneten "erfasst" werden.

17.2.7 Kompression der Zylinder überprüfen

Falls angenommen wird, dass ein Zylinder nicht mehr den Kompressions- oder Verdichtungsdruck besitzen sollte, welcher ihm vom Werk aus gegeben ist, kann man sich einen Kompressionsdruckprüfer besorgen und den Druck der einzelnen Zylinder kontrollieren. Dies ist bei einem Dieselmotor etwas schwieriger, da man einen Adapter benötigt, welcher anstelle der Glühkerzen eingeschraubt wird. Undichte Ventile, Kolben oder Kolbenringe werden dadurch angezeigt. Wenn der Motor sich noch in ziemlich neuem Zustand befindet, sollten die Zylinder eine Verdichtung von ca. 32,0 bar haben.

Die Verschleissgrenze liegt bei 20,0 bar. Falls die Kompression niedriger liegt, sollte man sich überlegen, ob man einen Austauschmotor einbaut oder den Motor einer Überholung unterzieht. Ebenfalls ist es wichtig, ob nur ein Zylinder eine schlechte Verdichtung aufweist oder alle. Falls z.B. ein Unterschied von 5,0 atü. innerhalb der einzelnen Zylinder vorliegt, könnte es sein, dass die Ventile des "schlechten" Zylinders hängen und man nur den Zylinderkopf, d.h. die Ventile überholen braucht. Ebenfalls ist es möglich, dass die Kolbenringe hängen, so dass die Verdichtung entlang des Kolbens in das Kurbelgehäuse entweichen kann. Bei gleichmässigem Verlust der Verdichtung kann man in den meisten Fällen auf verschlissene Zylinderbohrungen schliessen.

Zur Kontrolle der Verdichtung den Motor auf Betriebstemperatur bringen und die Glühkerzen herausdrehen. Das Anschlusskabel vom Abstellventil für die Kraftstoffzufuhr abklemmen.

Den Kompressionsdruckprüfer entsprechend den Anweisungen des Herstellers ansetzen. Ein Helfer muss sich jetzt in das Fahrzeug setzen und den Anlasser 5 Sekunden lang betätigen, während das Gaspedal vollkommen auf den Boden durchgetreten wird. Der Reihe nach alle Zylinder prüfen und mit den Sollwerten vergleichen.

Falls die Verdichtung in einem Zylinder zu niedrig ist, kann man als Nothilfe eines der Präparate, die zur vorübergehenden Abdichtung der Zylinder in Autofachgeschäften erhältlich sind, durch die Kerzenbohrung in den Zylinder füllen. Erkundigen Sie sich bei Ihrem Autozubehörhändler über Erhältlichkeit dieser Produkte.

17.3 Kolben und Pleuelstangen

17.3.1 Ausbau und Zerlegung

Die Einzelteile des Kurbeltriebs eines Dieselmotors, zusammen mit den Kolben und Pleuelstangen sind in Bild 313 gezeigt. Zum Ausbau von Kolben und Pleuelstangen müssen der Zylinderkopf und die Ölwanne (sowie die Ölpumpe) ausgebaut werden, jedoch kann man die Kurbelwelle im Zylinderblock lassen. Kolben und Pleuelstangen werden dann mit einem Hammerstiel von der Innenseite des Zylinderblocks nach oben zu herausgestossen, nachdem die Pleuellagerdeckel und Lagerschalen abmontiert wurden. Vor der Durchführung dieser Arbeiten sind die bei den Benzinmotoren auf Seite 34 beschriebenen An-

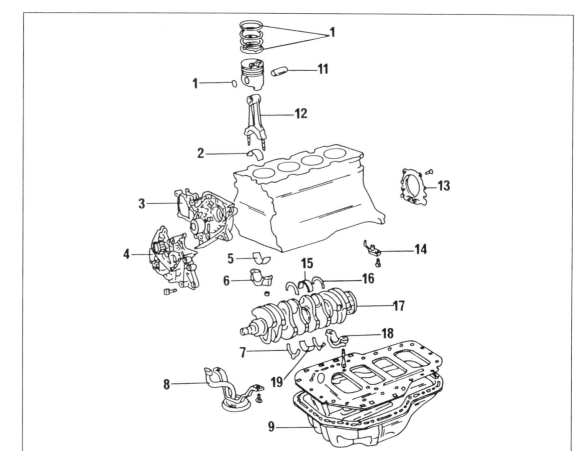

Bild 313
Montagebild des Kurbeltriebs eines Dieselmotors.
1 Sicherungsring
2 Pleuellagerschale
3 Wasserpumpe
4 Ölpumpe
5 Pleuellagerschale
6 Pleuellagerdeckel
7 Untere Anlaufhalbscheibe
8 Ölansaugsieb
9 Ölwanne
10 Kolbenringe
11 Kolbenbolzen
12 Pleuelstange
13 Hinterer Öldichtringflansch
14 Ölspritzdüse
15 Kurbelwellenlagerschale, oben
16 Obere Anlaufhalbscheibe
17 Kurbelwelle
18 Hauptlagerdeckel
19 Kurbelwellenlagerschale, unten

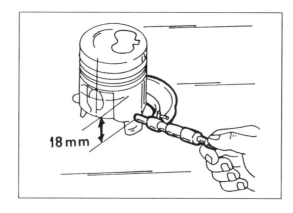

Bild 314
Kolben eines Dieselmotors werden an der gezeigten Stelle im Durchmesser ausgemessen.

weisungen betreffs Kennzeichnung, Einbaurichtung usw. durchzulesen.

Um die Kolben von den Pleuelstangen zu trennen, muss man die Sicherungsringe des Kolbenbolzens entfernen. Den Kolben dann in heisses Wasser einlegen (mindestens 80° C) und mit einem passenden Dorn und einem Hammer ausschlagen. Die Kolbenringe mit einer Kolbenringzange abnehmen.

Die Kontrolle der Kolben und Pleuelstangen erfolgt in ähnlicher Weise wie es für die Benzinmotoren beschrieben wurde, jedoch sind die für den Dieselmotor in Frage kommenden Werte in der Mass- und Einstelltabelle zu beachten. Die Lagerschalen der Pleuellager werden entsprechend den Toleranzwerten ausgewählt. Die Lagerschalen sind mit den Zahlen 1, 2 oder 3 gezeichnet und gleiche Zahlen sind in die Aussenseite der Pleuellagerdeckel eingeschlagen. Immer darauf achten, dass die Zahlen in Schale und Deckel übereinstimmen.

17.3.2 Zylinderbohrungen ausmessen

Zum Ausmessen der Zylinderbohrungen ist eine Zylindermessuhr erforderlich (Bild 89), mit der es möglich ist, die Mitte und die Unterseite der Bohrung auszumessen. Falls eine Messuhr nicht vorhanden ist, können die folgenden Arbeiten nicht durchgeführt werden.

Die Messungen der Zylinderbohrungen sind in Längs- und Querrichtung durchzuführen. Ausserdem die Messungen 15 mm von der Oberkante, 15 mm von der Unterkante und einmal in der Mitte durchführen. Insgesamt sind also 6 Messungen pro Zylinderbohrung erforderlich. Alle gefundenen Werte aufschreiben und mit den Angaben in der Mass- und Einstelltabelle vergleichen.

Zu beachten ist, dass alle Zylinder nachgebohrt werden müssen, auch wenn nur einer der Zylinder nicht innerhalb der Massangaben liegt. Eine Abweichung von 0,20 mm von den Sollmassen bedeutet, dass die Zylinder ausgeschliffen werden müssen. Übergrösse-Kolben sind nur in einer Grösse erhältlich.

Das Endmass einer Zylinderbohrung wird bestimmt, indem man den Kolben entsprechend den Angaben in Bild 314 ausmisst, d.h. 18,0 mm von der Unterkante des Kolbenmantels. Zu dem gefundenen Mass das Kolbenlaufspiel von 0,04 - 0,06 mm hinzurechnen. Ausserdem ist eine Zugabe von 0,02 mm für das abschliessende Aushonen der Zylinder zu berücksichtigen, falls die Zylinder ausgebohrt werden müssen.

Zum Prüfen des Kolbenlaufspiels den Kolben und die Zylinderbohrung wie beschrieben ausmessen und den Unterschied zwischen den Massen pro Zylinder errechnen. Falls das Ergebnis grösser als 0,20 mm ist, müssen die Zylinder ausgeschliffen werden, um Übergrösse-Kolben einzubauen (nur eine Grösse erhältlich), da das Laufspiel die Verschleissgrenze erreicht hat.

17.3.3 Kolben und Pleuelstangen zusammenbauen

Die folgenden Hinweise müssen beim Zusammenbau von Kolben und Pleuelstangen beachtet werden:

- Der Pfeil im Kolbenboden (entweder der eingezeichnete oder bei neuen Kolben die Pfeil-Markierung) muss zur Vorderseite des Motors weisen.
- Die "Vorn"-Marke der Pleuelstange muss zur Vorderseite des Motors weisen. In die Pleuelstange ist in der Nähe des Lagers ein kleiner Höcker eingegossen, welcher näher zur Vorderseite des Motors stehen muss.
- Die Zylindernummerkennzeichnungen (ähnlich wie in Bild 22) müssen an Pleuelstange und Lagerdeckel übereinstimmen.
- Einen der Kolbenbolzensicherungsringe mit einer Sprengringzzange in das Kolbenauge einsetzen. Darauf achten, dass der Ring ringsherum in der Rille sitzt.
- Den Kolben entweder auf einer Holzplatte oder in heissem Wasser auf ca. 80° C anwärmen, den Bolzen und die Kolbenaugenbohrung mit Motoröl einschmieren und den Bolzen mit Daumendruck in die richtige zusammengesetzte Kolben- und Pleuelstangeneinheit eindrücken, bis der Bolzen gegen den Sicherungsring auf der anderen Seite ansitzt. Den zweiten Sicherungsring in die Rille des Kolbenauges einfedern.
- Kontrollieren, dass sich der Kolben nach dem Zusammenbau einwandfrei auf der Pleuelstange hin- und herkippen lässt.
- Die beiden Verdichtungsringe und den Ölabstreifring mit einer Kolbenringzange aufsetzen, wie es in Bild 87 gezeigt ist. Die beiden Verdichtungsringe könnte man verkehrt herum aufziehen. Sie sind auf einer Seite mit dem Buchstaben "T" oder "N" gezeichnet und diese Beschriftung muss nach dem Aufsetzen des Ringes jeweils vom Kolbenboden aus sichtbar sein.

17.3.5 Kolben und Pleuelstangen einbauen

- Zylinderbohrungen gut einölen.
- Alle Pleuel entsprechend der Zylindernummer auslegen. Die "Vorn"-Markierung in Pleuelstange und Kolbenboden müssen zur Riemenscheibenseite des Motors zu ausgerichtet sein.
- Kolbenringstösse entsprechend Bild 315 auf dem Umfang des Kolbens anordnen. Den dreiteiligen Ölabstreifring so anordnen, dass die Stösse nicht gegenüberliegen.

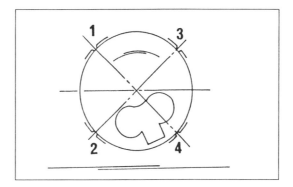

Bild 315
Richtige Anordnung der Kolbenringstossspiele.
1 Oberer Verdichtungsring
2 Unterer Seitenring des Ölabstreifringes
3 Oberer Seitenring des Ölabstreifringes
4 Mittlerer Verdichtungsring

- Ein Kolbenringspannband um die Kolbenringgegend legen und die Kolbenringe in die Nuten drücken. Kontrollieren, dass sie einwandfrei eingedrückt sind.
- Kurze Gummi- oder Kunststoffschlauchstücke auf die Stiftschrauben des Pleuels aufschieben, damit die Bohrung nicht zerkratzt werden kann. Die Muttern sollten immer erneuert werden, da einmal eingebaute Muttern ihre Haltfähigkeit verloren haben könnten.
- Kurbelwelle durchdrehen, bis zwei der Kurbelzapfen im unteren Totpunkt stehen.
- Pleuel von oben in die Bohrung einschieben. Den Motor dazu auf die Seite legen, damit die Pleuelstange auf den Lagerzapfen geführt werden kann und die Bohrung oder den Pleuelzapfen nicht zerkratzt. Die Pleuellagerschale sollte sich bereits im Pleuel befinden, mit der Nase in der Aussparung.
- Beim Einschieben nochmals kontrollieren, dass die "Vorn"-Zeichen richtig zueinander liegen.
- Kolben hineinschieben, bis die Ringe der Reihe nach in die Bohrung rutschen und der Pleuelfuss auf dem Kurbelzapfen aufsitzt.
- Zweite Lagerschale in den Lagerdeckel einlegen, die Schale gut einölen. Den Deckel auf die Stiftschrauben der Pleuelstange drücken und leicht anschlagen. Die Gummischlauchstücke müssen vorher natürlich wieder abgezogen werden.

- Die Anlageflächen der Muttern auf dem Pleuellagerdeckel einölen.
- Neue Pleuelmuttern abwechselnd auf ein Anzugsdrehmoment von 65 Nm anziehen.
- Nach Einbau des Pleuels die Kurbelwelle einige Male durchdrehen, um Klemmer sofort festzustellen.
- Kurbelwelle durchdrehen, bis die beiden anderen Kurbelzapfen an der Unterseite stehen und verbleibende Kolben und Pleuelstangen in gleicher Weise einbauen.
- Kennzeichnung aller Pleuel nochmals kontrollieren und ebenfalls überprüfen, ob die Kolben in die richtige Richtung weisen.
- Eine Messuhr, wie in Bild 21 gezeigt am Zylinderblock anbringen und das Pleuellager mit der Hand auf dem Kurbelzapfen hin- und herbewegen, um das Spiel zwischen der Seitenfläche der Pleuelstange und der Anlauffläche der Kurbelwelle auszumessen. Dies ist das Axialspiel der Pleuellager und sollte 0,40 mm nicht überschreiten.
- Zum vollständigen Zusammenbau gehören der Einbau der Ölpumpe, der Steuerräder, des vorderen Deckels und der Ölwanne.

17.4 Kurbelwelle und Schwungrad

Die Kurbelwelle und die damit verbundenen Teile werden in gleiche Weise behandelt, wie es für die Benzinmotoren beschrieben wurde. Die Mass- und Einstelltabelle muss hinzugezogen werden, da unterschiedliche Daten für Lagerlaufspiele, Durchmesser der Hauptlagerzapfen und Kurbelzapfen, Stärke der Anlaufhalbscheiben, das Axialspiel, usw. gelten. Ebenfalls sind die Anzugsdrehmomente der Lagerdeckel unterschiedlich. Bild 313 zeigt die Einzelteile des Kurbeltriebs.

Zu beachten sind die Ölspritzdüse und das Ölrückschlagventil, welche nicht bei den Benzinmotoren eingebaut sind. Beide Teile können ausgebaut werden. Die Ölpumpe wird ausgebaut, wie es im betreffenden Kapitel weiter hinten beschrieben wird. Das Lagerspiel der Hauptlager wird in der beschriebenen Weise ausgemessen, jedoch muss beim Einbau von Nenngrösse-Lagerschalen immer eine Schale mit der gleichen Nummernkennzeichnung eingebaut werden. Die Schalen sind auf der Rückseite mit der Nummer 1, 2 oder 3 gezeichnet. Auf der Schwungradseite des Zylinderblocks ist eine Markierung eingeschlagen, die die gleichen Zahlen für das betreffende Hauptlager angibt. Falls die ursprünglichen Lagerschalen wieder eingebaut werden, müssen sie natürlich wieder in die ursprünglichen Lagerbohrungen eingelegt werden, da sie sich dem betreffenden Lagerzapfen angepasst haben.

17.5 Kühlanlage

Alles was über die Kühlanlage der Benzinmotoren gesagt wurde trifft im allgemeinen ebenfalls auf Modelle mit Dieselmotor zu. Die folgenden Kapitel befassen sich darum nur mit den Unterschieden beim Aus- und Einbau bestimmter Teile. Dies bezieht sich zum Beispiel auf die Wasserpumpe, welche beim Dieselmotor durch den Zahnriemen angetrieben wird, d.h. der Zahnriemen muss zum Erneuern der Pumpe ausgebaut werden.

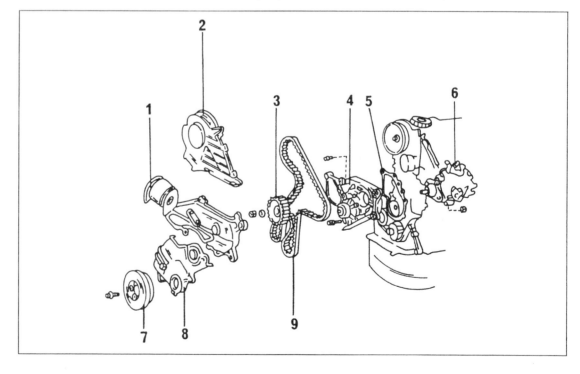

Bild 316
Einzelheiten zum Aus- und Einbau der Wasserpumpe.
1 Rechter Motoraufhängungsbügel
2 Oberer Zahnriemenschutzdeckel
3 Antriebsrad der Einspritzpumpe
4 Wasserpumpe
5 Dichtung
6 Einspritzpumpe
7 Kurbelwellenriemenscheibe
8 Unterer Zahnriemenschutzdeckel
9 Zahnriemen

17.5.1 Aus- und Einbau der Wasserpumpe.

Einzelheiten zum Aus- und Einbau der Wasserpumpe sind in Bild 316 gezeigt. Die Einspritzpumpe muss ausser dem Zahnriemen ebenfalls ausgebaut werden, um an die Wasserpumpe heranzukommen. Die folgenden Vorarbeiten sind zu treffen:
- Kühlanlage ablassen.
- Einspritzpumpe ausbauen, wie es später beschrieben wird.
- Den mittleren Zahnriemenschutzdeckel ausbauen.
- Die Pumpe kann jetzt abgeschraubt werden. Sie wird mit 7 Schrauben gehalten. Beachten an welcher Stelle jede Schraube eingesetzt ist, das sie von unterschiedlicher Länge sind. Die Dichtung abnehmen.

Der Einbau der Pumpe geschieht in umgekehrter Reihenfolge wie der Ausbau. Immer eine neue Dichtung verwenden. Die Schrauben mit einem Drehmoment von 18 Nm anziehen.

Einspritzpumpe und Zahnriemen montieren, wie es in den betreffenden Kapiteln beschrieben ist. Spannung des Keilriemens der Drehstromlichtmaschine einstellen und die Kühlanlage auffüllen.

17.5.2 Thermostat

Der Thermostat befindet sich im Wassereinlassstutzen, d.h. das Kühlmittel muss bis unterhalb der Höhe des Stutzens abgelassen werden, ehe man den Thermostat ausbauen kann.
Der Thermostat kann in der gleichen Weise überprüft werden, wie es auf Seiten 53 und 54 beschrieben wurde. Dis Öffnungstemperatur des Thermostats beträgt 80 -84° C und der Thermostat muss bei einer Temperatur von 95° C vollkommen geöffnet sein. Der Stift muss dabei 8 mm aus dem Thermostat herausstehen.

17.6 Motorschmierung

Die Druckumlaufschmierung des Motors wird mit einer Kreisselläuferpumpe mit Öl versorgt. Aus Bild 317 ist der Aufbau der Pumpe ersichtlich.

17.6.1 Ausbau, Überholung und Einbau der Ölpumpe

Der Zahnriemen, die Laufrolle des Riemens und das Steuerrad der Kurbelwelle müssen ausgebaut werden, um an die Pumpe zu kommen. Ebenfalls die Ölwanne ausbauen. Die Ölpumpe ist an der Stirnseite des Motors verschraubt und wird mit einem "O"-Dichtring abgedichtet. Die Befestigungsschrauben haben nicht alle die gleiche Länge. Ein Kunststoffhammer könnte erforderlich sein, um die Pumpe von der Innenseite des Kurbelgehäuses abzuschlagen.

Der Einbau der Pumpe geschieht in umgekehrter Reihenfolge. Den "O"-Dichtring immer er-

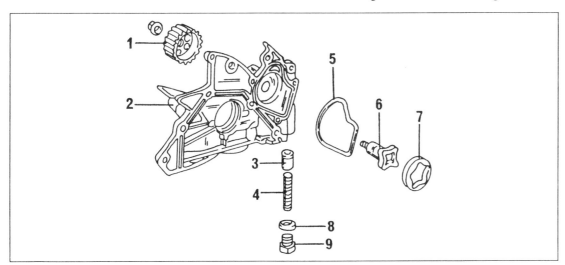

Bild 317
Montagebild der Ölpumpe.
1 Antriebsrad
2 Ölpumpe
3 Überdruckventil
4 Feder
5 "O"-Dichtring
6 Antriebsläufer
7 Getriebener Läufer
8 Dichtring
9 Verschlussstopfen

neuern. Die Fläche des Pumpengehäuses mit Dichtungsmasse einschmieren, die aber nicht in die Schraubenlöcher laufen darf. Die Pumpe ansetzen und die 11 Schrauben zusammen mit der Stütze für die Drehstromlichtmaschine mit einem Drehmoment von 18 Nm anziehen. Darauf achten, dass die Schrauben nicht verwechselt werden. Nicht den Öldichtring beim Einbau der Pumpe beschädigen.

Falls das Ölansaugsieb ausgebaut wurde, muss es wieder mit einer neuen Dichtung angeschraubt werden. Muttern mit 7 Nm, Schrauben mit 13 Nm anziehen.

Zylinderblock- und Ölwannenfläche gut reinigen und die Ölwanne in ähnlicher Weise montieren, wie es bei den Benzinmotoren beschrieben wurde (Seite 46).

Falls die zerlegte Ölpumpe überprüft werden soll:
- Zuerst den getriebenen Läufer an der Flä-

143

che zeichnen und danach aus dem Gehäuse nehmen.

● Antriebsrad mit Blechbacken in einen Schraubstock einspannen und die Mutter mit einem Ringschlüssel lockern und entfernen. Das Pumpenrad abziehen und den Läufer nach hinten herausziehen.

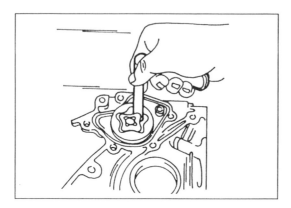

Bild 318
Ausmessen des Spiels zwischen den Läuferspitzen.

● Stopfen an der Unterseite herausdrehen und die Teile des Überdruckventils herausschütteln.
Alle Teile gründlich reinigen und Teile wie erforderlich erneuern. Der Dichtring im Gehäuse sollte immer erneuert werden (mit einem Schraubenzieher vorsichtig heraushebeln).
Die Läufer an den Spitzen auf Absplitterungen usw. kontrollieren. Die Läufer immer im Satz erneuern.

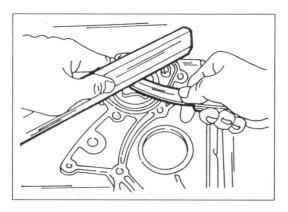

Bild 319
Ausmessen des Axialspiels der Pumpenläufer.

Äusseren Läufer in die Bohrung einsetzen und mit einer Fühlerlehre den Spalt zwischen der Aussenseite des äusseren Läufers und der Pumpenbohrung ausmessen. Das Spiel sollte nicht grösser als 0,2 mm sein.
Bei der nächsten Prüfung mit einer Fühlerlehre zwischen einer Spitze des äusseren Läufers und einer Spitze des inneren Läufers einsetzen (siehe Bild 318). Das Spiel darf an dieser Stelle nicht grösser als 0,20 mm sein. Andernfalls die Ölpumpe und/oder die Läufer (im Satz) erneuern.
Ein Messlineal auf die Oberfläche der Läufer und das Gehäuse auflegen (Bild 319) und mit einer Fühlerlehre zwischen den Läufern und dem Lineal messen. Das Spiel darf nicht grösser als 0,20 mm

sein. Wiederum die Pumpe und/oder die Läufer erneuern, falls das Spiel grösser ist.
Der Zusammenbau der Ölpumpe geschieht in umgekehrter Reihenfolge wie das Zerlegen. Den äusseren Läufer wieder mit der gekennzeichneten Fläche nach aussen weisend einsetzen. Den inneren Läufer einsetzen und das Antriebsrad auf die Läuferwelle schieben. Mutter aufschrauben und das Antriebsrad wieder in den Schraubstock einspannen. Die Mutter mit 47 Nm anziehen. Die Pumpenbohrung mit Öl füllen, um die Läufer vorzuschmieren.
Die Teile des Überdruckventiles einsetzen und mit dem Verschlussstopfen befestigen.
Einen neuen Öldichtring, gut an der Dichtlippe eingeschmiert, in das Pumpengehäuse einschlagen, bis die Aussenfläche bündig abschneidet.

17.6.2 Ölfilter

Die Erneuerung des Ölfilters geschieht in ähnlicher Weise wie es bei den Benzinmotoren auf Seite 49 beschrieben wurde.

17.6.3 Prüfen des Motorölstandes

Die Beschreibung auf Seite 49 gilt auch für den Dieselmotor. Motoröle für Dieselmotoren müssen zum Nachfüllen benutzt werden, da diese besonders entwickelt wurden.

17.7 Dieseleinspritzanlage

Unbedingte Sauberkeit ist die Voraussetzung bei allen Arbeiten an einem Dieselmotor. Als erstes Gesetz gilt, dass man alle Überwurfmuttern vor jeglichem Abschrauben von Einspritzleitungen gut abwischen muss. Die Einspritzpumpe kann nicht repariert oder überholt werden und eine Austauschpumpe oder eine neue Pumpe muss eingebaut werden, falls diese ihren Zweck nicht mehr verrichtet. Die Einstellung der Einspritzpumpe erfordert einige Spezialwerkzeuge und -einrichtungen und muss in einer Werkstatt durchgeführt werden lassen.
Dieselmotoren arbeiten entweder mit einer direkten oder einer indirekten Einspritzung. Der Toyota-Dieselmotor arbeitet mit einer indirekten Einspritzung, d.h. der Kraftstoff wird in eine Vorkammer im Zylinderkopf eingespritzt, welche in Verbindung mit der eigentlichen Verbrennungskammer steht. Der Verbrennungsvorgang wird in der Vorkammer ausgelöst und der dabei entstehende Druckanstieg leitet die verbrennenden Kraftstoffteilchen in die Verbrennungskammer

weiter, wo sie vollkommen verbrannt werden.

17.7.1 Vorsichtsmassnahmen bei Arbeiten an der Einspritzanlage

Bei der Durchführung jeglicher Reparaturen an der Einspritzanlage, ganz gleich, um welchen Umfang es sich handelt, ist die grösste Sauberkeit erforderlich. Die folgenden Punkte sind deshalb besonders zu beachten:

● Alle Arbeiten an der Einspritzanlage dürfen nur unter saubersten Verhältnissen durchgeführt werden. Arbeiten im Freien sollten nur an windfreien Tagen vorgenommen werden, um die Möglichkeit von Staubbildung zu vermeiden.

● Alle Anschluss-Überwurfmuttern müssen vor dem Lösen sauber mit einem Lappen abgewischt werden.

● Alle ausgebauten Teile auf einer sauberen Werkbank oder dergleichen ablegen und mit Papier oder einem Plastikbogen abdecken. Keine flusenden Lappen zum Abdecken verwenden.

● Alle geöffneten oder teilweise zerlegten Bauteile der Einspritzanlage müssen entsprechend abgedeckt oder in einer verschlossenen Schachtel aufbewahrt werden, falls die Reparatur nicht unmittelbar durchgeführt werden kann.

● Vor dem Einbau alle Teile auf grösste Reinlichkeit kontrollieren.

● Wenn Teile der Anlage geöffnet sind, keine Pressluft zum Abblasen irgendwelcher Teile des Motors benutzen.

● Fahrzeug, falls möglich, nicht wegschieben während Teile der Einspritzanlage ausgebaut sind.

● Darauf achten, dass Dieselkraftstoff nicht an die Kühlerschläuche gelangen kann. Falls dies der Fall ist, diese sofort reinigen. Durch Dieselkraftstoff verschmutzte und damit beschädigte Schläuche müssen immer erneuert werden.

17.7.2 Fahren mit Dieselkraftstoff

Unter einer bestimmten Temperatur bilden sich im Dieselkraftstoff Kristalle, die den Kraftstoff zähflüssig machen, so dass er nicht mehr durch den Filter fliessen kann. Man spricht davon, dass der Kraftstoff "versulzt" ist.

Um diesen Störungen vorzubeugen, verkaufen die Tankstellen Kraftstoff, welcher den entsprechenden Jahreszeiten angeglichen ist. Dadurch wird auch bei Minusgraden Kraftstoff verkauft, welcher mit Fliessverbesserern versehen ist, um das Versulzen zu verhindern.

Der im Sommer verkaufte Kraftstoff würde z.B. schon bei einer Temperatur von —2° C Schwierigkeiten bereiten, während der im Winter verkaufte Kraftstoff bis zu einer Temperatur von —15° C fliessfähig ist. Zwischen den beiden Jahreszeiten werden dem Kraftstoff entsprechende Zusätze gegeben, so dass er bis ca. —8 bis —10° C eignungsfähig ist.

Die folgenden Schwierigkeiten können beim Fahren mit einem Dieselfahrzeug bei kalten Temperaturen auftreten:

● Die Temperaturen fallen unter —15° C ab.

● Das Fahrzeug wurde lange Zeit nicht gefahren, im Winter wieder in Betrieb genommen, und man kann feststellen, dass man im Sommer getankten Kraftstoff im Tank hat.

● Sie haben Kraftstoff an einer Tankstelle gekauft, welche noch nicht auf Winterkraftstoff umgestellt hat.

Falls man den einwandfreien Betrieb des Motors bei Temperaturen unter —15° C gewährleisten will, kann man dem Tank bis zu 30% Normalbenzin hinzugeben, je nachdem wie tief die Temperaturen erwartet werden. Da dieses Mischungsverhältnis jedoch dem Motor auf lange Zeit nicht gut tut, muss man bei der ersten Gelegenheit wieder normalen Dieselkraftstoff einfüllen. Man wird feststellen, dass der Motor mit Diesel/Benzin-Gemisch auch schlechter anspringt.

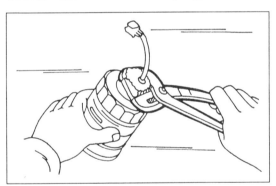

Bild 320
Den Warnschalter für den Kraftstoffilter mit einer Zange abschrauben.

17.7.3 Kraftstoffilter

Der Kraftstoffilter sollte entsprechend den Anweisungen in der Betriebsanleitung erneuert werden, oder ist zu erneuern, wenn die Filterwarnleuchte aufleuchtet, wodurch angezeigt wird, dass sich Wasser im Filter befindet.

● Steckverbinder vom Anschluss des Warnschalters am Filter abziehen und den Warnschalter mit einer Wasserpumpenzange abschrauben, wie es in Bild 320 gezeigt ist.

● Filter mit einem Filterschlüssel abschrauben, wie er bei einem Ölfilter verwendet wird. Filter vollkommen abschrauben und den "O"-Dichtring entfernen.

● Den neuen "O"-Dichtring in die Rille des Filters einlegen und leicht mit Dieselkraftstoff einreiben.

● Filter gegen den Filtersockel schrauben, bis man Widerstand fühlen kann. Aus dieser Stellung den Filter um weitere ¾ Umdrehung festziehen, entweder mit der Hand oder mit dem Filterschlüssel.

● Warnschalter mit einer neuen Dichtung anschrauben, dieses Mal jedoch nur mit der Hand, nicht mit der Zange. Kabel wieder anschliessen.

● Den Knopf der Handpumpe an der Oberseite des Filters betätigen, bis man Widerstand fühlen kann. Dies gewährleistet, dass der Filter vollkommen gefüllt ist.

17.7.4 Einspritzpumpe — Aus- und Einbau

Falls eine neue Einspritzpumpe eingebaut wird, muss man immer die Einspritzzeiten kontrollieren lassen.

● Kühlanlage ablassen.
● Gasbetätigungsseil von der Einspritzpumpe abschliessen.
● Die folgenden Schläuche abschliessen: Zwei Umleitschläuche und, falls eingebaut, einen Schlauch für die Klimaanlage.
● Kraftstoffeinlassleitung von der Einspritzpumpe abschrauben. Ein Ringanschluss wird benutzt.
● Kraftstoffauslassschlauch nach Lösen der Schlauchschelle abziehen.
● Mutter und Schraube der Heizungsleitung lösen.
● Die vier Einspritzleitungen abschliessen. Dazu die beiden Muttern lösen, die die vier Leitungen am Ansaugkrümmer halten, die Klemmschellen lösen und die Überwurfmuttern abschrauben. Dazu sollte man vorteilhafter einen mit einem Schlitz versehenen Ringschlüssel benutzen, welchen man über die Leitung schieben kann. Die Sechskante der Überwurfmuttern werden Ihnen dafür danken, da man nicht abrutschen kann.
● Den Zahnriemen ausbauen, wie es in Kapitel 16.1.1 beschrieben wurde. Eingeschlossen darin ist der Ausbau des Antriebsrades der Einspritzpumpe.
● Die Lage der Fluchtzeichen an der in Bild 321 gezeigten Stelle kontrollieren (an der Wasserpumpe). Falls keine Markierungen gesehen werden können, kann man die Pumpe und die Befestigungsstelle in der gezeigten Weise halten. Das Einstellen der Einspritzzeiten ist eine komplizierte Arbeit, die man in einer Werkstatt durchführen lassen muss, jedoch gewährleistet man durch die Kennzeichnung, dass der Motor nach dem Einbau anspringen wird, falls man die Pumpe wieder entsprechend den Kennzeichnungen einbaut. Die Einspritzzeiten können dann eingestellt werden lassen, falls der Motor nicht läuft, wie er laufen sollte.

● Die Schrauben und zwei Muttern der Pumpe lösen, die hintere Pumpenkonsole ausbauen (4 Schrauben) und die Pumpe herausheben.

Der Einbau der Pumpe geschieht in folgender Reihenfolge:

● Pumpe in die richtige Lage heben und so verdrehen, dass die in Pumpe und Wasserpumpe eingezeichneten Markierungen entsprechend Bild 321 ausgerichtet sind. Die Befestigungsschraube und die beiden Muttern fingerfest anziehen. Das endgültige Anziehen findet nach Einbau der hinteren Konsole statt. Diese jetzt einbauen und die vier Schrauben mit 20 Nm anziehen. Die Muttern und Schrauben auf der anderen Seite können jetzt mit dem gleichen Drehmoment angezogen werden.

● Antriebsrad der Einspritzpumpe und den Steuerriemen einbauen, wie es in Kapitel 17.1.1 beschrieben wurde, bis man den Zahnriemenschutzdeckel wieder angeschraubt hat.

● Kraftstoffeinlassleitung an der Einspritzpumpe anschliessen. Neue Dichtscheiben verwenden und die Leitung mit der Hohlschraube anschrauben. Den Kraftstoffschlauch aufstecken und die Schlauchschelle anziehen.

● Kraftstoffauslassleitung in gleicher Weise befestigen, aber dieses Mal eine Überwurfmutter anziehen. Den Schlauch aufstecken und mit der Schlauchschelle anziehen.

● Die vier Einspritzleitungen anschrauben (siehe nächstes Kapitel).

● Gasbetätigungszug anschliessen. Kontrollieren, dass die Einspritzpumpe Vollgas erhält und wieder in die Leerlaufstellung zurückkehrt.

● Die verbleibenden Arbeiten in umgekehrter Reihenfolge wie beim Ausbau durchführen.

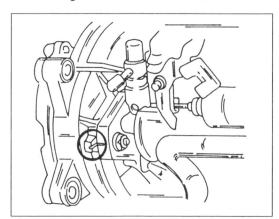

Bild 321
Die Einspritzpumpe im eingebauten Zustand. Pumpe vor dem Ausbau an der gezeigten Stelle kennzeichnen.

17.7.5 Einspritzdüsen

Die Einspritzdüsen sollten zum Abdrücken oder zur Reparatur in eine Dieselwerkstatt gebracht werden. Diese Arbeit auf keinen Fall selbst durchführen, da ausser der Erforderlichkeit von Spezialwerkzeugen auch Verletzungen durch den Spritzdruck der Düsen verursacht werden können, wenn man mit den Fingern in die Nähe des Spritzkegels kommt. Um eine fehlerhaft arbeitende Einspritzdüse herauszufinden, die Einspritzleitungen der Reihe nach von den Düsen abschrauben und den Motor anlassen. Falls der Motor nach Abschliessen einer bestimmten Leitung sein Laufgeräusch nicht verändert, bedeutet dies, dass die betreffende Düse einen Fehler hat.

Zum Ausbau einer Düse:

● Die beiden Muttern lösen, die die vier Einspritzleitungen am Ansaugkrümmer halten. Die beiden Überwurfmuttern jeder Leitung mit einem mit Schlitz versehenen Ringschlüssel lockern. Der Schlitz im Schlüssel kann über die Leitung geschoben werden, um den Schlüssel über die Mutter zu setzen. Andernfalls einen Gabelschlüssel der genauen Grösse benutzen. Klemmschellen abschrauben und die Leitungen herausnehmen.

● Den Kraftstoffschlauch von der Leckölleitung abschliessen, die vier Muttern entfernen und die Leckölleitung (Rücklaufleitung) und die Scheiben abnehmen.

● Die Düsen mit einem langen Steckschlüssel ausschrauben. Toyota-Werkstätten benutzen ein Spezialwerkzeug zu dieser Arbeit. Darauf achten, dass dabei die Düsen nicht beschädigt werden. Die Düsen in der ausgebauten Reihenfolge auslegen, falls sie wieder eingebaut werden sollen. Der Einbau der Einspritzdüsen geschieht in umgekehrter Reihenfolge wie der Ausbau, unter Beachtung der folgenden Punkte:

● Den Dichtring immer erneuern. Das Anzugsdrehmoment der Düsen beträgt 65 Nm. Dieses Drehmoment darf nicht überzogen werden, da die Düsen dadurch verzogen werden können oder die Düsennadel kann sich verklemmen.

● Die vier Scheiben über die Einspritzdüsen legen und die Leckölleitung anschliessen. Die vier Muttern aufschrauben und mit 30 Nm anziehen. An einem Ende den Schlauch an der Leckölleitung anschliessen.

● Die vier Einspritzleitungen montieren. Zuerst die beiden Klemmschellen am Ansaugkrümmer lose befestigen und alle Leitungen mit den Überwurfmuttern an den Anschlüssen anschrauben. Mit dem beim Ausbau erwähnten Ringschlüssel die Überwurfmuttern anziehen. Das Drehmoment beträgt 30 Nm, muss aber geschätzt werden. Leitungen danach mit den beiden oberen Schellen und Muttern befestigen.

● Motor mit dem Anlasser durchdrehen und die Überwurfmuttern auf der Düsenseite nacheinander lockern. Dadurch kann eingeschlossene Luft ausgestossen werden. Überwurfmuttern wieder mit 30 Nm anziehen.

● Alle nicht erwähnten Arbeiten wieder in umgekehrter Reihenfolge wie beim Ausbauen durchführen.

17.7.6 Die Glühkerzen

Die einzigen Teile welche zur Zündung gehören sind die Glühkerzen, die zum anfänglichen Anwärmen des Verbrennungsgemischs gebraucht werden. Die Glühkerzen erhalten Strom, wenn der Zündschlüssel auf die Glühstellung gestellt wird. Die Kerzen erhalten eine Spannung von mindestens 11,5 V und erhitzen sich innerhalb Sekunden auf mehr als 1000° C. Die Glühzeit hängt von der augenblicklichen Temperatur des Motors ab. Falls man den Motor nicht sofort anlassen will, wird der Stromkreis unterbrochen, wird aber erneut geschlossen, wenn der Zündschlüssel wieder in die Glühstellung geschaltet wird. Glühkerzen können nicht repariert werden und sind im Schadensfalle zu erneuern.

Die Glühkerzen sitzen im Zylinderkopf. Die Muttern von den Enden der Kerzen abschrauben, und die verbleibenden Teile entfernen. Glühkerzenstecker abziehen und die Kerze mit einer Stecknuss und Verlängerung aus dem Zylinderkopf schrauben. Die Kerzen beim Einbau mit 13 Nm anziehen.

16.7.7 Leerlauf einstellen

Der Leerlauf kann nur 100 % einwandfrei eingestellt werden, indem man die Einspritzmenge während dem Leerlauf einstellt. Diese Einstellung kann nur mit Spezialeinrichtungen durchgeführt werden. Eine allgemeine Kontrolle und vorübergehende Einstellung kann jedoch entsprechend den unten angegebenen Anweisungen durchgeführt werden, um den Motor zum Laufen zu bringen. Ein guter Leerlauf kann nur erhalten werden wenn die Ventilspiele stimmen und die Einspritzzeiten einwandfrei eingestellt sind. Ein für Dieselmotoren geeigneter Drehzahlmesser muss entsprechend den Anweisungen des Herstellers angeschlossen werden.

● Motor auf Betriebstemperatur bringen, ehe man den Leerlauf einstellt.

● Alle elektrischen Stromabnehmer ausschalten. Auch der Ventilator darf nicht laufen. Der Luftfilter muss eingebaut sein.

● Motor anlassen und den Leerlauf ablesen. Falls er mehr als ca. 700/min beträgt, kontrollieren, dass der Verstellhebel in Berührung mit der Leerlaufeinstellschraube steht, wenn das Gaspedal vollkommen zurückgelassen ist. Andernfalls den Leerlauf nachstellen.

● Die Kontermutter der Leerlaufeinstellschraube an der in Bild 322 gezeigten Stelle lockern (Gabelschlüssel) und die Einstellschraube mit einem zweiten Gabelschlüssel verstellen, bis der angegebene Leerlauf erhalten wird. Die Kontermutter wieder anziehen.

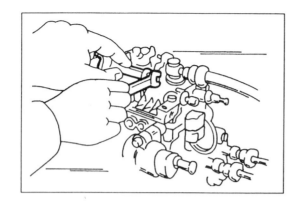

Bild 322
Die Lage der Einstellschraube für den Leerlauf. Zwei Gabelschlüssel zum Lockern oder Anziehen der Kontermutter benutzen.

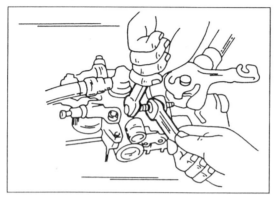

Bild 323
Die Lage der Einstellschraube für die Höchstdrehzahl. Zwei Gabelschlüssel zum Lockern oder Anziehen der Kontermutter benutzen.

- Die Drehzahl erhöhen und kontrollieren, dass der Motor wieder in den Leerlauf zurückkommt, nachdem das Gaspedal zurückgelassen wird. Falls dies nicht der Fall ist, muss die Länge des Gasgestänges eingestellt werden. Der Hebel an der Einspritzpumpe muss gegen das Ende der Einstellschraube anliegen, wenn das Fahrpedal zurückgelassen ist.

17.7.8 Höchstdrehzahl einstellen

Die Höchstdrehzahl ist werkseitig eingestellt und sollte nicht gestört werden. Wie der Leerlauf wird auch die Höchstdrehzahl durch Einstellen der Einspritzmenge reguliert. Spezialeinrichtungen werden verwendet, um diese Einstellung durchzuführen. Bild 323 zeigt an welcher Stelle man die Höchstdrehzahl einstellt. Die Schraube wird mit einer Kontermutter gehalten.
Falls man Erfahrungen mit Einspritzanlagen hat, kann man die Schraube provisorisch verstellen, um die Höchstdrehzahl einzustellen, um den Motor für eine Fahrt in die nächste Werkstatt zum einwandfreien Lauf zu bringen.

18 Mass- und Einstelltabelle

Allgemeine Daten

Motorbezeichnung:	
— 1,6 Liter-Motor, mit Vergaser	4A-F
— 1,6 Liter-Motor mit Einspritzung	4A-FE × HSN 5013 / TSN 331
— 2,0 Liter-Motor	3S-FE
— Dieselmotor	2C
Anzahl und Anordnung der Zylinder	4 Zylinder, in Reihe
Ventilsteuerung:	
— Benzinmotoren	Zwei obenliegende Nockenwellen mit 16 Ventilen
— Dieselmotor	Eine obenliegende Nockenwelle mit 8 Ventilen
Zylinderkopf	Aus Aluminium (Dieselmotor - Grauguss)
Zylinderbohrung:	
— 1,6 Liter-Motor, alle	81,00 mm
— 2,0 Liter-Motor und Dieselmotor	86,00 mm
Kolbenhub:	
— 1,6 Liter-Motor, alle	77,0 mm
— 2,0 Liter-Motor, Benzin	86,0 mm
— Dieselmotor	85,0 mm
Hubraum	
— 1,6 Liter-Motor, alle	1587 cm^3
— 2,0 Liter-Motor, Benzin	1998 cm^3
— Dieselmotor	1974 cm^3
Verdichtungsverhältnis:	
— 1,6 Liter-Motor	9,5 : 1
— 2,0 Liter-Motor, Benzin	9,8 : 1
— Dieselmotor	23,0 : 1
Max. Leistung (allgomoino Worto):	
— 1600, 4A-F-Motor	66 kW (90 PS) bei 6000 /min.
— 1600, 4A-FE-Motor, bis Baujahr 1991	77 kW (105 PS) bei 6000/min.
— 1600, 4A-FE-Motor, ab Baujahr 1992	79 kW (107 PS) bei 6000/min. ×
— 2000, 3F-SE-Motor, bis Baujahr 1991	89 kW (121 PS) bei 5600/min.
— 2000, 3F-SE-Motor, ab Baujahr 1992	98 kW (133 PS) bei 5800/min.
— Dieselmotor	54 kW (73 PS) bei 4700/min.
Max. Drehmoment (allgemeine Werte):	
— 1,6 Liter-Motor, Vergaser	135 Nm bei 3600 /min.
— 1,6 Liter-Motor, bis Baujahr 1991	145 Nm bei 3000/min.
— 1,6 Liter-Motor, ab Baujahr 1992	137 Nm bei 5200/min.
— 2,0 Liter-Motor, bis Baujahr 1991	176 Nm bei 4400/min.
— 2,0 Liter-Motor, ab Baujahr 1992	183 Nm bei 4600/min.

Hinweis: Leistungswerte und Drehmomente sind je nach Zulassungsland und eingebautem Motor, Katalysator, usw. nicht bei allen Modellen gleich.

Verdichtungsdruck:	
— 4A-F/FE-Motor	12,6 kp/cm^2

MASS- und EINSTELL-DATEN

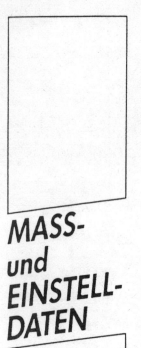

MASS- und EINSTELLDATEN

— 3S-FE-Motor (2,0 Liter) 13,0 kp/cm²
— 2C-Motor (Diesel) 32,0 kp/cm²
Min. Verdichtungsdruck:
— Benzinmotoren 10,0 kp/cm²
— Dieselmotor 20,0 kp/cm²
Ventilspiele:
— 4A-F/FE-Motor — Motor kalt:
  — Einlassventile 0,15 - 0,25 mm
  — Auslassventile 0,20 - 0,30 mm
— 4A-F/FE-Motor — Motor warm:
  — Einlassventile 0,20 - 0,30 mm
  — Auslassventile 0,26 - 0,36 mm
— 3S-Motor — Motor kalt:
  — Einlassventile 0,19 - 0,29 mm
  — Auslassventile 0,28 - 0,38 mm
— Dieselmotor:
  — Einlassventile 0,20 - 0,30 mm
  — Auslassventile 0,25 - 0,35 mm

Motor — Mechanisch

Zylinderkopf
Zulässiger Verzug der Zylinderkopffläche 0,05 mm
Zulässiger Verzug der Krümmerflächen:
— 4A-F/FE-Motoren Einlasseite 0,05 mm, Auslasseite 0,10 mm
— 3S-FE-Motoren, alle 0,08 mm
Max. Nacharbeitung der Zylinderkopffläche 0,10 mm
Ventilsitzwinkel 45°
Korrekturwinkel Siehe betreffendes Bild
Ventilsitzbreite:
— 4A-F/FE-Motor — Alle Ventile 1,0 - 1,4 mm
— 3S-FEMotor — Alle Ventile 1,2 - 1,6 mm
— Dieselmotor 1,2 - 1,6 mm (Einlass), 1,6 - 2,0 mm (Auslass)

Ventile
Ventillänge:
— 4A-F/FE-Motor 91,45 mm (Einlass), 91,9 mm (Auslass)
— 3S-FE-Motor 100,6 mm (Einlass), 100,45 mm (Auslass)
— Dieselmotor 105,7 mm (Einlass), 105,35 mm (Auslass)
Min. Ventillänge:
— 4A-F/FE-Motoren 90,95 mm (Einlass), 91,40 mm (Auslass)
— 3S-FE-Motor 100,1 mm (Einlass), 100,0 mm (Auslass)
— Dieselmotor 105,20 mm (Einlass), 104,85 mm (Auslass)
Ventilschaftdurchmesser (Dieselmotor in Klammern):
— Einlassventile 5,970 - 5,985 mm (7,975 - 7,990 mm)
— Auslassventile 5,965 - 5,980 mm (7,960 - 7.975 mm)
Laufspiel der Ventilschäfte in Führungen (Dieselmotor in Klammern):
— Einlassventile 0,025 - 0,060 mm (0,020 - 0,055 mm)
— Auslassventile 0,030 - 0,065 mm (0,035 - 0,070 mm)
— Max. Laufspiel der Ventilschäfte in Führungen:
  — Einlassventile 0,08 mm (0,11 mm)
  — Auslassventile 0,10 mm (0,12 mm)
Min. Stärke der Ventiltellerkante:
— 4A-F/FE-Motor 1,0 mm, alle Ventile
— 3S-FE-Motor 0,8 - 1,2 mm (Einlass), 0,5 mm (Auslass)
— Dieselmotor 0,9 mm (Einlass), 1,0 mm (Auslass)

MASS- und EINSTELLDATEN

Ventilführungen:

Innendurchmesser	6,01 - 6,03 mm (8,01 - 8,03 mm)
Aussendurchmesser — 4A-F/FE-Motor	11,000 - 11,027 mm
— 3S-FE-Motor	11,048 11,059 mm
— Dieselmotor	13,040 - 13,051 mm
0,05 mm Übergrösse — 4A-F/FE-Motor	11,050 - 11,077 mm
— 3S-FE-Motor	11,098 - 11,109 mm
0,05 mm Übergrösse — Dieselmotor	13,090 -13,101 mm
Einbautemperatur	80 - 100° C (16V-Motoren), kalt (Dieselmotor)

Ventilfedern

Ungespannte Länge — Benzinmotoren	43,80 mm (4A-F/FE), 45,0 mm (3S-FE)
— Dieselmotor	47,50 mm
Einbaulänge (16V-Motoren)	34,7 mm
Einbaulänge (Dieselmotor)	40,3 mm
Einbaubelastung — 4A-F/FE-Motoren	34,7 mm bei 15,8 kg
— 3S-FE-Motor	34,7 mm bei 16,7 - 19,3 kg
— Dieselmotor	40,3 mm bei 22,9 - 25,3 kg
Zulässiger Verzug an der Oberseite:	
— 16V-Motoren	2,5 mm (4A-F/FE), 2,0 mm (3S-FE)
— Dieselmotor	2,0 mm

Nockenwellen

Axialspiel der Nockenwellen:	
— 4A-F/FE-Motor, Einlassnockenwelle	0,030 - 0,085 mm
— 4A-F/FE-Motor, Auslassnockenwelle	0,035 - 0,090 mm
— 3S-FE-Motor, Einlassnockenwelle	0,045 - 0,10 mm
— 3S-FE-Motor, Auslassnockenwelle	0,030 - 0,085 mm
— Dieselmotor	0,08 - 0,18 mm
— Max. Axialspiel — 16V-Motoren	0,11 mm (4A-F/FE), 0,12 (3S-FE)
— Dieselmotor	0,25 mm
Lagerspiel der Nockenwellenlager — 4A-F/FE	0,035 - 0,072 mm
— 3S-FE	0,025 - 0,062 mm
— Diesel	0,037 - 0,073 mm
— Max. Axialspiel	0,10 mm
Durchmesser der Lagerzapfen - 4A-F/FE-Motor:	
— Lager Nr. 1, Auslasswelle	24,949 - 24,965 mm
— Alle anderen Lagerzapfen	22,949 - 22,965 mm
Durchmesser der Lagerzapfen — 3S-FE-Motor	26,959 - 26,975 mm (alle Lagerzapfen)
Durchmesser der Lagerzapfen — Dieselmotor	27,979 - 27,995 mm (alle Lagerzapfen)

Nockenhöhe	4A-F/FE-Motoren	3S-FE-Motor
— Einlassventilnocken	35,21 - 35,31 mm	35,310 - 35,410 mm
— Auslassventilnocken	34,91 - 35,01 mm	35,560 - 35,660 mm
— Einlassventilnocken — Dieselmotor	47,425 mm	
— Auslassventilnocken — Dieselmotor	46,835 mm	
Max. Verschleiss der Nockenhöhen	0,5 mm weniger	
Flankenspiel des Nockenwellenrades (16V)	0,020 - 0,20 mm	
— Verschleissgrenze	0,30 mm	

Ventilsteuerung

	4A-F/FE-Motor	3S-FE-Motor
Einlassvenil öffnet	18° vor o.T.	6° vor o.T.
Einlassventil schliesst	46° nach u.T.	48° nach u.T.
Auslassventil öffnet	52° vor u.T.	54° vor u.T.
Auslassventil schliesst	12° nach o.T.	6° nach o.T.

Dieselmotor:

Einlassventil öffnet	7° vor o.T.
Einlassventil schliesst	39° nach u.T.
Auslassventil öffnet	51° vor u.T.
Auslassventil schliesst	6° nach o.T.

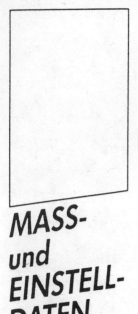

MASS- und EINSTELLDATEN

Kolben, Kolbenbolzen, Kolbenringe

Kolbenringe	2 Verdichtungsringe, 1 dreiteiliger Ölabstreifring
Kolbenbolzen	Presspassung, Dieselmotor mit Sicherungsringen in Kolbenaugen
Einbautemperatur:	
— 16V-Motoren	Kolbentemperatur 20° C
— Dieselmotor	Kolbentemperatur 80° C
Einbaurichtung	"Vorn"-Markierung in Kolben und in Pleuelstange

Kolbendurchmesser	3S-FE-Motor	4A-F/FE-Motor
— Nenndurchmesser	85,945 - 85,975 mm	80,93 - 80,96 mm
— Übergrössen	Keine	81,43 - 81,46 mm

	Dieselmotor
— Nenndurchmesser	85,950 - 85,980 mm
— Übergösse	86,450 - 86,480 mm

	4A-F/FE-Motor	3S-FE-Motor
Laufspiel der Kolben	0,06 - 0,08 mm	0,045 - 0,065 mm
Kolbenringstossspiele:		
— Oberer Ring	0,25 - 0,35 mm	0,27 - 0,49 mm
— Mittlerer Ring	0,15 - 0,30 mm	0,27 - 0,50 mm
— Ölabstreifring	0,10 - 0,60 mm	0,20 - 0,79 mm
Stossspiel — Verschleissgrenzen:		
— Oberer Ring	1,07 mm	0,79 mm
— Mittlerer Ring	1,02 mm	0,80 mm
— Ölabstreifring	1,62 mm	1,09 mm
Höhenspiel der Ringe in Kolbennuten:		
— Oberer Ring	0,04 - 0,08 mm	0,03 - 0,07 mm
— Mittlerer Ring	0,03 - 0,07 mm	0,03 - 0,07 mm

Dieselmotor

Kolbenringstösse:	
— Oberer Verdichtungsring	0,30 - 0,54 mm
— Zweiter Ring	0,25 - 0,52 mm
— Ölabstreifring (Seitenringe)	0,20 - 0,82 mm
— Max. Kolbenringstösse — Verdichtungsringe	1,30 mm
— Ölabstreifring	1,12 mm
Höhenspiel der Ringe in Kolbennuten:	
— Oberer Verdichtungsring	0,020 - 0,065 mm
— Zweiter Ring	0,040 - 0,10 mm
— Ölabstreifring	0,030 - 0,070 mm
— Max. Höhenspiel aller Ringe	0,2 mm
Laufspiel der Kolbenbolzen in Pleuelauge	0,007 - 0,015 mm
Max. Laufspiel der Kolbenbolzen	0,05 mm

Kurbelwelle

Anzahl der Hauptlager	5
Aufnahme des Axialdrucks	Durch Anlaufscheiben am mittleren Lager
Haupt/Pleuellagerausführung	Dünnwandige Lagerschalen. Kupfer/Bleiguss mit Verzinkung
Axialspiel der Kurbelwelle	0,02 - 0,22 mm (16V), 0,04 - 0,24 mm (Diesel)
— Verschleissgrenze	0,30 mm
Radialspiel (Laufspiel) der Hauptlager:	
— Nennspiel, 4A-F/FE-Motor	0,015 - 0,033 mm
— Nennspiel, 3S-FE-Motor, Nr. 3 Lager	0,028 - 0,047 mm
— Nennspiel, 3S-FE-Motor, ausser Nr. 3 Lager	0,018 - 0,037 mm
— Nennspiel, Dieselmotor	0,034 - 0,065 mm
— Max. Laufspiel (16V-Motoren)	0,10 mm (4A-F/FE), 0,08 mm (3S-FE)
— Max. Laufspiel (Dieselmotor)	0,10 mm

MASS- und EINSTELLDATEN

Radialspiel (Laufspiel) der Pleuellager:
- Nennspiel — 4A-F/FE-Motor — 0,020 - 0,051 mm
  - 3S-FE-Motor — 0,024 - 0,055 mm
  - Dieselmotor — 0,036 - 0,064 mm
- Verschleissgrenze — 16V-Motoren — 0,08 mm
  - Dieselmotor — 0,10 mm

Durchmesser der Hauptlagerzapfen:
- Nenndurchmesser — 4A-F/FE-Motor — 47,994 - 48,000 mm
  - 3S-FE-Motoren — 54,985 - 55,000 mm
  - Dieselmotor — 56,985 - 57,000 mm
- Untergrösse — 0,25 mm

Max. Verjüngung oder Ovalität — 0,02 mm

Durchmesser der Kurbelzapfen:
- Nenndurchmesser — 4A-F/FE-Motor — 38,985 - 40,000 mm
  - 3S-FE-Motor — 47,985 - 48,000 mm
  - Dieselmotor — 50,488 - 50,500 mm
- Untergrössen — 0,25 mm

Max. Verjüngung oder Ovalität — 0,02 mm
Stärke der Anlaufdruckscheiben — 16V — 2,440 - 2,490 mm
  - Diesel — 24433 - 2,480 mm
- 0,125 mm Übergrösse — 16V — 2,503 - 2,553 mm
  - Diesel — 2,555 - 2,605 mm
- 0,250 mm Übergrösse — Diesel — 2,680 - 2,730 mm
Max. Schlag der Schwungradfläche — 0,10 mm

Pleuelstangen

Axialspiel der Pleuellager:
- Nennspiel — 4A-F/FE-Motor — 0,15 - 0,25 mm
  - 3S-FE-Motor — 0,16 - 0,31 mm
  - Dieselmotor — 0,08 - 0,30 mm
- Verschleissgrenze — 0,30 mm (16V), 0,40 mm (Diesel)

Max. Verbiegung der Pleuelstangen — 0,05 mm (ale Motoren)
Max. Verdrehung der Pleuelstangen — 0,05 mm (16V), 0,15 mm (Diesel)
Lagerlaufspiele — Siehe unter "Kurbelwelle"

Motorschmierung

Druck des Schmierungssystems:
- 16V-Motoren:
  - Bei 3000/min. — 2,5 - 5,0 kp/cm^2
  - Min. Öldruck im Leerlauf — 0,3 kp/cm^2
- Dieselmotor:
  - Bei 3000/min. — 2,5 - 3,0 kg/cm^2
  - Im Leerlauf — 0,5 kg/cm^2

Ölfassungsvermögen des Motors — 4A-F/FE-Motor:
- Mit Filterwechsel — 3,3 Liter
- Ohne Filterwechsel — 3,0 Liter
Nach Motorüberholung — 3,7 Liter

Ölfassungsvermögen des Motors — 3S-FE-Motor:
- Mit Filterwechsel — 4,2 Liter, mit Ölkühler, 4,1 Liter, ohne Ölkühler
- Ohne Filterwechsel — 3,8 Liter, mit Ölkühler, 3,7 Liter, ohne Ölkühler
- Nach Motorüberholung — 4,6 Liter, mit Ölkühler, 4,3 Liter, ohne Ölkühler

Ölfassungsvermögen des Motors — Dieselmotor:
- Mit Ölfilter — 5,3 Liter
- Ohne Ölfilter — 4,8 Liter

MASS- und EINSTELL- DATEN

— Nach Überholung des Motors	5,8 Liter
Ölfilter	Wegwerfölfilter

Ölpumpe:
Bauart:
- 4A-F/FE-Motor — Mehrflügelläuferpumpe
- 3S-FE-Motor und Dieselmotor — Kreiselläuferpumpe mit vier Flügeln

Antrieb:
- 4A-F/FE-Motor — Direkt vom Ende der Kurbelwelle
- 3S-FE-Motor und Dieselmotor — Durch Zahnriemen der Steuerung

Spiele der Ölpumpenläufer	4A-F/FE-Motor	3S-FE-Motor
— Spiel zwischen Läuferspitzen	0,12 - 0,16 mm	0,04 - 0,16 mm
— Verschleissgrenze	0,20 mm	0,20 mm
— Seitenspiel (Axialspiel)	0,025 - 0,065 mm	0,025 - 0,065 mm
— Verschleissgrenze	0,10 mm	0,10 mm
— Spiel zwischen Aussenrad und Gehäuse	0,08 - 0,135 mm	0,10 - 0,16 mm
— Verschleissgrenze	0,20 mm	0,20 mm

	Dieselmotor
— Spiel zwischen Läuferspitzen	0,05 - 0,15 mm
— Verschleissgrenze	0,20 mm
— Seitenspiel (Axialspiel)	0,03 - 0,09 mm
— Verschleissgrenze	0,15 mm
— Spiel zwischen Aussenläufer und Gehäuse	0,10 - 0,17 mm
— Verschleissgrenze	0,20 mm

Kühlanlage

Bauart	Thermosyphonanlage mit Flügelradwasserpumpe. Thermostatreglung, elektrischer Ventilator, aus- und eingeschaltet durch Thermoschalter in Kühler.

Füllmenge der Anlage:
- 4A-F/FE-Motor — 5,2 Liter
- 3S-FE-Motor — 6,2 Liter (6,7 Liter mit Getriebeautomatik)
- Dieselmotor — 7,3 Liter

Thermostat:
- Öffnungstemperatur — 80 - 84° C
- Vollkommen geöffnet — 95° C

Weg des Thermostatventils	8,0 mm
Öffnungsdruck des Kühlerdeckels	0,75 - 1,05 kp/cm^2
Keilriemenspannung der Wasserpumpe (4A-F/FE)	Siehe unter "Elektrische Anlage"/"Kühlanlage"

Kraftstoffanlage — Vergaser

Vergaser
Bauart	Zweistufen-Fallstromvergaser

Schwimmerstand:
- Im angehobener Stellung — 7,2 mm
- In gesenkter Stellung — 1,67 - 1,99 mm

Grundstellung der Leerlaufgemischschraube	3 Umdrehungen herausdrehen
Leerlauf	800/min (900/min mit Getriebeautomatik)
CO-Anteil	1,0 - 2,0 % (0 - 0,5 % mit Katalysator)
Vergaserbestückung	Je nach Zulassungsland unterschiedlich
Schnelleerlauf	3000 ± 200/min.

Drehzahl für Drosselklappendämpfer	1400 ± 200/min.
Öffnungswinkel der Drosselklappen:	
— Erste Stufe	90°
— Zweite Stufe	80°
Hub der Beschleunigungspumpe	4,0 mm

Kraftstoffpumpe

Bauart	Membranpumpe, von Nockenwelle angetrieben
Förderleistung	Mehr als 900 ccm bei 3000 /min.
Förderdruck	0,2 - 0,3 atü.

Kraftstoffeinspritzung

Leerlauf	✗ 700 ± 50/min. (4A-FE), 800 ± 50/min (3S-FE)
CO-Anteil, ohne Katalysator	1,5 ± 0,5 %
CO-Anteil, mit Katalysator	✗ 0 - 0,5 %

Zündanlage

Zündzeitpunkt:	
— 3S-FE-Motor	10° vor o.T. im Leerlauf (Klemmen "T" und "E1" kurzgeschlossen (siehe Kapitel 7.2)
— 4A-F-Motor, ohne Katalysator	10° vor o.T. bei max. 900/min., Unterdruckschlauch abgezogen
— 4A-F-Motor mit Katalysator, Superbenzin	10° vor o.T. bei max. 900/min. ✗ Unterdruck ausser Betrieb
— 4A-F-Motor mit Katalysator, Normalbenzin	5° vor o.T. bei max. 900/min.

Zündkabel   J5382006, NGK 9171

Zündkerzen	
Eingebaute Kerzen — 4A-F/FE-Motor	ND Q16R-U, NGK BCRE527Y ✗
Eingebaute Kerzen — 3SFE-Motor	ND Q20R-U11 oder NGK BCPR6EY11
Elektrodenabstand:	
— 4A-F/FE-Motor	0,8 mm
— 3S-FE-Motor	1,1 mm

Zündverteilerkappe   J5322055
Läufer   J5332015

Kupplung

Bauart	Einscheibentrockenkupplung mit Tellerfeder
Kupplungsbetätigung	Durch hydraulische Anlage
Kupplungspedalspiel	13 - 23 mm
Stösselstangenspiel, gemessen an Pedalspitze	1,0 - 5,0 mm
Max. Schlag der Mitnehmerscheibe	0,8 mm
Kupplungspedalhöhe	150 - 160 mm
Max. Verschleiss der Kupplungsbeläge	0,3 mm (siehe Bild 156)

Schaltgetriebe und Getriebeautomatik

Eingebautes Getriebe:	
— Schaltgetriebe	Fünfganggetriebe, Typ C50 oder S50, je nach eingebautem Motor

MASS- und EINSTELL- DATEN

MASS- und EINSTELL- DATEN

Automatisches Getriebe   Hydraulischer Wandler und 4-Gang Planetenradgetriebe

Gangübersetzungen (Variationen während der Baujahre möglich):

	4A-F/FE	3S-FE (Diesel)
Erster Gang	3,545 : 1	3,538 : 1 (3,285 : 1)
Zweiter Gang	1,905 : 1	1,960 : 1 (2,041 : 1)
Dritter Gang	1,310 : 1	1,250 : 1 (1,322 : 1)
Vierter Gang	0,970 : 1	0,945 : 1 (1,028 :)
Fünfter Gang	0,815 : 1	0,731 : 1 (0,731 : 1)
Rückwärtsgang	3,250 : 1	3,135 : 1 (3,153 : 1)

Automatik:
— Erster Gang   2,811 : 1
— Zweiter Gang   1,549 : 1
— Dritter Gang   1,000 : 1
— Vierter Gang (Overdrive)   0,688 : 1
— Rückwärtsgang   2,296 : 1

Ölfüllmenge:
— C50-Getriebe, einschl. Differential   2,6 Liter
— S50-Getriebe, einschl. Differential   2,6 Liter
— Getriebeautomatik — Gesamtfüllung   5,5 Liter
— Getriebeautomatik — Flüssgkeitswechsel   2,5 Liter
— Getriebeautomatik — Differential   1,4 Liter

Öl/Flüssigkeitssorte:
— S50-Serie   Dexron II, Flüssigkeit für Automatiks
— C50-Serie   Getriebeöl, SAE 75 bis 90
— Getriebeautomatik   Dexron II, Flüssigkeit

Vorderachse

Bauart   Mc-Pherson-Federbein mit ko-axialen Stossdämpfern, Schraubenfedern und Kurvenstabilisator. Federbeine durch Klemmschrauben am Achsschenkel befestigt. Achsschenkel mit Kugelgelenk am Querlenker montiert.

Vorderradeinstellung
Vorspur:
— Bei Prüfung   1 ± 2 mm
— Bei Einstellung   0 ± 1 mm
Sturz   0° ± 30'
Max. Unterschied zwischen Seiten   30' oder weniger
Nachlauf:
— Limousine und Liftback ohne Servolenkung   —5° ± 30'
— Limousine und Liftback mit Servolenkung   2° ± 30'
— Kombiwagen   0° ± 30'
— Max. Unterschied zwischen Seiten   30' oder weniger
Spreizung, alle Ausführungen   13° 15' ± 30'

Lenkeinschlagwinkel:
Kurveninneres Rad — ohne Servolenkung   36,5°
Kurveninneres Rad — mit Servolenkung:
— 4A-F/FE- und Dieselmotor   37,5°
— 3S-FE-Motor   36°
Kurvenäusseres Rad — ohne Servolenkung   32°

MASS- und EINSTELLDATEN

Kurveninneres Rad — mit Servolenkung:
— 4A-F/FE- und Dieselmotor 33,5°
— 3S-FE-Motor 31°
Kombiwagen:
— Kurveninneres Rad 36,5°
— Kurvenäusseres Rad 32°

Reifendrücke (typische Angaben)
165 R 13/SR 13-Reifen 1,9 bar
185/65 HR 14 1,9 atü.

Fahrzeughöhe — Vorn
Alle Modelle 195,0 mm
Messstelle für Fahrzeughöhe Zwischen Unterseite der Lagerstelle des Querlenkers und Boden

Antriebswellen

Länge der Antriebswellen:
— Mit 3S-FE-Motor 445,3 mm
— Mit 4A-F/FE-Motor 539,7 mm, linke Welle, 855 mm, rechte Welle
— Mit Dieselmotor 433,7 mm, linke Welle, 719,6 mm, rechte Welle
Zul. Längentoleranz Plus oder minus 5 mm

Hinterradaufhängung — Limousinen und Coupé (Liftback)

Bauart Einzelradaufhängung mit parallelen Querlenkern, Schubstreben, Schraubenfedern, gasgefüllten Teleskop-Stossdämpfern und Kurvenstabilisator

Hinterradeinstellung
Spureinstellung 5 ± 2 mm
Sturz:
— Limousine und Liftback -30' ± 30'
— Kombiwagen —15' ± 30'
Max. Unterschied zwischen Seiten 30' oder weniger

Fahrzeughöhe - Hinten
Limousine und Liftback, alle Modelle 243,0 mm
Kombiwagen 255,0 mm
Messstelle für Fahrzeughöhe:
— Limousine und Liftback Zwischen Mittelpunkt der Längslenkerlagerung (Schubstrebe) an der Karosserie und Boden
— Kombiwagen Zwischen vorderem Federbolzen und Boden

Hinterradaufhängung — Kombiwagen

Bauart Starre Hinterachse, Blattfederaufhängung mit hydraulischen Stossdämpfern
Radeinstelldaten Siehe oben

MASS- und EINSTELLDATEN

Lenkung

Bauart	Zahnstangenlenkung
Freispiel an der Lenkradfelge	30 mm max.
Spannung des Riemens der Lenkhilfspumpe	Siehe Kapitel 14.3.2
Füllmenge der Servolenkung	0,8 Liter (0,35 Liter für Pumpe)
Flüssigkeitssorte	Dexron II, Flüssigkeit für Getriebeautomatik

Bremsen

Bauart	Scheibenbremsen vorn. Hinterräder mit selbstnachstellenden Trommelbremsen oder Scheibenbremsen. Mit Zweikreisbremsanlage und Bremskraftverstärker

Vorderradbremsen

Bremsscheibendurchmesser	243 mm
Bremsscheibenstärke:	
— Neu	22,0 mm (belüftet)
— Verschleissgrenze	21,0 mm
Schlag der Bremsscheibe	Max. 0,15 mm
Bremsklotzmaterialstärke	9,5 mm
Min. Bremsklotzbelagstärke	1,0 mm

Hinterradtrommelbremsen

Trommeldurchmesser:	200,0 mm
— Max. Trommeldurchmesser	201,0 mm
Bremsbelagstärke, neu	4,0 mm
Min. Bremsbelagstärke	1,0 mm

Hinterradscheibenbremsen

Bremsscheibenstärke	10,0 mm
Min. Scheibenstärke	9,0 mm
Bremsklotzstärke	10,0 mm
Min. Bremsbelagstärke	1,0 mm
Max. Schlag der Bremsscheiben	0,15 mm

Elektrische Anlage

Batterie

Spannung	12 V
Kapazität	32, 40 oder 60 Ah
Polarität	Negativer Masseanschluss
Spez. Gewicht, voll aufgeladen	1,250 - 1,270 bei 20° C

Anlasser

Bauart	Schraubtriebanlasser mit Einrückmagnetschalter, oder mit Untersetzungsgetriebe, je nach Motor
Nennspannung und Leistung	12 V, 0,8 kW, 1,0 oder 1,4 kW
Leistung ohne Belastung:	
— Stromverbrauch — 0,8 kW-Anlasser	Weniger als 50 A bei 11 V
— 1,0/1,4 kW	Weniger als 90 A bei 11 V
Drehzahl	5000/min (0,8 kW), 3000/min (1,1/1,4 kW)

MASS- und EINSTELLDATEN

Kollektor:
- Aussendurchmesser — 28,0 mm (30,0 mm mit Untersetzungsgetriebe)
- Min. Aussendurchmesser — 27,0 mm (29,0 mm mit Untersetzungsgetriebe)
- Max. Unrundheit des Kollektors — 0,30 mm
- Einschnittiefe der Glimmerschichten — 0,5 - 0,8 mm
- Min. vorhandene Einschnittiefe — 0,20 mm

Bürstenlänge:
- Neue Bürsten — Mit Direktantrieb — 16,0 mm
  - 1,0 kW — 13,5 mm
  - 1,4 kW — 15,5 mm
- Verschleissgrenze — Mit Direktantrieb — 10,0 mm
  - 1,0 kW — 8,5 mm
  - 1,4 kW — 10,0 mm

Spannung der Bürstenfedern:
- Mit Direktantrieb — 1,4 - 1,6 kg
- Mit Untersetzungsgetriebe — 1,8 - 2,4 kg

Drehstromlichtmaschine

Nennspannung	12 V
Nennleistung	45, 50, 60 oder 70 A
Masseanschluss	Negativ
Drehrichtung	Rechtsdrehend, von vorn gesehen
Widerstand der Läuferwicklungen	2,8 - 3,0 Ohm
Bürstenlänge	10,5 mm
Min. Bürstenlänge	1,5 mm

Spannung des Antriebsriemens der Drehstromlichtmaschine/Wasserpumpe:

Neuer Riemen:
- 4A-F/FE-Motor — 8,5 - 10,5 mm
- 3S-FE-Motor und Dieselmotor — 11,5 - 15,5 mm

Gebrauchter Riemen:
- 4A-F/FE-Motor — 10,0 - 12,0 mm
- 3S-FE-Motor und Dieselmotor — 13 - 17 mm

MASS- und EINSTELLDATEN

19 Anzugsdrehmomenttabelle

Benzinmotoren

	3S-FE-Motor	4A-F/FE-Motor
Zylinderkopfschrauben	65 Nm	60 Nm
Nockenwellenlagerdeckel	19 Nm	11 - 13 Nm
Zündkerzen	15 - 20 Nm	15 - 20 Nm
Abgasrückführungsventil an Krümmer	13 Nm	———
Abgasrückführungsleitung an Zylinderkopf	60 Nm	———
Zylinderkopfhaube	13 Nm	4 - 8 Nm
Ansaugkrümmer an Zylinderkopf	19 Nm	19 - 25 Nm
Ansaugkrümmerstütze an Zylinderkopf	19 Nm	19 Nm
Ansaugkrümmerstütze an Zylinderblock	42 Nm	40 Nm
Auspuffkrümmer an Zylinderkopf	42 Nm	25 Nm
Auspuffkrümmerstütze an Kopf und Block	42 Nm	25 Nm
Katalysator an Auspuffkrümmer	30 Nm	———
Auspuffrohr an Krümmer	35 - 45 Nm	40 Nm
Kraftstofförderleitung an Kopf	16 - 19 Nm	———
Ölpumpenantriebsrad an Welle	29 Nm	———
Ölpumpe an Zylinderblock	9 Nm	17 - 26 Nm
Ölansaugrohr an Zylinderblock und Ölpumpe	5 Nm	9 Nm
Ölpumpendeckel an Ölpumpe	9 Nm	10 Nm
Kurbelwellenhauptlagerdeckel	60 Nm	60 Nm
Pleuellagerdeckel	50 Nm	50 Nm
Ölwanne an Zylinderblock und Ölpumpe	5 Nm	3,5 - 6,5 Nm
Ölablassstopfen	25 Nm	20 - 30 Nm
Zahnriemenspanner/Laufrolle an Zylinderkopf	42 Nm	37 Nm
Nockenwellensteuerräder	54 Nm	47 Nm
Kurbelwellenriemenscheibe	108 Nm	120 Nm
Schwungradschrauben, neue Schrauben	95 Nm	80 Nm
Antriebsscheibe (Automatik)	85 Nm	65 Nm
Hintere Motorzwischenplatte	9 Nm	10 Nm
Hinterer Öldichtringflansch an Zylinderblock	9 Nm	9,5 Nm
Motorhebeöse an Zylinderkopf	42 Nm	42 Nm
Aufhängungsbügel der Lichtmaschine an Kopf	42 Nm	42 Nm
Motor an Getriebe	50 - 80 Nm	50 - 80 Nm

Dieselmotor

Zylinderkopfschrauben	86 Nm
Auspuffkrümmer	47 Nm
Nockenwellenlagerdeckel	18 Nm
Hauptlagerdeckelschrauben	105 Nm
Ölpumpe an Zylinderblock	8 Nm
Pleuellagerdeckel	65 Nm

Nockenwellensteuerrad	100 Nm
Zahnriemenspanner an Zylinderkopf	37 Nm
Zahnriemenlaufrolle an Ölpumpengehäuse	37 Nm
Antriebsrad der Einspritzpumpe	65 Nm
Abschlussplatte auf Nockenwellenseite	19 Nm
Kurbelwellenriemenscheibe	100 Nm
Hinterer Dichtringflansch	13 Nm
Schwungradschrauben	90 Nm
Wasserauslassstutzen an Zylinderkopf	20 Nm
Ansaugkrümmer an Zylinderkopf	18 Nm
Rechter Motoraufhängungsbügel an Kopf:	
— Schlüsselweite 14 mm	37 Nm
— Schlüsselweite 17 mm	65 Nm
Ölrückschlagventil an Zylinderblock	26 Nm
Wasserpumpe an Zylinderblock	18 Nm
Ölpumpe an Zylinderblock	18 Nm
Antriebsrad der Ölpumpe an Welle	47 Nm
Ölfiltersockel an Zylinderblock	20 Nm
Ölablassstopfen	40 Nm
Einspritzdüsen an Zylinderkopf	65 Nm
Einspritzleitungen, Überwurfmuttern	30 Nm
Kraftstoffauslassleitung an Pumpe	23 Nm
Kraftstoffrücklaufleitung an Pumpe	23 Nm

Kupplung

Kupplung an Getriebe	20 Nm
Kupplungsgeberzylinder	12 Nm
Kupplungsnehmerzylinder	12 Nm
Ausrückgabellagerbolzen	37,5 Nm

Vorderachse und Radaufhängung

Achsschenkel an Federbein	25,5 Nm
Mutter des Aufhängungskugelgelenks	105 Nm
Kolbenstangenmutter am Kotflügelteil	50 Nm
Oberes Federbeinlager an Karosserie	65 Nm
Bremssattel an Achsschenkel	96 Nm
Drehzahlfühler (ABS) an Achsschenkel	12 Nm
Zahnkranz an Radnabe (ABS)	14 Nm
Spurstangenkopf an Lenkhebel	50 Nm
Kontermutter der Spurstangen	75 Nm
Radlagermutter	190 Nm
Aufhängungskugelgelenk an Querlenker	130 Nm
Querlenker an Aufhängungsquerträger — Vordere Schraube	240 Nm
Querlenker an Aufhängungsquerträger, hinten:	
— Vordere Schrauben	140 Nm
— Hintere Schraube	62 Nm
Kurvenstabilisatorgestänge an Querlenker	35 Nm
Lager des Kurvenstabilisators an Karosserie	19 Nm
Antriebswellen an Differentialwellen (Diesel)	37 Nm
Hohlschraube für Bremsschlauch	30 Nm
Radmuttern	105 Nm
Aufhängungsquerträger an Karosserie:	
— Vordere Schraube, links und rechts	44 Nm

MASS- und EINSTELLDATEN

MASS- und EINSTELLDATEN

— Hintere Schraube, links und rechts	44 Nm
— Schraube des Mittelteils	60 Nm
— Mutter des Mittelteils	53 Nm
— Schrauben in der Mitte, Nähe Vorderseite	49 Nm
Auspuffrohr an Krümmer	63 Nm
Hinteres Auspuffrohr (Flansch)	21 Nm
Schrauben der Auspuffrohrhalterung	19 Nm
Mutter der hinteren Motoraufhängung	80 Nm
Klemmschraube der Lenkungsgelenke	35 Nm

Hinterradaufhängung — Coupé und Limousine

Radlagermutter	125 Nm
Federbein an Radnabenträger	230 Nm
Radlagergehäuse an Radnabenträger	83 Nm
Oberes Federbeinlager an Karosserie	40 Nm
Kolbenstangenmutter	50 Nm
Längslenkerstangen an Karosserie	115 Nm
Längslenkerstangen an Radnabenträger	180 Nm
Streben (beide Enden)	115 Nm
Kurvenstabilisator an Karosserie (Schellen)	19 Nm
Kurvenstabilisator an Verbindungsgestänge	35 Nm
Stabilisatorgestänge an Federbein	35 Nm
Radmuttern	105 Nm

Hinterradaufhängung — Kombiwagen

Radlagermuttern	Siehe Kapitel 13.8.3
Bremsträgerplatte an Hinterachse	65 Nm
Stossdämpfermuttern, oben	28 Nm
Stossdämpferschraube, unten	37 Nm
Stossdämpferkonsole an Karosserie	27 Nm
Federbridenmuttern	43 Nm
Vorderer Federbolzen	137 Nm
Federlaschenaufhängung	95 Nm

Lenkung

Lenkradmutter	35 Nm
Klemmschrauben der Lenkungsgelenke	36 Nm
Spurstangen an Zahnstange	73 Nm
Kontermutter der Spurstangenverstellung	75 Nm
Lenkung an Karosserie	60 Nm
Spurstange an Lenkhebel	50 Nm
Motoraufhängung an Querträger	60 Nm
Querträger an Querlenker und Karosserie	140 Nm
Querträger an Karosserie	160 Nm
Querträger an Kugelgelenk	130 Nm
Motoraufhängungsbügel an Aufhängung	80 Nm
Mittlerer Motorträger an Karosserie	44 Nm
Motoraufhängung an mittleren Träger	50 Nm
Lenkhilfspumpenschrauben (Servolenkung)	40 Nm

Bremsen

Überwurfmuttern der Bremsleitungen	15 Nm
Vorderer Bremssattel an Montagerahmen:	
— Mit 13 Zoll-Felgen	25,5 Nm
— Mit 14 Zoll-Felgen	40 Nm
Vorderer Bremssattelrahmen an Achsschenkel	96 Nm
Hauptbremszylinder an Bremsservo	13 Nm
Bremsservo an Karosserie	13 Nm
Anschlagschraube des Zwischenkolbens	10 Nm
Entlüftungsschrauben	8,5 Nm
Handbremshebel an Karosserie	13 Nm
Bremsschlauch an Bremsattel	31 Nm
Hinterer Bremssattel an Bremssattelträger	20 Nm
Bremssattelträger an Achse	47 Nm
Drehzahlfühler, vorn (ABS) an Achsschenkel	12 Nm
Drehzahlfühler, hinten (ABS) an Achse	12 Nm
Radmuttern	105 Nm

MASS- und EINSTELL-DATEN

Schaltpläne

Alle elektrischen Kabel des Fahrzeuges sind mit Farbe gekennzeichnet. Die im Schaltplan gezeigten Kabel werden durch die Abkürzungen der Farben angegeben. Ein Kabel kann entweder eine Grundfarbe oder eine Grundfarbe mit einer Leitfarbe haben. Die folgenden Buchstaben werden bei der Kabelbezeichnung verwendet:

S = Schwarz
G = Grün
L = Hellblau
O = Orangefarben
R = Rot
W = Weiss

BR = Braun
GR = Grau
LG = Hellgrün
P = Rosa
V = Lila
Y = Gelb

Eine Kabelbezeichnung "RG" bedeutet zum Beispiel, dass es sich um ein rotes Kabel mit einem grünen Streifen handelt.

In allen Schaltplänen sind in schwarzen Kreisen angegebene Zahlen zu sehen. Diese beziehen sich auf den Namen des betreffenden Teils und haben beim Lesen des Schaltplans keinerlei Bedeutung.

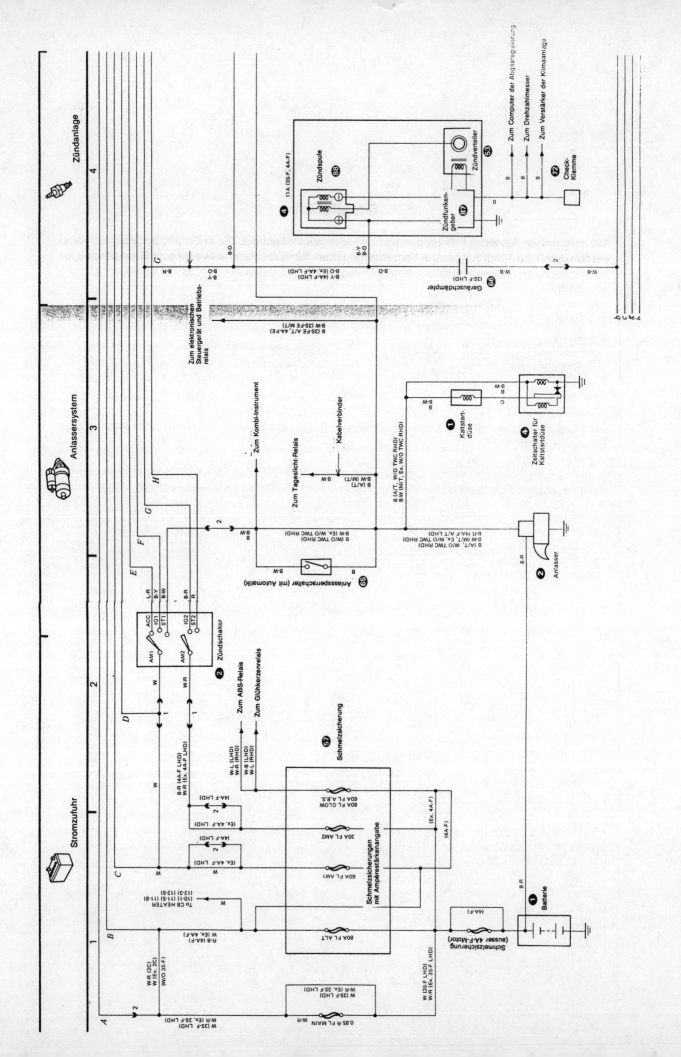

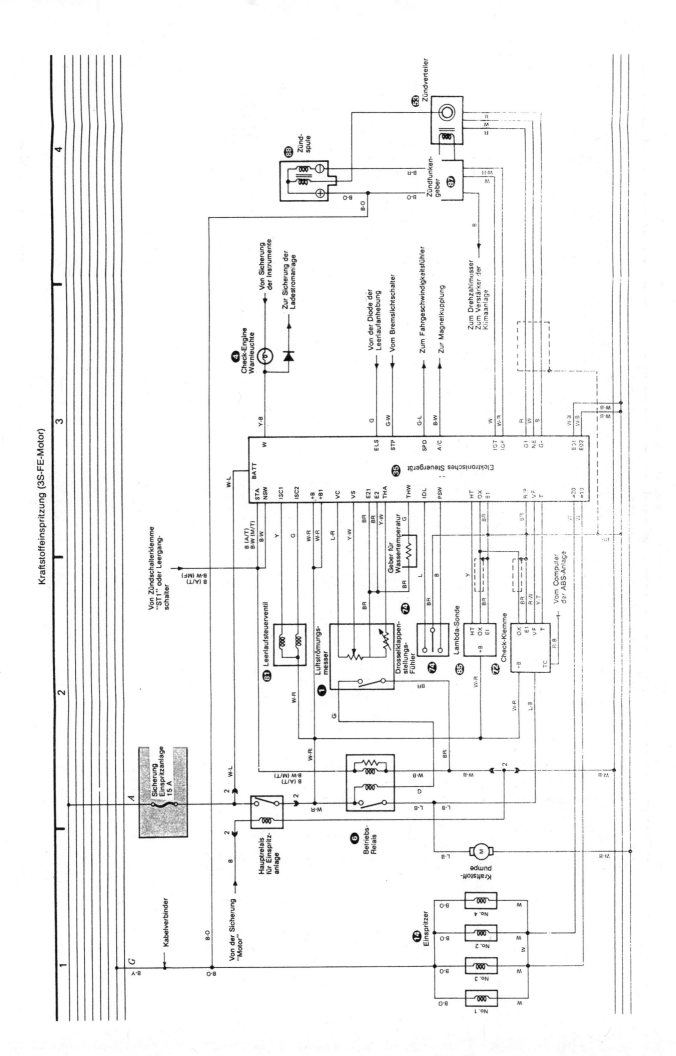

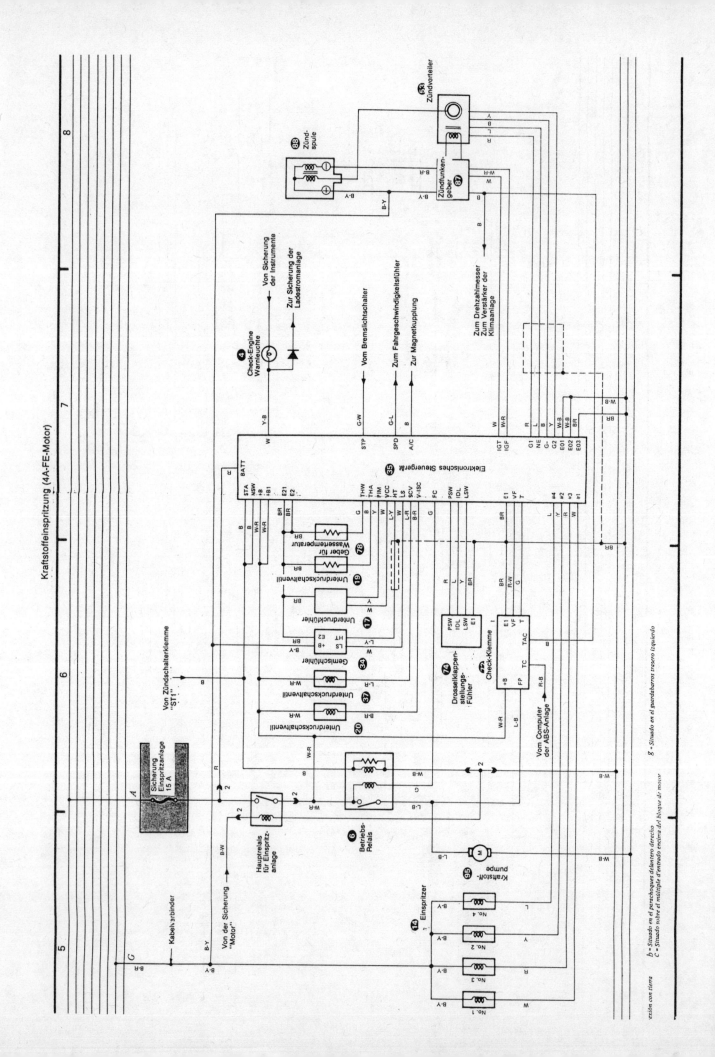

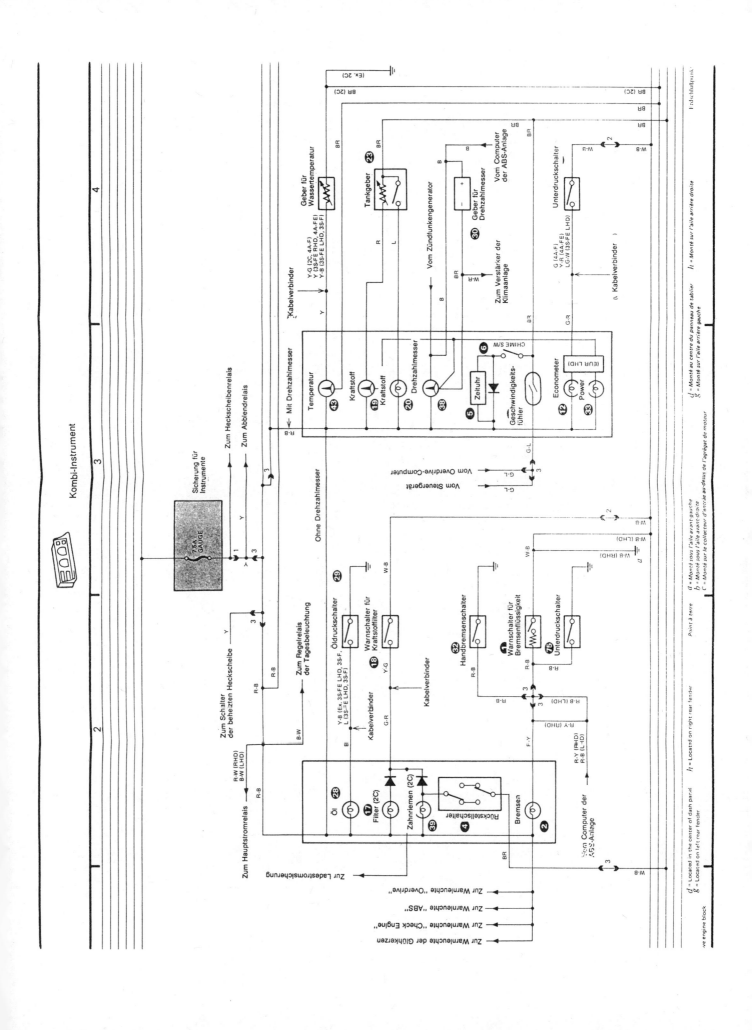

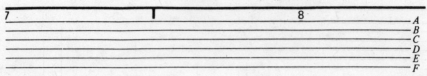

Rückfahrleuchten

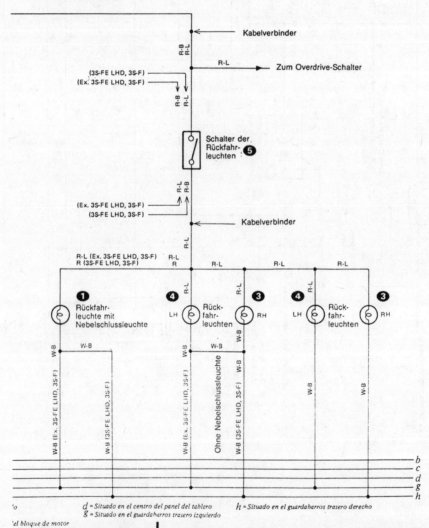

d = Situado en el centro del panel del tablero   h = Situado en el guardabarros trasero derecho
g = Situado en el guardabarros trasero izquierdo

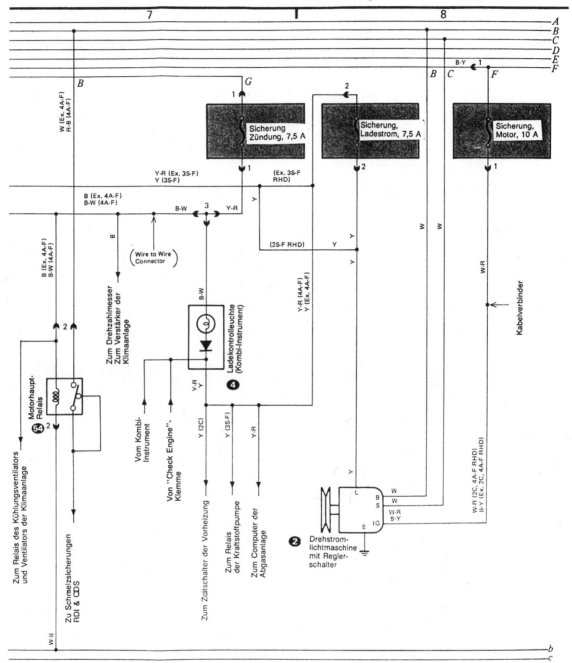

Ladestromanlage

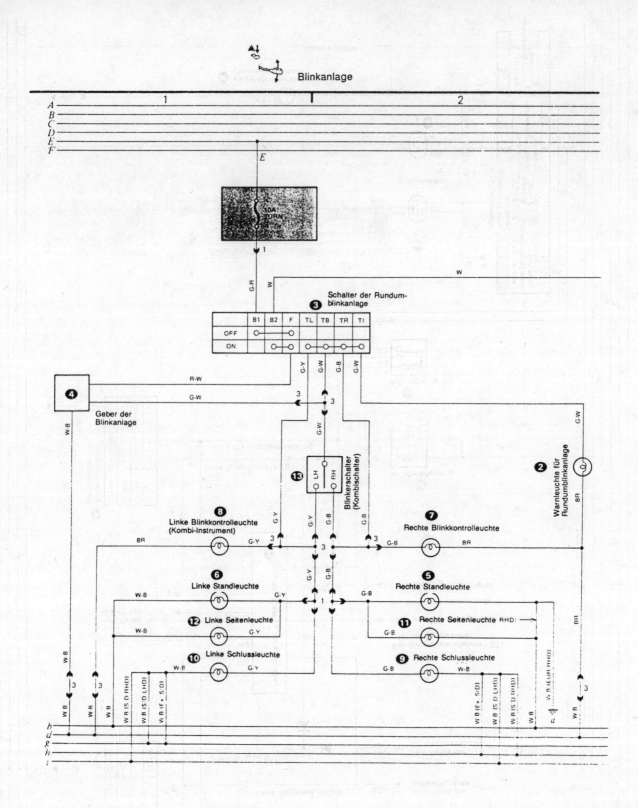

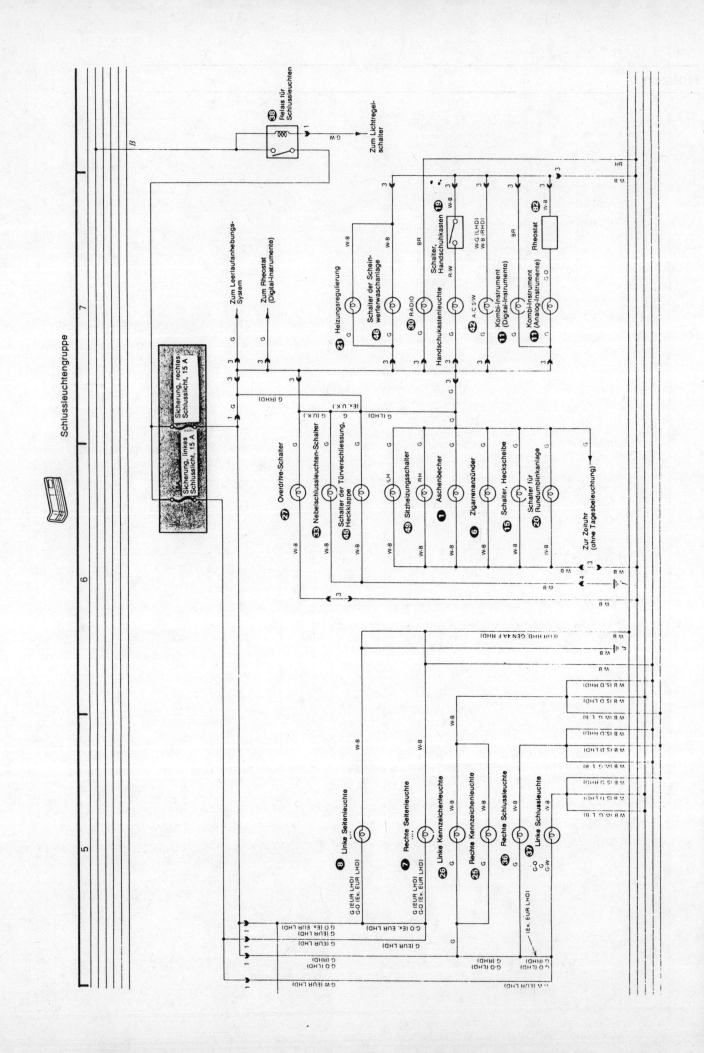